HSK高级阅读实战演习

史 靖 沈淑贤 编著

北京大学出版社
北 京

图书在版编目(CIP)数据

HSK 高级阅读实战演习/史靖,沈淑贤编著. —北京：北京大学出版社，2005.3
(北大版 HSK 应试辅导丛书)
ISBN 7-301-07745-9
Ⅰ.H… Ⅱ.①史… ②沈… Ⅲ.汉语-阅读教学-对外汉语教学-水平考试-教材
Ⅳ.H195.4-44
中国版本图书馆 CIP 数据核字(2004)第 082630 号

书　　名：HSK 高级阅读实战演习
著作责任者：史　靖　沈淑贤　编著
责 任 编 辑：张进凯
标 准 书 号：ISBN 7-301-07745-9/H·1122
出 版 发 行：北京大学出版社
地　　址：北京市海淀区成府路 205 号　100871
网　　址：http://cbs.pku.edu.cn
电　　话：邮购部 62752015　发行部 62750672　编辑部 62753334
电 子 邮 箱：zpup@pup.pku.edu.cn
排　版　者：北京华伦图文制作中心
印　刷　者：涿州市星河印刷有限公司
经　销　者：新华书店
787 毫米×1092 毫米　16 开本　22 印张　512 千字
2005 年 3 月第 1 版　2006 年 6 月第 2 次印刷
定　　价：55.00 元

编写说明

本书是一本专为备考 HSK（高等）的外国留学生编写的阅读部分练习辅导书，同时也可以作为中高级阅读课的课外阅读辅助材料，也可供自学者使用。

一、为了帮助学生迅速扩大词汇量，用尽可能短的时间熟悉 HSK(高等)“阅读理解”部分的考查方式，每套模拟题根据 HSK 高级考试的样式分成了两个部分。第一部分重点培养学生浏览、跳读的能力和习惯，使之能过跨越词语障碍，迅速捕捉并获取所需的信息。第二部分重点培养学生精读能力，使之通过精读获取较为详细的内容，设置的题型为选择题。

二、本书在内容上突破了 HSK(高等)常见的以文化背景知识、故事、散文作为主要内容的模式，力求体现出鲜明的时代感、丰富的知识性。

1. 鲜明的时代感。

本书各套模拟题中的文章，涉及了中国社会生活各个方面的新动态和新现象。其中新闻性、知识性文章均改编自 2004 年各大报纸、网站文章，具有鲜明的时代特征。

2. 丰富的知识性。

所选的文章内容涉及到政治文件、新闻、科技信息、金融、房地产、汽车、医疗保健、美容、环保、饮食、家居生活等方面。这些内容不仅知识丰富，而且也与 HSK 试题常用语料范围一致。留学生通过练习，即能提高 HSK 应试阅读能力，同时也能获得新的知识。

3. 丰富的词汇量。

本书各篇文章后附有生词注释，这些词语有的为行业术语，有的为新词语，有的为近几年流行语，编者以 HSK 考试词汇大纲为依据加以选择并加了韩、日、英文注释，便于读者学习、查阅、扩大词汇量。

本书编写者长期从事HSK教学工作，熟悉HSK题型及近年来试题变化的趋势,因此这本书具有较好的教学实践基础。

本书在编写过程中,选用或参考了报刊、杂志、网络的大量材料,在此一并向原作者表示感谢。本书得以出版得到了北京大学出版社副总编辑郭荔老师和编辑张进凯老师的大力支持,在此表示诚挚的谢意。

编 者

2005年1月

目录

第一套

第一部分

第二部分

第二套

第一部分

第二部分

第三套

第一部分

第二部分

第四套

第一部分

第二部分

第五套

第一部分

第二部分

第六套

第一部分

第二部分

第七套

第一部分

第十套

第一部分

第二部分

第十一套

第一部分

第二部分

第十二套

第一部分

第二部分

第十三套

第一部分

第二部分

第十四套

第一部分

第二部分

第十五套

第一部分

第二部分

第十六套

第一部分

第二部分

第十七套

第一部分

第二部分

第十八套

第一部分

第二部分

第十九套

第一部分

第二部分

第二十套

第一部分

第二部分

第一套

第一部分

一

2004年,中国大陆禽流感疫情继“非典”再现接踵而至。追踪百年以来的瘟疫史，有许多的事实可说明人和动物的粪便是瘟疫的最佳传播者。粪便本身虽然不是病毒和病菌,但它是诸多病毒、病菌和几十种寄生虫卵的寄居物。中国铁路客车历史已近百年,而至今仍采用百年前的开放式直排厕所,每天平均有3000吨,节假日每天高达上万吨粪尿抛入国民的生存环境里,年蓄积量达100多万吨。它们构成无数看不见的尘埃或气雾,无孔不入,阴魂不散,防不胜防,严重威胁国民的生命安全。

瘟疫与传染病实质是同一事物，仅是严重性和流行程度不同而已。本来可以在局部地区控制和扑灭的传染病,经火车粪便的大量传播扩散,就难以收拾,甚至会使局部的传染病酿成一场瘟疫。卫生部新近公布了2003年中国法定报告传染病疫情信息,按规定报告的27种法定管理传染病共发生2591512例,与2002年相比,发病率上升5.45%;死亡率上升23.84%;发病数居前几位的依次为:病毒性肝炎、肺结核、细菌性和阿米巴痢疾,伤寒和副伤寒……众所周知,其中的肝炎、痢疾、伤寒和副伤寒主要是经粪——口之消化道传播的。

病毒性肝炎传染性强,发病率高,流行面广,遍及世界各地。中国是病毒性肝炎的高发区,据1992年调查:全国至少有10亿人次感染过甲肝,乙肝的流行率为9.75%,即有1.2亿乙肝病毒携带者。中国为甲、乙、丙、戊型肝炎的高流行区,不仅发病人数多,且常有爆发或大流行。在乙肝病毒携带者中,1/4会发展为慢性肝病，在肝病死亡人中,约1/2为原发性肝细胞癌,而大多数原发性肝癌又与乙肝有关。病毒性肝炎严重影响了人们的健康,给社会造成巨大负担,已成为中国重要的公共卫生问题。诚然肝炎的传播有诸多途径，但国内所有的流行病学、传染病学及科技文献中都未提及“火车直排粪便”；笔者认为这才是所有传播途径中最主要、最严重的一条。

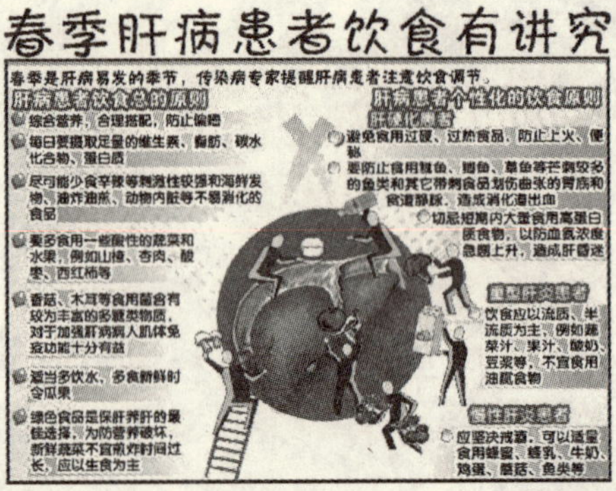

错误观念和社会管理的弊端，常常会酿成大祸。对中国“火车直排粪便”，有些人认为已存在百年，习以为常，无所谓。更有铁道部某高层官员声称：“如果中国经济总量达到了中央领导同志说的 4 万亿美元，那么，我们的列车也肯定达到欧美水平。”由此他们对于改造火车直排式厕所可举出种种困难条件，而对于列车的屡次大提速，出巨资搞五星级豪华列车则津津乐道，一无技术困难，二无资金困难。君不见，如前所述的种种重大传染病实际已对 GDP 起反作用。又闻，近年来，中国内地在上世纪 50 年代已基本消灭殆尽的血吸虫病又卷土重来，血吸虫的中间宿主钉螺在湖南省就多达 262 万亩，易感地带 82 万亩，血吸虫病患者已达 21 万多。其原因诚然与当地政府的管理和政策错误有关，严重放松了常年的灭螺工作所致。钉螺是血吸虫惟一的中间宿主；钉螺和虫卵只要有一方被控制或消灭，血吸虫病就不会死灰复燃。以往灭螺工作做得好，当然疾病被控制住了。现在的情况说明虫卵的散布一直存在，故旧病复发了。血吸虫病虫卵的来源有多种，但最主要的还是慢性患者（他们天天从粪便排卵）之火车直排粪便。只要有少数患者在火车上排便，其中的血吸虫卵就会借助风力迁移到水域中，孵出毛蚴，毛蚴钻入钉螺大量繁殖，感染众多的触水者，使血吸虫病死而复生。观念的错误酿成大祸。我们应深刻接受教训。

禽流感	qínliúgǎn	bird influenza 鳥類(ちょうるい)りゅうかん 조류독감
疫情	yìqíng	epidemic situation 疫病(えきびょう)発生の情況 전염병 발생 상황

寄生虫	jìshēngchóng	parasite きせいちゅう 기생충
酿成大祸	niàngchéng dàhuò	cause catastrophe 大きな災難になる 큰사건을 야기시키다

1. 在乙肝病毒携带者中，有多少会发展为慢性肝病？
2. 中国内地的什么病又卷土重来？
3. 什么是血吸虫惟一的中间宿主？
4. 血吸虫病虫卵的来源主要是什么？

二

电力短缺的情况现在日益严重，甚至有传言说，一些生产出口产品的大型公司也被要求每星期停电两天，主要原因是地方政府加大投资导致的电力紧张。2004年前两个月，地方政府的投资比去年同期增长了70%。

中国政府承诺今年将增加10%的电力供应。但是，电力需求的增长超过15%。随着夏季用电高峰的到来，因为缺电而导致的大面积停产将比去年更加严重。建设一座发电厂需要3年时间，建设更多的发电厂不可能解决问题。而且，电力需求是循环的。目前的投资泡沫的确造成电力紧张，但是中国长期发展趋势仍然是每年8%的增长率。中国不能因为投资过热时对能源的异常需求，而大力建造发电厂。柴油发电机是许多制造商的权宜之计。但是，柴油的价格也在持续上涨。尽管今年前两个月制造业增长了22%，但是许多下游工厂也为原料价格上涨、利润减少付出了昂贵的代价。柴油价格的上涨也导致一波走私风潮。

尽管地方政府大力投资，但是中国经济在未来3个月仍将面临

快速放缓的危险。能源短缺给中国长期发展投下阴影。当循环的电力短缺与地方政府大力投资造成的投资泡沫结合在一起时，化石燃料的用量和价格就将变成一个巨大的、长期性的挑战。20 世纪 90 年代中国每年短缺大约 20 亿美元化石燃料，但是去年短缺量达到 180 亿美元。如果中国对石油的需求每年增长 7%(过去 5 年都没有超过 8%的水平)，中国能源短缺到 2013 年大约为 1000 亿美元。

寻求能源进口将成为中国经济增长的一个瓶颈。中国出口的产品大多是贴牌生产，没有什么定价的权力。而且，出口(400 亿美元或每年 GDP 的 2.9%)的利润并没有留在中国，而是由那些掌握中国绝大多数生产出口产品企业的香港和台湾商人又把它回流到了美国。中国实际上要用那些月薪不到 100 美元的工人的收入，来购买昂贵的进口能源。目前的这种平衡状态是无法持续的。不管能源在中国经济发展中被如何高效地利用，中国也将越来越依赖能源进口。这是中国最重要的国家安全问题之一。能源供应被切断的威胁，将极大地限制中国的能力，甚至是保卫边界的能力。中国必须要发展一个保障能源安全的综合体系。

首先，中国应该大力投资开发核能。尽管核能在许多国家的安全记录并不是很好，中国也应该试一试。中国还没有保护从遥远的地方进口石油的能力。两害相权取其轻，中国应该向谨慎的核能开发倾斜。

第二，中国必须限制汽车工业的发展。目前中国汽车工业的规模还是可以承受的，但不应该任其发展。中国应该逐渐增加汽油税，并发展汽车动力的其他替代技术。中国应该尽快改变对汽车产业的政策，防止被汽车套牢。这将威胁到国家的安全。

第三，中国应该改革天然气部门，特别是在流通方面。这将减少中国对进口能源的依赖。如今，天然气部门组织得很差，其中充满了抱着机会主义想法的公司，这让一些地方政府得到了好处，但是损害了整个天然气部门。中国应该组织大型国有企业对这个部门进行快速、大力的投资。这些公司也可以私有化。

走私	zǒusī	smuggle 密貿易をする　密輸をする 밀수하다. 암거래하다
柴油	cháiyóu	diesel oil 重油　ディーゼル・オイル 중유, 디젤유
燃料	ránliào	fuel ねんりょう 연료
能源紧张	néngyuán jǐnzhāng	energy crisis エネルギー不足 에너지원부족

5. 中国长期发展趋势是多少？（用数字表示）
6. 制造商的权宜之计是什么？
7. 中国经济增长的一个瓶颈是什么？
8. 作者认为应该怎样解决中国的能源危机？

三

在这个奥斯卡的周末，全球商家、媒体和游客自觉自愿地将“流动资金”瞬间集中到了洛杉矶。据不完全统计，奥斯卡每年直接或间接产生的经济效益达6亿多美元，无愧于“魔力印钞机”的美称。

根据电影发行商的统计，《指环王3》从去年年底上映到今年2月20日，累计全球票房收入已超过9.7亿美元，它也将成为继《泰坦尼克号》之后，好莱坞电影史上第二部票房收入

很快突破10亿美元的影片。而影片拍摄地新西兰在过去3年里，仅旅游收益就高达11.5亿美元。对《迷失东京》、《神秘之河》这些观众面相对较小的影片来讲，获得奥斯卡提名已经意味着几百万美元的票房增值。科尔比学院经济学教授兰迪·纳尔逊曾进行过一项研究，以现在的电影票价格作为估算标准，奥斯卡最佳影片提名能为去年第4季度开始上映、颁奖前仍在电影院播放的入围影片带来大约1006万美元的额外收入，最佳男主角或最佳女主角提名也能为影片增加100万美元的票房，而最后获奖的最佳演员能为电影再赚来560万美元。今年，中央电视台转播了奥斯卡颁奖典礼，他们是从美国广播公司(ABC)购买的转播权。由于奥斯卡每年都是全美收视率第二的节目（仅次于每年1月底的超级杯橄榄球赛），本身就是电视广告商争抢的香饽饽，再加上今年超过150个国家购买了转播权，ABC今年仅此一项就能挣3900万美元，如果把美国国内的广告收入和海外的电视转播费两项相加，一次奥斯卡颁奖典礼就能给美国的电视业带来1.1亿美元的收入。

奥斯卡颁奖的周末，光是洛杉矶的四季饭店就可以多赚35万美元。明星们的出行也带动了当地交通业的一个小高潮，仅所有人前往会场乘坐的加长礼宾车就要花掉100万美元。典礼当晚，洛杉矶许多地方举行了大大小小的庆祝活动，有些奢华至极，比如由《浮华世》杂志主办的派对，花费就在100万美元以上。来自全球的游客也给当地带来700万美元左右的进账。据统计，今年能给洛杉矶总共6100万美元的收入。

奥斯卡就像一张巨额的充值卡，不管是被提名的还是最终拿奖的明星，都可以从中提取片酬。在好莱坞男巨星中，片酬超过2000万美元的汤姆·汉克斯、梅尔·吉布森、尼古拉斯·凯奇、丹泽尔·华盛顿等人都曾经问鼎奥斯卡，而奥斯卡首位黑人影后哈里·贝瑞在拍摄《拥抱艳阳天》时片酬仅为30万美金，在荣获第74届奥斯卡最佳女主角之后，她的身价暴涨到现在的1400万美元，翻了近50倍。

出席本届奥斯卡金像奖的1600多位名人，都领到了一个价值不菲的大礼包，内有一张价值数千美元的43寸彩电领取券、为期1年的卫星电视免费收视券、2张洛杉矶至新西兰的往返机票、一家豪华餐厅的牛排大餐券、一台高档家庭咖啡机，还有珠宝、美容用品、香槟、食品等礼品的领取券。据悉，著名服饰品牌"维多利亚的秘密"今年给获最佳女主角提名的女星们每人赠送价值1.2万美元的礼品，包括女式贴身内衣、香水、钻石胸针等。虽然每年大礼包的内容都是"绝密"的，但还是有人爆料，今年每个大礼包的价值至少有2.5万美元。

据悉，光今年的"星球大战式"的舞台就花了100万美元，再加上雇请保安、租赁场地的费用，美国电影学院大概要拿出2190万美元办颁奖典礼，另外美国电影学院每年还得花890万美元用于行政以及数量不等的教育和慈善经费。在办本届奥斯卡的时候，钱库里已经积攒了400万美元的"私房钱"，也就是说，不管盈亏与否，美国电影学院都足以让本届奥斯卡免遭电影行业或广告行业不景气的冲击。

转播权	zhuǎnbōquán	relay right 放送中継権 중계방송권
问鼎	wèndǐng	try to win a championship/ intend to seize power 政権(せいけん)を簒奪(さんだつ)する意図 남의 제위를 노리다
价值不菲	jiàzhí bùfěi	invaluable/ of great valu 価値が高い 값이 비싼
不景气	bù jǐngqì	stagnation ふけいき 불경기

9. 奥斯卡每年直接或间接产生的经济效益有多少？
10. 好莱坞电影史上第一部票房收入很快突破10亿美元的影片

是哪一部？
11. 中央电视台转播了奥斯卡颁奖典礼是从哪儿购买的转播权？
12. "香饽饽"这里是什么意思？
13. 洛杉矶的收入来自几个方面？
14. 文中提到的片酬超过2000万的，有几位影星？
15. 谁的身价暴涨了？

第二部分

一

明太祖朱元璋从小放牛，后来当了和尚，靠自学粗通文字。

他做了皇帝以后，每天要看大量奏章，还要下诏批文，凭他掌握的那点文字实在太不够用了，可是他又妄自尊大，自作聪明，结果不少读书人做了屈死鬼。洪武年间，有个叫卢熊的读书人，人品文品都很好，被吏部推荐到朝廷做官。朱元璋就批准委任他到山东兖州当知州。

卢熊走马上任。过去说私凭文书官凭印，他到兖州后首先要启用官印，发布文告。当他把皇帝授给他的官印取出一看傻了眼，原来，朱元璋笔下的诏书是授卢熊为山东衮州知州，这官印是根据皇帝的诏书刻制的，这兖州自然变成衮州了。可是山东历来只有兖州而没有衮州。

卢熊当时要是将错就错，衮州就衮州，这是皇帝老子改的，谁还敢怎么的，也就没事了。可是卢熊是个搞学问的，办事就是认真，他认为兖州就是兖州，怎么能改成衮州呢？于是乎，他就向皇上写了一份奏章，要求皇上更正，把官印重新刻制过来。朱元璋一见奏章，脸上红一阵白一阵，他的确是写错了，他是亲自打天下的人，对全国地理州名县名还是比较熟悉的，他应知道兖州不是衮州，这衮字的读音是"滚"，而不是"演"。但是，要皇帝认错不是那么容易的事，朱元璋出身卑贱，自尊心忒强，他的泼皮脾气上来了，就大骂道：“卢熊这厮好大胆，竟然在朕头上咬文嚼字，朕还不知道山东有个兖州，朕授他衮州知州就是衮州知州，这兖和衮就是同一个字，就是因为文人多事写法不同，这卢熊竟敢将它念成‘滚’州，这不是要朕滚蛋吗？混账东西，刑部尚书听旨，即将卢熊斩首。”可怜卢熊为了一个字，竟然送了一条命。

屈死鬼	qūsǐguǐ	**wronged person** 無念(むねん)な死を遂げた人 억울하게 죽은 귀신
咬文嚼字	yǎowén jiáozì	**Speak like a book** 文章の文字面にばかりこだわること，または工夫すること(多くは文章を読むときに字句ばかりせんさくし，その意味する真髄を理解しないことを諷刺するときにいう) 말꼬리를 잡다, 일부러 어려운 문자를 쓰다

16. 文章中“粗通文字”的意思是______。
   A. 从小就自己学习文字　　B. 很小就通晓文字
   C. 对文字了解不多　　D. 当了和尚时才识字
17. 卢熊是______在兖州当知州的。
   A. 景泰年间　　B. 洪武年间　　C. 朱元璋　　D. 明朝
18. 卢熊走马上任，到衮州后首先要启用______。
   A. 文书　　B. 官印　　C. 文告　　D. 诏书

19. 卢熊的屈死不是因为朱元璋______。

A. 妄自尊大　B. 自作聪明　C. 办事认真　D. 自尊心忒强

20. 下列与原文意思不相符的一项是______。

A. 朱元璋做皇帝后，凭他掌握的那点文字实在太不够用了。

B. 洪武年间，卢熊被吏部推荐到朝廷做官

C. 山东历来只有衮州而没有兖州

D. 卢熊就为了一个字，触怒了皇帝而白白送了一条命

21. 文章中的主要人物是因为______而被斩首。

A. 做错了一件事　B. 写错了一个字

C. 提出了一个字的错误　D. 以上都不对

三

中国中博中医临床研究院临床基地糖尿病研究治疗中心是国家卫生部、国家中医药管理局直属的科研中心和临床、教学综合性国家级科研机构，从事相关疾病的防治和新特药开发，是全国专科疾病的治疗中心，担任着国内重大疑难病症的重要攻关项目。这里汇集了国内外众多的医学专家和学者，设有8个专业学科，现有高级技术职称的专家20多名，具有博士学位者3名、硕士学位者9名。应诊专家教授都是祖国传统医学方面有着突出贡献的资深专家，为全国重点专科疾病的即时治疗提供了健康的医疗保障。在中国疑难病的防治及中药新特药的开发研究等方面，其具有很强的专家优势和科研实力。

临床	línchuáng	clinic りんしょう 임상
新特药	xīntèyào	new miracle drug 新しいとっこうやく 새로 개발된 특효약

22. 这是一则_______。
A. 新闻报道　　　　　B. 医疗机构简介
C. 科普宣传　　　　　D. 生活趣事

23. 文章提到有学位的专家一共有______。
A. 3 位　　　B. 9 位　　　C. 12 位　　　D. 20 多位

24. 文章中提到的全国专科疾病的治疗中心是_______。
A. 中国中博临床研究院
B. 临床基地
C. 中国中博临床研究院糖尿病研究治疗中心
D. 国家中医药管理局

三

电子商务是指交易双方利用互联网从事的商品交易行为和交易信息发布行为。电子商务作为一种改进传统商务活动的新形式,可以减低交易成本,增加贸易机会,简化贸易流程,提高生产率,改善物流系统,它必将形成一个新的市场。但同时,众所周知,网络具有两大根本特性——即虚拟性与无地域性, 使电子商务时刻面临着许多需要解决的新问题。首先,由于网络的虚拟特性,使电子商务交易的真实性、合法性与公正性以及数据的安全性、有效性与完备性均无法向传统交易那样相对容易确认。而交易主体信用与交易安全恰恰是任何交易赖以成立的基础与避免纠纷的保障。同时, 由于网络的无地域性, 使电子商务纠纷的管辖存在不确定性, 更助长了网络欺诈的盛行。根据联合国公布的相关数据表明：电子商务的业务增长比例为140%,而其交易纠纷的增长率则高达 200%。 据美国一项调查显示,网络欺诈使成千上万的消费者损失了 1.17 亿美元。在每天网上发生的 130 万件网上拍卖交易行为中,涉及诈骗的达到 1%,也就是每天将近有 13000 起网上诈骗发生在在线拍卖中。

另外, 如何解决税收也是电子商务活动中的又一大难题。在INTERNET 环境下,交易实体是无形的,交易与匿名的支付系统联结,没有有型的合同,其过程和结果不会留下痕迹作为审计的线索,没有明确的纳税人或交易数字，很难保证其服从税法，避税和反避税的斗争在电子商务中变得更加激烈。1998年5月14日，几经修改的因特网免税法案在美国参议院商业委员会以41票对0票的优势通过，为美国本土企业铺平了电子商务的发展道路。同年5月20日，美国又促使132个世界贸易组织成员国的部长们达成一致意见，通过了因特网零关税状态至少一年的协议，使通过因特网进行国际交易的企业能够顺利地越过本国国界，在其他国家抢占市场。

电子商务	diànzǐshāngwù	Electronic Commerce 電子ビジネス 전자상무
流程	liúchéng	technological process 工程、プロセス (공업제품생산에서의) 공정,과정,계통
虚拟	xūnǐ	suppositional; hypothetical フィクション、擬製 가정하다 가설하 다 허구, 허구로 만들다
地域性	dìyùxìng	regional 地域的 지역성
纠纷	jiūfēn	dispute; quarrel 紛争 다툼 분쟁 분규
网络欺诈	wǎngluòqīzhà	internet cheat インターネット詐欺 네트워크 속임수
诈骗	zhàpiàn	defraud; swindle 騙し取る、詐欺 속이다 사취하다 협 잡하다

匿名	nìmíng	anonymous 匿名 이름을 속이다
审计	shěnjì	audit 審查統計 회계심사 (를 하다)
线索	xiànsuǒ	clue;lead 手がかり 실마리 단서 (소설 각 본 등의)줄거리
纳税人	nàshuìrén	taxpayer 納税者 납세자
避税	bìshuì	Evade tax 脱税 탈세하다 납세의 의무 를 피하다
本土企业	běntǔqǐyè	native enterprise 本国企業 본토 기업
零关税	língguānshuì	zero customs ゼロ関税 관세가 영이다

25. ______必将成为一个新的市场。
A. 互联网 B. INTERNET C. 电子商务 D. 网络交易市场
26. ______是避免交易纠纷的保障。
A. 交易安全 B. 交易流程 C. 交易系统 D. 交易机会
27. ______是网上交易过程中最常见的现象。
A. 交易纠纷 B. 网络诈骗 C. 资金损失 D. 客户流失
28. 电子商务中______也是等待解决的一大难题。
A. 逃税、漏税 B. 抢劫 C. 盗窃 D. 以上都不对
29. 1999年5月20日前在美国通过INTERNET进行的交易______关税。
A. 有 B. 没有 C. 部分有关税 D. 不清楚

30. 下列于原文不符的一项是______。

A. 网络的无地域性,使电子商务的管辖存在确定性

B. 电子商务可以提高生产率,增加贸易机会

C. 虚拟性与无地域性是网络的两大特点

D. 因特网零关税至少一年的协议,使在网上进行国际交易的企业能够顺利的越过本国国界

四

临床调查表明,长期坐办公室的工作人员容易罹患多种职业病,西方学者将这类职业病统称为"白领综合症"。也有一些国家称作"工作有关的疾病"。"白领综合症"之于"香港脚"有着异曲同工之妙,尽管带着"白领"、"香港"这样想来很美的前缀,它依然是一种病。编录此"白领综合症之病历大全",只希望办公室的工作人员能"有则医之,无则防之"。

易患人群:以会计师、律师为多,主要集中在文员和中层管理人员身上。症状:腰、背、肩、颈酸痛。确诊:职业性过劳综合症。患病原因:长时间保持同一个坐姿,肌肉没有机会伸缩所致。因此不论坐得歪斜或笔直,长久下来都会腰酸背痛。许多人都习惯于长期坐在计算机前面工作或者娱乐。医学专家告诫说,过度使用计算机会给人们的健康造成不利的影响。处方:让你和办公室动起来。专家表示,其实只要稍微改变一下生活方式,还有办公室的陈设,就能纾解这些疼痛。

美国纽约的矫正外科医生大卫兰伯特博士表示,多做运动是克服职业病最有效的办法,运动量不需要太大,散散步、举举哑铃以及轻微的带氧运动,重要的是你得动起来,并且持之以恒。至于办公室的陈设,将工作间设计成能使人经常改变体位的状态,员工就可避免长期采用一种姿势工作。当然,你也可以自己调节一下椅子和键盘的高度。正确的高度应是:当你坐在椅子上敲击键盘时,肘部和键盘的连线应与地面平行,过高或过低都会给身体带来额外的负担。最后,每隔一小时左右,最好站起来休息一下,望望窗外,呼吸新鲜空气,都有助于减轻肌肉的疲劳。

罹患	líhuàn	suffer from 病気にかかる 질병을 앓다
职业病	zhíyèbìng	occupational disease しょくぎょうびょう 직업병
白领综合症	báilǐng zōnghé zhèng	white-collar syndrome サラリーマン症候(しょうこう) 직장인들에게 많이 나타나 는 질병
异曲同工	yìqǔ tónggōng	different in approach but equally satisfactory in result やり方は違っても効果は同じ 방법은 다르나 같은 효과 를 내다
纾解疼痛	shūjiě téngtòng	relieve pain 疼みをやわらげる 아픔을 완화시키다
举哑铃	jǔ yǎlíng	lift dumbbell ダンベルをあげる 덤벨운동
带氧运动	dàiyǎng yùndòng	aerobics 酸素連動 유산소 운동

31. “白领综合症”是______。

A. 一种长期坐办公室的工作人员患的疾病

B. 一种职业病

C. 西方学者对长期坐办公室的工作人员易患职业病的统称

D. 一种无法查明致病因的疾病

32. “白领综合症”易患人群主要集中在______。

A. 会计师　　B. 律师　　C. 文员和中层管理人员　　D. 教师

33. “白领综合症”的患病原因______。

A. 长时间保持一个坐姿，肌肉没有机会伸缩所致

B. 长期坐在办公室导致大脑缺氧

C. 长期坐办公室导致缺乏维生素

D. 长期保持同一个坐姿导致内分泌功能失调

34. 专家给“白领综合症”患者开的处方是______。

A. 吃药去除病　　B. 休假一个月去调养

C. 让自己和办公室动起来　D. 找心理医生解决

35. 下列与文章意思不相符的一项是______。

A. 有一些国家称“白领综合症”为“工作有关的疾病”

B. 易患人群以会计师，律师为多

C. 坐得歪斜或笔直，长久下来都会腰酸背痛

D. 英国矫正外科医生大卫兰伯特博士表示，多做运动是克服职业病最有效的办法

五

人到中年应如何注意饮食呢？怎样才能远离亚健康状态呢？饮酒有利亦有弊。每天饮用20~30毫升红葡萄酒，可以将心脏病的发病率降低75%，而饮啤酒过量会加速心肌衰老，使血液内含铅量增加，所以还是少饮为好。

多吃可稳定情绪的食物。钙具有安定情绪的作用，脾气暴躁者应该借助于牛奶、酸奶、奶酪等乳制品以及鱼、肝、骨头汤等含钙食物平和心态。当人感到巨大的心理压力时，其所消耗的维生素C将明显增加。因此，精神紧张者可多吃鲜橙、猕猴桃等以补充足够的维生素C，应付紧张的工作。

疲劳后多吃碱性食物。疲劳的时候，不宜大吃鸡、鱼、肉、蛋等，因为疲劳时人体内酸性物质积聚，而肉类食物属于酸性，会加重疲劳感。相反，新鲜蔬菜、水产品等碱性食物能使人迅速恢复体力。

每天至少喝 3 杯水。清晨，空腹喝下一杯蜂蜜水(一汤匙优质蜂蜜加上温开水即成)。蜂蜜有润喉、清肺、生津、暖胃、滑肠的作用。午休以后，喝一杯淡淡的清茶水。清茶有醒脑提神、润肺生津、解渴利尿的功效。夜晚睡觉以前喝一杯白开水，能帮助消化，增进循环，增加解毒和排泄能力，加强免疫功能。除了每天 3 杯水外，日常生活中还应多饮白开水，饮足够的水是预防一些疾病的基本措施。

亚健康	yà jiànkāng	sub-health 亜健康である(たいてい) 건강상태가 좋은 듯하나 그다지 좋지 않음
润肺生津	rùnfèi shēngjīn	moisten the lungs はい機能をよくして、だ液の分泌を促進する 폐기능을 좋게하고 입맛을 돋구다
解渴利尿	jiěkě lìniào	one's thirst and diuretic 渇きをいやし，りにょうする 갈증을 해소하고, 소변을 원활히 보다

36. 给本文加一个合适的题目______。

A. 如何注意饮食　B. 如何远离亚健康状态

C. 中年人应如何注意饮食　D. 良好的饮食习惯

37. 下列关于中年人饮酒的说法，正确的是______。

A. 每天可饮用 20~30 毫升啤酒　B. 可降低心脏病的发病率

C. 使血液内含铅量增加　D. 啤酒还是少饮为好

38. 根据文章脾气暴躁者应吃______。

A. 牛奶，酸奶，苹果　B. 酸奶，鱼，肝

C. 鲜橙，骨头汤，桃　D. 鱼，肝，猕猴桃

39. 碱性食物是指______。

A. 鸡，鱼　B. 牛奶，蛋　C. 肉，蔬菜　D. 蔬菜，水产品

40. 下列说法与文中不相符的是______。

A. 早上，空腹喝下一杯蜂蜜水　B. 午休以后，喝一杯清茶

C. 晚上睡前，喝一杯白开水　D. 早咸晚蜜午后茶

第二套

第一部分

一

4月21日下午，浙江省嵊州市的工商人员冲进天哺尔食品有限公司的车间，工人们一脸茫然地看着这些不速之客。

工人们的手里捏着芝麻糊、豆奶粉、营养麦片的包装袋，惟独没有执法者要寻找的“圣童”奶粉。此时，全国各地对“圣童”奶粉已是谈虎色变。在阜阳市工商局公布的32家劣质奶粉的黑名单上，该奶粉赫然在列，且蛋白质含量倒数第一。嵊州市工商局在这一天出动了80人的执法队伍，声势浩大，结果却发现嵊州可能并非“圣童”奶粉的最初加工地。“我们也只是贴牌生产。”天哺尔公司的总经理徐杰栋说，“我现在都后悔死了，不该接这笔生意的。”

4月23日，记者进入嵊州市的一家街道出租房内——这里曾经是天哺尔公司的生产场地。车间的大门紧闭，地上散落着一些花花绿绿的包装纸。仅从外观上看，这里的生产条件十分简陋。嵊州市并不大，出事以前，几乎没人知道这个地方还生产过奶粉。在当地的黄页及电话查询系统里，也已见不到“天哺尔”的踪影。

目前已知道的情况是，“圣童”奶粉的成品是由河南孟州发出的。徐杰栋称，“圣童” 奶粉至今只在江苏连云港及安徽阜阳销售了两三万元，今年初，发现奶粉有质量问题后，该公司已停止了生产。然而，4月21日，杭州方面在一家名为“好人缘”的超市里就发现了“圣童”奶粉。事发后，天哺尔公司的所有往来账目均被冻结，生产也处于停滞状态，而为其提供成品奶粉的那个神秘上家，也似乎从人间蒸发了。据知情者透露，浙江真正成批量生产劣质奶粉的加工基地，位于距离嵊州400公里左右的浙闽交界山区。此处位于温州市境内，在苍南、泰顺一带，近几年来兴起的奶制品加工厂不计其数。在被曝光的32

家劣质奶粉生产企业中，苍南县就占了4家。当地一个批发市场的业主对记者并不讳言："我们苍南人不吃自家生产的奶粉，那里面没有营养嘛。"

这些天，苍南县工商局同样组织了声势浩大的"拉网式清查"，但同样收效甚微。4月18日，他们突击检查苍南力源乳业有限公司。可当执法人员赶到位于灵溪镇西河巷59号的厂房时，才发现此地早已变成了仓库。4月23日，该局又出动了100多人，对全县8家超市商场，14家奶制品企业进行了检查，结果"未发现不合格奶制品在辖区内流通领域出现"。

劣质奶粉中的主要原料包括淡奶粉、蔗糖、麦芽糊精、精炼植物油，以及钙、锌、铁等微量元素。这些原料当中，用鲜牛奶制成的淡奶粉价格最贵。有的奶粉经销商已将每袋奶粉的批发价压低到了3—5元，这意味着生产者只能放弃淡奶粉作为原料或使用少量作为补充，他们通常添加几无营养价值的淀粉。这样的奶粉并未因为质量的低劣而失去市场，原因就在于它有价格上的优势。在内地贫困的农村，不知情的农民只能选择如此价位的奶粉喂养自己的孩子。

不速之客	bú sù zhī kè	uninvited guest 招かれざる客　自分で押しかけてくる客 불청객
人间蒸发	rénjiān zhēngfā	disappear into thin air この世でじょうはつ(する) 인간증발
谈虎色变	tánhǔ sèbiàn	turn pale at the only mention of something terrible とらの話をすると顔色が変わる 말만듣고도 무서워하다

1. 文中提到的执法者要寻找哪种牌子的奶粉？
2. “谈虎色变”在这里是什么意思？
3. “圣童”奶粉的成品是从哪发出的？
4. 浙江真正成批量生产劣质奶粉的基地在何处？
5. 劣质奶粉的生产者用什么代替淡奶粉？

三

博鳌论坛由来自26个国家的代表于2001年2月创建。据论坛秘书处介绍，论坛的建立得到当时中国国家领导人的大力支持，26国代表中的大部分是以民间人士身份出席的前政要，只有江泽民、马哈蒂尔、比兰德拉等少数领导人属于现任。由于当时中国还没有有关国际性民间社团组织的管理法规，所以成立博鳌亚洲论坛的申请让民政部和外交部曾感到有些为难，但论坛终获批准，从而解决了合法性问题。虽然有这样一层关系，但从博鳌论坛4年中的表现来看，无论是其日常工作，还是年会议程的安排、议题的设计，论坛基本坚持了自治性，而这是衡量其非政府组织的最重要特征之一。

从会议日程上看，经济合作以及如何建立有效、固定的机制深化亚洲一体化是论坛最希望达成的成果。为此，秘书处安排了企业家峰会、分会场讨论、早餐会、午餐会、座谈会等多种形式，给予参会代表和嘉宾以充分时间进行讨论和交流。议题的设计颇费了一番功夫，涉及亚洲IT产业和标准、能源、供应链与亚洲制造、银行系统、金融改革、坎昆会议后亚洲经济一体化的进程等方方面面，博鳌论坛显然不希望仅仅停留在口头、书面的倡议与承诺上，而是希望这些倡议和承诺能够得到具体而微的执行。

“和平崛起”理论同博鳌亚洲论坛有很深的渊源。正是在2003年11月的博鳌论坛上，郑必坚发表了《中国和平崛起新道路和亚洲的未来》演讲，第一次向公众阐述了“和平崛起”的观点。这次演讲在时间上成为中国政府对待“崛起”态度的分水岭。由于“崛起”在国际政治中所具有的“挑战现存的世界秩序，争夺霸权”的内涵，中国政府此前在对待崛起一词时极为谨慎，而宁愿使用如民族复兴之类的表述。自2003年博鳌论坛之后，胡锦涛主席与温家宝总理在不到三个月时间内，连续三次在不同的场合讲到“和平崛起”。这或许意味着，中国决定重新解释这一名词，掌握话语权，并专注于自己的发展道路。

此次，郑必坚重申了对“和平崛起”的理解：和平崛起指的是1978年之后，中国实行改革开放政策，到21世纪中叶，中国基本实现现代化的过程，以及在这个过程中中国所找到的发展道路。显然，他试图通过重新定义的方式来化解他自己所说的一个难题——如何把和平与崛起这两个具有特殊意义的词有机地联系在一起，并从中国过去20多年经济发展的经验中提炼证据。胡锦涛主席在开幕式上发表了“中国的发展，亚洲的机遇”的主旨演讲，指出中国是亚洲的一员，中国的发展与亚洲的繁荣息息相关，中国已经并将继续给亚洲的发展带来积极影响。有中国学者指出，胡锦涛的演讲对“和平崛起”概念的核心价值之一——共赢——作了很好的注解。

与学者按照严格的方法论和古板的定义争论的逻辑不同，在论坛的各项经济会议上，和平崛起同样是一个炙手可热的词汇。企业家显然从和平崛起中嗅出巨大的利益，他们可不想把宝贵的时间用在单纯的争论上。经济人士认同经济全球化无法回避的观点，他们也充分注意到在亚洲金融风暴之后，中国在稳定亚洲经济以及推动亚洲经济复苏上的巨大作用。摩根士丹利首席经济学者罗奇干脆就认为，现在的东亚经济环境“是以中国为中心的”。对于他们而言，和平的环境以及中国的发展就意味着机会、市场、合作和收益。如果这些要素能够有效整合，中国能够把自己的发展融入地区、世界，那么“和平崛起”就有可能。

显然，关于经济的讨论注重的不是什么概念，而是在全球化的进程中亚洲国家实现彼此合作的方式，以及如何应对现实问题，提升亚洲的竞争力的举措。全球化本身很难说究竟是福还是祸，但如果亚洲能够利用全球化带来的机会，集中亚洲的优势参与全球竞争，无疑就等于牢牢把握住了自己的命运。这样的努力正好回答了前法国合作和法语地区事务部部长若斯兰的问题，"如果不想让全球化放任自流，亚洲必须建立新的秩序，亚洲必须给全球化一个合适的出路。"博鳌论坛所做的就是试图找到这样的一条出路。

非政府组织	fēi zhèngfǔ zǔzhī	non-government organization 非せいふ組織 비정부조직(NGO)
供应链	gōngyìngliàn	supply chain 供給チェーン 공급망
民族复兴	mínzú fùxīng	revival of the nation 民族の復興 민족부흥
共赢	gòngyíng	win-win situation 共に利益を得る 양쪽모두 이익을 얻다.(상호호혜)
放任自流	fàngrèn zìliú	let things drift (取り締りをせず)成り行きに任せる 자유방임하다

6. 代表中的大部分是以什么身份出席大会的?
7. 什么是论坛最希望达成的成果?
8. 论坛的讨论有几种形式?
9. "和平崛起"概念的核心价值之一是什么?
10. 和平的环境以及中国的发展意味着什么?

三

《幼童》讲述的是一段曲折忧伤的故事。1872年，大清国的首次官派学生从上海启程远渡重洋赴美留学，此后又有两批幼童相继赴美。在近半数的孩子进入美国耶鲁、哈佛、麻省理工学院、哥伦比亚等一流大学的时候，留学计划突然终止，留美幼童被召回国。从一开始，这120名平均年龄为12岁的幼童，他们的欢笑和泪水，他们的命运就和古老中国的近代史不可分割地交织在一起。

作家钱钢1980年代写作报告文学《海葬》的时候，接触到清朝政府将一些少年送到英国格林威治皇家海军学院学习的史料。在进一步查找史料的时候，钱钢得知在更早的时候，有一批更小的孩子被送到美国留学。这批留美幼童的故事深深吸引和打动了钱钢，把幼童的故事写成书，搬上银幕成了钱钢的一大心愿。但是钱钢没有想到的是，由于缺乏足够的资金和支持，这个计划的最终完成竟用了十多年的时间，距离幼童留美也已经过了120多年。

2001年，钱钢在香港中文大学做访问学者的时候，与一位同在中文大学的美国教授相识。交谈之下，这位教授惊奇地发现钱钢最想去的哈特福德竟然就是他生活和工作的地方，教授追问之后，才得知钱钢要去那里做容闳和留美幼童的研究。热心的教授很快为钱钢访美发了邀请。钱钢向曾经担任策划的央视《新闻调查》写了策划书，《留美幼童》的拍摄终于得以启动了。利用在美国作访问的机会，钱钢和《幼童》的总编导胡劲草乘坐老式的蒸汽火车沿康涅迪格河溯流而上，在幼童生活和学习过的新英格兰地区开始了仔细的史料和文献查证。

探寻幼童经历的过程充满了奇遇和惊喜。钱钢得到哈佛大学图书馆藏有留美幼童李恩富自传的信息，他向图书馆提出借阅的请求。但是，这本薄薄的小书并不在哈佛大学的图书馆，而是被存放在波士顿郊外的一处书库，最后馆方动用一辆和运钞车相仿的特别车辆，严加保护，运送而来。这本名为《我在中国的童年故事》封面上画的是一个奔跑着的中国男孩正在放风筝。

在钱钢眼里，“留美幼童”是一段尘封已久的故事，“曲折、离奇、

忧伤、美丽，留美幼童的经历和中国近代史相始终，是中国近代史人格化的缩写本。这真实的故事是天然的戏剧，是难以虚构的传奇，纵有天大的才能，也无法想像。”幼童不仅生活在异国他乡，也身处一个急速变化的奇特时代，他们见证了电灯、电话、留声机这些工业革命标志性的突破。西方文明的影响是深刻的，在掌握西方语言文化的同时，他们身上的固有观念开始动摇和改变，剪辫、换装、叛逃、异国婚恋相继发生。

远渡重洋	yuǎndù chóngyáng	cross broad water areas 遠くいくつもの海をわたって外国へ行く 멀리 외국으로 건너가다
虚构	xūgòu	make up きょこう(フィクション) 허구
异国婚恋	yìguó hūnliàn	transnational marriage 異国的結婚また恋 이국적 연애나 결혼

11. 学生们从哪里启程？
12. 大清国官派的学生们一共分成几批赴美留学？
13. 学生们最早去的是哪一个国家？
14. 《我在中国的童年故事》的作者是谁？
15. 这些“留美幼童”身上固有观念的转变表现在哪些方面？

第二部分

一

2002年,上海电信推出了基于趋势科技 GATELOCK 产品的“安全宽带”套餐。这种宽带安装套餐提供给用户一种选择:加1500元左右,获得一套用于查毒杀毒的软硬件设备。但上海电信方面承认,这种套餐销售并不理想。用户反映,感觉这种捆绑销售方式可能会含有比较不合理的设备价格,因此对套餐有抵触。

另外,中国电信早就通过互联星空和金山、瑞星等杀毒软件厂商合作,为用户提供在线杀毒服务。这种在线杀毒服务按月收费,一般在10至15元之间。

根据病毒生命周期设计的信息安全服务听起来完美,然而,这种服务需要和人力结合。据了解,划分为五个阶段的信息安全服务需要大量的信息安全专家来执行。目前趋势设计的系统可以自己生成报表的80%,再由人工进行剩下20%的加工。就算下一阶段由系统自动做出的病毒报告完成度有望能提高到90%,但目前上海电信几十名工程师仍然只能满足已有的上百万宽带用户需求的一小部分。同时,从趋势科技复制过来的上海电信版本的信息安全服务,将以上海电信的服务信誉作为赌注。趋势科技是全球首家推出“承诺制”服务的信息安全厂商,即如果出现安全问题,趋势愿意承担相应责任。

“如果上海电信不能把这一点也复制过去,则会面临用户的不信任。”一位软件销售商表示。在这样一个特殊的领域,即使对遭受损失习以为常,用户也不会原谅一个承诺过完整服务以获得信任的大公司。但承诺对电信用户遭受病毒侵入的损失“承担责任”,又是上海电信无法承受之重。

因此上海电信显得小心翼翼。相关人员表示,和宽带接入等业务不同,客户部门在信息安全服务方面目前没有指标压力。上海电信的副总经理童羚为信息安全中心揭牌,在揭牌时她表示上海电信会充分支持这一部门做出大胆尝试。“电信上市后会裁员,所以新的业务将成为人员流向之一。”

宽带	kuāndài	broad band ブロド・バンド 전용선(ADSL)
查毒杀毒	chádú shādú	seek and kill virus ウイルスを調べ、ころす (컴)바이러스 체크 및 치료
软硬件	ruǎnyìngjiàn	hard ware and soft ware (コンピューター) ソフト・ウェアハード・ウェア (컴)소프트,하드웨어
捆绑销售	kǔnbǎng xiāoshòu	binding sale ほかの商品をくくって売る 주상품에다른상품을 끼워팔기
套餐	tàocān	set meal セットになっている食事 SET 메뉴 식사
承诺制	chéngnuòzhì	undertaking system しょうだくせい 청약제
揭牌	jiē pái	unveil a signboard; officially launch 開業式をする 개점하다

16. 文章中的“安全宽带”套餐是指______。

A. 加1500元左右，获得一套用于查毒杀毒的软硬件设备。

B. 与互联星空杀毒软件厂商合作，提供在线服务。

C. 引进“承诺制”愿意承担相应责任。

D. 与金山、瑞星等杀毒软件厂商合作，为用户提供在线杀毒服务。

17. 目前中国电信提供的在线杀毒服务每月收______。

A. 1500元左右　B. 10元　C. 15元　D. 10至15元之间

18. 上海宽带用户使用已有______。

A. 几十万人　B. 几万人　C. 上百万人　D. 一千多万人

19. “电信业上市后会裁员，所以新的业务将成为人员流向之一”，其中新的业务是指______。

A. “安全宽带”套餐业务　B. 在线杀毒业务

C. 信息安全服务业务　D. 宽带接入业务

20. 根据病毒生命周期设计的“信息安全服务”需要和______。

A. 网络结合　B. 电脑结合　C. 人力结合　D. 中国电信结合

二

对自己喜欢的异性类型：

女生中选择对方活泼健谈的占10%，稳重成熟的占17%，风趣幽默的占20%，关怀体贴的占18%，学识渊博的占18%，浪漫诗意的占5%，有威慑力的占9%，内敛沉默的占3%。

男生中选择对方温柔体贴的占20%，活泼大方的占14%，冰清玉洁的占14%，个性鲜明的占10%，沉默保守的占7%，学识渊博的占9%，百依百顺的占5%，独立性强的占12%，家庭观强的占12%，时髦靓丽的占7%。

无论男生女生，最看中对方性格的占30%，品性的占40%，学识的占10%，身体状况的占9%，相貌的占9%，身材的占2%，而所有同学中，没有人认为在交朋友时要考虑家庭背景。

调查显示，大学生在衡量恋爱与学习的关系时，65%的人认为两者是互相促进的，19%的人认为无影响，仅16%的人认为是互相干扰的。当自己学习或工作中遇到疑惑时，希望对方给出意见的占51%，30%的选择劝导安慰，10%的选择静静倾听，只有9%的人不希望对方管自己。另外，有59%的人认为"为了爱情而忘了学业是不适当的"；30%的人认为"生命诚可贵，爱情价更高，若为事业故，二者皆可抛"；仅6%的人认为"没有体验过爱情的幸福，就不知道生活的价值"；3%的人推崇爱情比事业重要，2%的人"把恋爱和幸福看成是人生的第一目标"。

对网恋的态度，50%的人不相信网恋，相信和不确定的各占25%。对于网恋是否能成为现实恋爱，35%的人认为可能，33%的人认为不确定，32%的人认为那是不可能的。

健谈	jiàntán	**talkative** 口達者である 話し上手である 건전한 대화
风趣	fēngqù	**humorous** ユーモア 취미
学识渊博	xuéshí yuānbó	**knowledgable** 学識が該博である 박학다식한
浪漫诗意	làngmàn shīyì	**romantic** ロマンティックしい 낭만주의 시의
有威慑力	yǒu wēishèlì	**threatening** 人をおさえ、おそれさせる威力におそれをなす 권위있는 사람이 위협하다
内敛沉默	nèiliǎn chénmò	**introvert and silent** ふみとどまってちんもくする 성격이 원만하지 못하여 화를 잘냄

冰清玉洁	bīngqīng yùjié	pure and noble 玉のように清らかで氷のように くもりのないこと 인격, 인품이 고결하다
百依百顺	bǎiyī bǎishùn	docile and obedient なんでも言いなりになる 고분고분 순종하다
家庭观强	jiātíngguān qiáng	a deep sense of family 家庭観が強い(家庭を重視する) 가정을 매우 사랑하고 중시하다
网恋	wǎngliàn	love affairs on the net インタネット利用した恋愛 채팅을 통한 연애

21. 在对自己喜欢的异性类型调查中显示,女生选择对方最多的是_____。
A. 活泼健谈　B. 稳重成熟　C. 风趣幽默　D. 关怀体贴

22. 无论男生女生,大多数最看中对方的是_____。
A. 性格　B. 品性　C. 学识　D. 身材

23. 认为网恋不可能成为现实恋爱占接受调查总人数的_____。
A. 50%　B. 35%　C. 33%　D. 32%

24. 大学生认为恋爱与学习互相干扰的人_____。
A. 很多　B. 多　C. 很少　D. 不多也不少

25. "生命诚可贵,爱情价更高,若为事业故,二者皆可抛",其中这种观点认为最重要的是_____。
A. 生命　B. 爱情　C. 事业　D. 学业

三

数据显示,在我国现有的7.2万公里铁路中,有两万多公里修建于解放前,另外两万多公里则兴建于上世纪五六十年代,且至今都发

挥着主干线的作用。其中，京哈、陇海和京广、京沪的部分路段等均属铁路干线。统计数据显示，我国现有铁路里程占世界铁路总里程6%，却完成了世界铁路24%的工作量。以2000年为例，铁路每公里要承担3026万吨公里，是法国的7.9倍、德国的7.8倍、美国的2.7倍。我国铁路完成货运量、客运周转量、运输密度均居世界第一，但人均铁路长度却不到一支烟长！

统计显示，每年投入到铁路建设的资金总共只有不到600亿元人民币。与之对比鲜明的是，我国每年在公路建设上的投资高达近3000亿元。1997年至2002年5年间，公路投资额达1.4万多亿元，铁路则不足3000亿元。2002年，公路一年的投资额超过铁路近5年投资额的总和。铁路与公路为何在投入上显现出如此巨大的反差？"主要缘于落后的铁路投融资体制"。国家宏观经济研究院综合运输研究所所长董焰说。

据介绍，目前我国铁路建设资金主要来源包括，提高铁路运费的铁路建设基金和国家开发银行的政策性贷款。此外，还包括少量的铁路系统自筹资金、企业债券和地方政府投入。

"这意味着，目前属垄断性质的铁路建设只能依靠政府投入。"有关领导说。专项铁路建设基金不足，指望中央财政加大投入也不现实。国家每年新增财政收入不到3000亿元，但需要用钱的地方太多，中央财政根本无力继续扩大对铁路建设的投入。

与之相反，公路建设早早走出了单纯依靠政府投入的旧体制。有关领导告诉记者，上世纪80年代初之前，国家集中财力建设铁路。相形之下，公路、民航、水运和管道等交通建设则显得较为滞后，种种弊端不断暴露，迫使国家不得不考虑调整交通运输结构。

铁路干线	tiělù gànxiàn	high iron てつどうかんせん 간선 철도

客运周转量	kè yùn zhōuzhuǎn liàng	passenger transport turnover 一回旅客運搬量 회 여객수송량
运输密度	yùnshū mìdù	transport density 連送密度 운송밀도
政策性贷款	zhèngcèxìng dàikuǎn	policy loan せいさく貸付金 정책성 대출
中央财政	zhōngyāng cáizhèng	central finance ちゅうおうざいせい(金融) 중앙재정
滞后	zhìhòu	lag とどこおってたちおくれる 정체되고 낙후된

26. 我国解放前和解放后的五六十年代,一共修建铁路_____。
A. 4 万多公里 B. 两万多公里 C. 7.2 万公里 D. 两万公里

27. 文中提到的中国铁路完成的工作量有_____世界第一。
A. 两项 B. 三项 C. 四项 D. 五项

28. 公路与铁路相比,在投入上显现出巨大的差别的原因是______。
A. 主要缘于落后的铁路投融资体制
B. 国家公路建设资金充足
C. 国家考虑到交通运输结构需要调整
D. 公路建设早早走出了单纯依靠政府投入的旧体制

29. 目前中国铁路建设资金主要来源不包括下列哪一项______。
A. 铁路建设基金
B. 国家开发银行的政策性贷款

C. 铁路系统自筹资金、企业股票和中央政府投入

D. A+B

30. 目前中国铁路的工作量是德国的______。

A. 7.2 倍　　B. 7.9 倍　　C. 7.8 倍　　D. 2.7 倍

四

昨天下午四点半，江苏省苏州工业园区唯亭镇阳澄湖发生了一场十分罕见的“水龙卷风”，水柱直径近 30 米，持续了近 20 分钟。强大气流将阳澄湖湖水卷起近千米高。

江苏省昆山市气象局值班员沈玉峰说，它是强对流天气的一种现象，出现在水面上，称水龙卷。龙卷风形成的原因，主要是上下空气出现强烈的对流，形成强烈的上升运动。

据悉，“水龙卷”发生时形成了直径约 30 米的水柱，将湖面的一些杂物和竹子一同卷起，而水柱边向上盘旋，边向东南方向缓慢移动，场面甚是壮观。目击者说，下午四点半，阳澄湖上空形成乌云，而后水面“砰”的一声，下面水开始旋转，逐渐形成水柱冲上天。五分钟过后，有闪电二三次左右，龙卷风结束之后他开车过去看时，发现公路上一点点雨都没有。整个水龙卷风过程持续了近 20 分钟后才渐渐平息。

龙卷风	lóngjuǎnfēng	cyclone たつまき 회오리바람
直径	zhíjìng	diameter ちょっけい 직경
场面壮观	chǎngmiàn zhuàngguān	grand scene 非常盛んでいる場面 장면이 장관이다

31. 这次“水龙卷风”发生的地点是______。

A. 江苏省　　B. 江苏省苏州工业园区

C. 昨天下午四点半　　D. 江苏省苏州工业园区唯亭镇阳澄湖

32. “水龙卷风”是______。

A. 一种强对流天气现象

B. 出现在地面

C. 龙卷风的别称

D. 高空与地面空气出现强烈的对流,形成的强烈的上升运动

33. 文中提到的这次“水龙卷风”大概______分钟后结束。

A. 30　　B. 20　　C. 5　　D. 2 至 3

34. 下列哪一项与原文意思不相符______。

A. 昨天下午 4:30 分左右,强大气流将阳澄湖湖水卷起近千米高

B. “水龙卷”发生时,场面甚是壮观

C. 当时湖面上空有乌云形成

D. 水龙卷风过后,天降暴雨

35. 材料中第 2 段主要介绍的是______。

A. 水龙卷风发生的时间　　B. 水龙卷风发生的地点

C. 水龙卷风的成因　　D. 水龙卷风发生的场面

五

“无线关爱计划”今天启动,第一批受益者——北京盲人学校的学生将用上一种类似于手机的“小爱星”终端,有了它,迷路或有紧急情况时,使用人可快速确定自己的位置,并和家人、老师取得联系。这项社会公益事业由中国联通和美国高通共同发起。向北京盲人学校赠送一百五十部“小爱星”为试点项目。

一名盲童在现场演示了定位

过程，他模拟自己迷路后，用“小爱星”拨打“九五一六六”客服热线，经过三十至四十秒的定位后，服务员告诉了他所处的位置。随后，这名盲童的老师接到客服热线的电话，通知她有一名同学在盲人学校附近，需要得到帮助。联通的这种定位服务名为“关爱之星”，是在电子地图平台的支持下，为家人亲属提供图形化的位置信息，目前全球已有十五家运营商推出定位服务。

“无线关爱计划”得到了北京市政府、北京残联的支持，目前北京市的盲人有六十万。联通副总裁吕建国表示，希望有更多的企业参与到这项公益事业中。

公益事业	gōngyì shìyè	commonweal cause 公益のこと 공익사업
客服热线	kèfú rèxiàn	customer service hot line お客サービスホット・ライン 고객전화서비스

36. “无线关爱计划”主要是针对______开展的。

A. 失学儿童　　B. 白血病患者　　C. 盲人　　D. 学生

37. “关爱之星”是______的名字。

A. 客服热线　　B. 电话　　C. 定位服务　　D. 手机

六

西红柿为啥没以前好吃了？北京代表团代表、植物营养学家毛达如教授解答说：“很重要的一个原因是施肥不均衡。”毛代表向大会提出建议“尽快制定肥料管理条例”。

毛教授说：“种子、化肥、农药，这三样是农业生产的根本，哪一样出问题，都会导致农田减产甚至绝收。目前，我国已经有了《种子法》，农药也有了相关法规，但是肥料却没有一个权威的法律规范，这是个必须重视的大问题。由于缺乏行之有效的知识普及，相当多的农民并没有掌握合理施肥的知识。比如许多农民喜欢过多地使用氮肥，因为氮肥施用以后，农作物的叶子马上就变绿了，表面效果很明显。钾肥施用后，不会这么快发生变化，农民就不爱用。其实钾肥对于农作物来说十分重要，在我国氮钾肥使用的比例是1比0.2，而在日本，这个比例是1比1甚至1比2。现在有的鸭梨看着不错，吃起来却很酸，就是氮肥过多造成的。”

如果说肥料施用不合理只是会使作物品质下降的话，那最让毛教授焦虑的是，目前我国的肥料生产经营状况非常混乱，据他调查，我国目前拥有法人资格生产、经销化肥的企业达6000多家，还不包括那些无照的游商，经营渠道的混乱导致化肥质量参差不齐，直接威胁着农民的生产安全，假劣化肥坑农事件时有发生，迫切需要有相关的法规进行规范，使农民会用化肥，能买到放心化肥。

将要制定的《肥料管理条例》并不是毛教授的最终目的，他希望借这个法规的制定和实施，启动我国“肥料法”的建设。毛教授说：“目前，许多国家都有《肥料法》，对肥料的检验、施用做出详细的法律规定。我们也应该着手启动‘肥料法’的立法调研及起草工作。有了科学的、法治的管理，西红柿会好吃起来的，我们现在引进的农作物无土栽培，严格按照科学方法平衡施肥，西红柿的味道就很好。”

农田减产	nóngtián jiǎnchǎn	reduction of and output 耕地げんさん 논밭의 생산량이 감소하다
绝收	juéshōu	totally no harvest (受けとるを)たちきる (받기를)거부하다
氮肥	dànféi	nitrogenous fertilizer 窒素肥料 질소비료

参差不齐	cēncìbùqí	ragged (長短・高低・大小)がまちまちである 不ぞろいである 순서나 크기가 고르지 않고 들쑥날쑥하다

38. 现在的西红柿没有以前的好吃的主要原因是______。

A. 施肥不均衡　　B. 种子质量降低了

C. 化肥施的过多了　　D. 农药使用过量

39. 文章中提到的过多施用氮肥会使______。

A. 叶子很快变黄　　B. 鸭梨好看，吃起来却很酸

C. 产量大大提高　　D. 土地板结严重

40. 通过阅读文章我们知道中国现在没有______。

A.《种子法》　B.《肥料管理条例》　C.《肥料法》　D. B+C

第三套

第一部分

一

卫生部新闻办公室提供的资料，健宫医院李护士、宋某以及宋某的母亲发病有相当长的一个过程。遗憾的是，为什么在这么长的时间里都没有对她们进行“非典”排查？其中安徽的宋某还往返京皖两地治疗，转了三家医院，而且她们都有学医的背景。

4 月 25 日，在约定不评价其他医院工作的前提下，北京地坛医院院长毛羽接受了记者专访。在接到收治李护士的通知后，他们在 4 个小时内就腾空了一栋楼，迅速转移了楼内的 124 位病人。“去年病人基本上没有痰，而她有黄痰。使用抗生素以前基本上是无效的，而对她是有效的。从这些来看，她既有非典型肺炎的表现，也有典型肺炎的表现。从临床表现、体征、化验检查等方面来看，都有她的复杂性。”北京市疾病预防控制中心传染病和地方病控制所所长吴疆表示，目前 SARS 的早期临床诊断仍然有很大困难，而且李某的临床特点，像肺部有音，同时有黄色的痰，都不支持 SARS 的早期临床诊断。安徽宋某的临床症状，也与去年的 SARS 患者明显不同。

地坛医院目前已投入 44 名医护人员抗击卷土重来的 SARS，一旦需要，他们将腾空整座医院。毛羽说：“我们有 102 间房，如果一个房间收治一个病人，我们的接纳能力是 100 人。不过从目前的情况看，我还是比较乐观。”与此同时，科技部与卫生部开始联手对各地的非典 P3 实验室进行安全防护检查。应卫生部邀请，世卫也已派出三位专家，参加对中国疾病控制中心病毒所可能出现的实验室感染进行调查。在去年 7 月份，我国紧急改建了 20 多家能够从事 SARS 病毒研究的 P3 实验室，全国非典型肺炎指挥部科技攻关组 P3 实验室考核专家组对它们进行了检查验收。去年 9 月及 12 月，新加坡和我国

台湾地区发生由于实验室泄漏而导致的SARS疫情后，卫生部曾下发紧急通知，要求各地加强非典实验室的安全保护工作。

据悉，目前中国疾控中心病毒研究所关于SARS的研究就是在这样一种严格的操作下进行的。SARS实验室实行的都是双重准入制：第一，手续必须齐全；第二，进入实验室必须经过管理人员的批准。据病毒所所长阮立介绍，按照规定，研究人员进入实验室时，首先要通过反光区，再通过抗污染区，最后还要经过反光区。出来的时候同样如此，病毒是出不了实验室的。在阮立看来，科研人员不幸感染SARS不外乎以下三个方面的原因：第一是实验室的硬件环境有没有达到要求；第二是实验室的软件环境，管理是否到位；第三是实验室的操作人员有没有遵守规范。“经过一段时间后，可能有些工作有一些松弛，例如有些医院发热门诊形同虚设，机场和火车站也在前不久停止了发热监测。通过这件事，我相信，不管是发烧的病人还是感觉不舒服的人，医疗部门都会引起高度的重视。”一位专家说。

京皖	Jīng Wǎn	Jing Wan ペキンと安徽省の略称 북경과 안휘성의 약칭
临床特点	línchuáng tèdiǎn	clinic features りんしょう特徴 임상특징
腾空	téng kōng	rise high into the air; empty out 空中に舞い上がる 공중으로 오르다, 일이 발전하다
发热	fārè	Heat;radiate;fever はつねつする　熱がある 열이 나다

1. 安徽的宋某曾去过哪些省市?
2. 李护士的早期临床表现有哪些特点?
3. "双重准入制"指什么?
4. "形同虚设"在这里是什么意思?

二

就外汇市场技术分析而言，对汇价的走势70%可以靠技术分析去掌握,除非重大的政治事件或经济事件,没有什么因素能长期左右汇率的走势。而在股市上,即使有很高的技术分析手段,也不一定能赚钱。因此,对外汇市场的分析会比对股票市场的分析准确得多。另外,任何一种货币一年的波动不像股票那么大,就算做即期套牢了,一年最多损失10%,不会像股票跌得那么惨。长期套牢也不必慌张,一国货币涨跌都是有规律的,不会只涨不跌,也不会只跌不涨,如果不斩仓,终究有一天汇率会回到你的买入价格。当汇价回到他的成本区域的时候,您的收入除可以获得一部分差价收益外,还有可能获得利息收益。这样无论怎么做赔钱都是不大可能的。从这个角度讲风险可以说就是"零"。

另外现在国内部分银行有期权交易,如果汇民在高位套牢,可以利用期权把套牢的损失补回来,套牢的部分也就回来了。而其他货币兑美元呈下跌态势时,投资者对行情不好把握,这时做期权,选择做空,只要方向对了也可以赚钱。炒汇资金多少并不重要,只要有一定的风险承受能力,保持良好的心态,有一种科学理性的分析方法,如果做得好,一个月可能获利1%~2%,一年累计下来就可能有10%左右的收入,比把钱存在银行要划算得多。

汇率走势　huìlǜ zǒushì　**exchange rate tendency**
為替レート変化
환율변동추이

套牢	tàoláo	procurement of exchange rate; arbitrage しょうけんの価値が下って売らなくてそのまま持っている 증권값의 하락폭이 너무 커,팔지 못하고 그대로 소유하고 있는 것
只跌不涨	zhǐdiē bùzhǎng	Drop all the time 物価が上がらない 내려가지만하고오르지않는다
斩仓	zhǎncāng	sell out stocks 損をしても一定部分の値段で売る 손절미(손해를보더라도증권의일정부분의값을받고파는것)

5. 什么因素能长期左右汇率的走势?
6. 什么时候有可能获得利息收益?
7. 炒汇时什么最重要?

三

虽然乔丹不是一个“好孩子”,但他的体育天赋却是众人公认的。除了篮球之外,乔丹还喜欢棒球、橄榄球。乔丹12岁时,他的照片曾登在《明日之星》杂志上,那时的乔丹很瘦小,但能投出相当重的快速球。乔丹在15岁时转学到兰尼中学。在兰尼中学,乔丹的身高不可思议的从1.70米,一下子长到了1.89米,而乔丹家里还没有一个超过1.83米,乔丹说:“看来是上天有意安排我打球赐给我足够的身高。”在学校里,乔丹即打篮球,又打橄榄球,当然,他把更多的时间放在了篮球上。乔丹训练非常刻苦,在兰尼中学的第二年,他除了参加兰尼中学的篮球训练外，还参加大学代表队的篮球训练，每天下午从5点30分练到7点。然后又赶到大学代表队训练场，从7点练到9点，日程总是安排的非常紧凑。乔丹非常愿意接受教练的指导。乔丹高中时的教练林奇回忆说："就像其他高中篮球运动员一样，教练要他做什么他就做什么，不同的是他听得特别专心也执行得最认真彻底。他唯一的要求是希望队友们和他一样用心。"

乔丹在兰尼中学打得最漂亮的一场球是对新哈诺佛中学的一场比赛，这是一场正式的冠亚军决赛，在比赛结束前，新哈诺佛中学还以微弱优势领先，然而，当比赛结束时，兰尼中学取得了胜利，起到关键作用的是乔丹，他一人包揽了兰尼中学的最后的15分，整个学校都说，是乔丹为兰尼中学捧得了冠军奖杯。乔丹在高中毕业前的一年夏天参加了五星篮球营，五星篮球营是美国有名的篮球夏令营，报名参加的都是全美最优秀的少年篮球选手，参加这样的夏令营，主要是为各个大学选拨球员提供机会。乔丹是作为候补队员参加这次篮球夏令营的。在训练营里，乔丹和那些全美最顶尖的高中球员打球，他的弹跳力与控球能力明显要比其他人高出一截。一个星期下来，乔丹充分展示了他的天才，赢得了夏令营5项个人奖，并且被夏令营破例再留一个星期，并在第二个星期内，又赢得了四项个人大奖。每个人都对乔丹的能力赞不绝口，教练们都认为乔丹远比训练营里的任何球员要好，两个星期下来，出了训练营，乔丹已摇身一变，成为当时全国高中最顶尖的球员了。1981年秋天，乔丹进入了北卡罗莱纳大学。值得一提的是，乔丹高中毕业时的成绩是3.2和3.3之间（美国学校实行4分制），即使没有篮球背景他也能够获得奖学金，进入北卡罗莱纳大学。他在高中毕业前的几年里，逐渐认识到学习对前途的重要，开始喜欢学习，他说："一旦我有能力成为好学生，我就肯定能成为非常出色的学生。"他所有的科目都不错，尤其是数学很好。进入大学后，他特意选修了化学和微积分等学科。

候补队员	hòubǔ duìyuán	bench warmer こうほせんしゅ 후보선수
弹跳力	tántiàolì	jumping capacity ばね 점프력
控球能力	kòng qiú nénglì	the delaying ability ボール支配の能力 공을 제어하는 능력
摇身一变	yáoshēnyíbiàn	suddenly change one's identity 体をゆすぶって姿を変える 早変わりにする 사람의말,행동,태도가 갑자기변하다.
顶尖	dǐngjiān	top 先端 최고급,최상등
选修	xuǎnxiū	take as an elective course せんしゅうする 선택하여배우다

8. 除了篮球之外,乔丹还喜欢什么运动?
9. 他的家除了他以外,最高的是多少?
10. 他什么时候开始参加大学代表队的篮球训练?
11. 在对新哈诺佛中学的比赛中,乔丹的贡献是什么?
12. 在参加夏令营时,乔丹的什么能力比别人高一截?

四

林黛玉因丧母，被外祖母贾母派人接到贾府。在金陵荣国府，除了见到外祖母外，还见到了大舅母，即贾赦之妻邢夫人；二舅母，即贾政之妻王夫人；年轻而会管理家政的王夫人侄女、贾赦儿子贾琏之妻王熙凤；贾赦之女迎春、贾政之女探春、宁国府贾珍之妹惜春。当然，也见到了那块石头化身、衔玉而生、深得贾母宠爱的贾政之子贾宝玉。两人第一次见面就有似曾相识之感，当宝玉见美若天仙的表妹没有玉，便一怒之下要砸自己的玉，引起一场不快。不久，王夫人的姐姐带着儿子薛蟠和女儿薛宝钗也在贾府住下。这薛宝钗曾得癞头和尚赠予金锁治病，以后一直佩戴。

似曾相识	sìcéng xiāngshí	**seem to be familiar** かつての知り合いのようだ 알고있는듯하다
佩戴	pèidài	**adorn** 感心する 탄복하다

13. 林黛玉的大舅母姓什么？
14. 王熙凤是王夫人的什么人？
15. 薛宝钗佩戴什么特别的饰物？

第二部分

一

7月20日，记者从市政府办公厅获悉，鉴于夏季居民楼垃圾道生活垃圾大量滋生蚊蝇，成为威胁居民健康的主要污染源，市政府日前专门下发《通知》，要求从现在开始，新建楼房一律不得设置垃圾道，以防止生活垃圾污染周围环境。今后，我市各单位和居民住宅楼的垃圾道，由房屋产权单位负责，在近期内自行封闭。《通知》下发以后的所有新建住宅楼和其他建筑物，一律不得修建垃圾道。

城关区、七里河区、西堌区、安宁区4区辖区内所产生的生活垃圾，一律实行袋装化管理、封闭运输，并逐步做到无害化处置；生活垃圾袋装化收集后，要投入指定的垃圾存储容器，由单位自行清运或委托环卫服务部门清运到指定的垃圾转运站或处理场；对于特种垃圾及房屋改造、装修后产生的渣土垃圾，按有关规定处理；各单位、居民区、沿街店铺、饮食餐馆、车站广场、公园绿地等场所，要合理设置袋装垃圾收集容器，并做到统一标准、标识醒目、外观整洁。

对于违反《通知》要求的行为，由辖区城管、环卫、公安、工商等有关部门予以警告，责令限期改正。逾期不改正的，依据建设部《城市生活垃圾管理办法》、《甘肃省城市市容和环境卫生管理办法》及有关法规，予以经济处罚。

获悉	huòxī	learn みみにはいる 承(うけたまわ)る 들은 바에 의하면
房屋产权	fángwū chǎnquán	tenement property right 家屋財産権 부동산소유권

沿街店铺	yánjiēdiànpù	shops along the street 道ばたに並んでいた商店 길가에 위치한 점포
生活垃圾袋装化	shēnghuó lājīdài zhuānghuà	sack the living garbage 生活ごみ袋入り制度 생활쓰레기봉투화

16. 市政府规定，新建楼房不准有______。
   A. 垃圾道　　B. 垃圾站　　C. 垃圾桶　　D. 垃圾
17. 市政府目前下发的《通知》主要是因为______。
   A. 夏季居民楼垃圾道成为威胁居民健康的主要污染源
   B. 建设部《城市生活垃圾管理办法》的要求
   C.《甘肃省城市市容和环境卫生管理办法》的要求
   D.《 建筑法》的要求
18. 文章中提到威胁居民建康的污染源是______。
   A. 特种垃圾　B. 渣土垃圾　C. 生活垃圾　D. 废水

三

晋北地区是京津三大风沙源地之一，也是一条风沙进京的主要通道，这里年平均 8 级以上的大风日数达 40 天以上，6 级以上的大风日数达 60 天以上，每年春天地表土被风蚀 0.5~1.2 厘米。遏制风沙肆虐既是当地人民群众改善生存环境的需要，也是维护京津地区生态安全的头等大事。为此，国家确定在晋北的 3 个市 13 个县、两个省直林局铺开治理总面积达 3080 万亩的建设任务。

创新治理模式是山西省风沙源治理的一大特色。各地在建设中始终坚持把国家利益和群众利益紧密结合，大力推广"林围农、林围草和林围林"的三围治理模式，实施柠条和紫花苜蓿及仁用杏条带间

作模式及县乡村三位一体管护模式。朔城区采取带宽(行间距)3米,株距1米,穴状栽植或直播,每亩播种柠条籽2公斤,带间种植1.5—2米宽的苜蓿,种灌密度达到170株/亩的"三围"治理模式,有力地推动了在西部山区10万亩山坡地林草种植。目前,大同在阳高、天镇、左云、南郊区等县及京大高速公路两侧集中建起了100余万亩的防沙林带,朔州在怀仁、山阴、朔城区沿洪涛山系建起35万亩的连片林网,在大运高速公路两侧和滹沱河流域集中建起了60余万亩的防沙固沙林带。据林业和环境监测机构的检测表明,晋北风沙区经过5年时间的大规模林业和生态建设,林草植被覆盖率已达40%。

晋北地区	Jìnběi dìqū	the northern area in Shanxi Province 晋北地区 진북지역
风蚀	fēngshí	Wind erosion ふうしょく 풍식되다
遏制	èzhì	keep within limits 抑さえ止める 제지하다
风沙肆虐	fēngshā sìnüè	sand blown by wind indulges in willful persecution 砂ぼこりが暴虐をほしいままにする 모래바람이심하다

头等大事	tóuděng dàshì	(topic) the priority もっとも重要な事柄 토픽(topic)
防沙固 沙林带	fángshāgù shālíndài	forest fixing and checking the shifting sand ぼうさりん 토지유실방지를위해 조성한 산림지대

19. 国家在晋北地区进行大规模的治理风沙建设的原因不包括下列哪一项______。

A. 晋北地区是京津三大风沙源地之一,也是风沙进京的主要通道

B. 当地人民群众改善生存环境的需要

C. 维护京津地区生态安全

D. 林业建设的需要

20. “京津”两个字中的“京”是指______。

A. 北京　B. 天津　C. 南京　D. 东京

21. 山西省在各地的建设中大力推广______。

A. 三围治理模式　B. 创新治理模式

C. 三位一体管护模式　D. A+B+C

22. 国家确定对晋北地区进行总面积达______的治理。

A. 3080 万亩　B. 100 余万亩　C. 35 万亩　D. 60 余万亩

三

中国旅游产业正式起步于改革开放初期的 1978 年,那时“旅游”这两个字在一般人的心目中仅仅是“游山玩水”的代名词,属于奢侈消费。经过二十多年的发展,中国旅游经历了“从零起步,高速发展”的道路,透过一组数字,我们可以窥视这种变化的巨大——1978 年全年中国的入境旅游人数是 180 万,创汇 2.6 亿美元,到了 1998 年,入境人数达到了 6347 万,而创汇收入达到了 126 亿。二十年间人数增

长了35倍，外汇收入增长了48倍。

根据国家旅游局和国家统计局发布的数字，2003年，中国入境旅游、国内旅游、出境旅游三大市场全面快速增长，国际国内旅游业总收入达5566亿元，比上年增长11.43%，高出国民经济总体增长速度3个多百分点。旅游产业已经当之无愧地成为国民经济第三产业中的支柱产业，同时也进一步成为新世纪国民经济中的新经济增长点。

在“黄金周”假日旅游的带动下，2003年，全国国内旅游人数达8.78亿人次，比上年增长12.01%，其中城镇居民3.85亿人次，农村居民4.93亿人次。全国国内旅游收入3878亿元，比上年增长10.11%，全国国内旅游出游人均花费441.80元。在当年春节、五一、十一三个“黄金周”中，国内旅游者接待总人数为2.19亿人次，旅游收入合计865亿元，占全年国内旅游业总收入的22.3%。

在快速发展国内旅游市场的同时，入境旅游市场也有长足的进步。2003年，中国入境旅游人数达9791万人次，比上年增长9.99%。其中外籍游客1343.95万人次，比上年增长19.71%;香港同胞6187.94万人次，增长5.65%;澳门同胞1892.88万人次，增长19.98%;台湾同胞366.06万人次，增长6.35%。15个主要客源国全部实现增长，其中14个国家实现两位数增长，泰国、韩国、马来西亚、菲律宾、日本、印尼6个亚洲国家的增幅超过20%。

起步	qǐbù	start doing sth. 歩き出す、開始する 착수하다
奢侈	shēchǐ	luxurious; lavish ぜいたく 사치하다
窥视	kuīshì	peep at; spy on 伺う、覗く 훔쳐보다. 몰래 탐지하다
当之无愧	dāngzhīwúkuì	fully deserve; be worth of 全く相応しい、与えられた地位（または栄誉）に恥じがない 부끄럽지 않다 손색이 없다

支柱产业	zhīzhùchǎnyè	pillar industries 中堅産業 기둥산업
经济增长点	jīngjì zēngzhǎngdiǎn	Point of economic increase 経済成長の点 경제 증장점
黄金周	huángjīnzhōu	golden week 黄金週間、ゴールデン・ウイーク 황금주 (중국정부에서 규정한 매년 3 개의 한주일동안의 휴가)
入境旅游	rùjìnglǚyóu	Inbound tour 入国観光 입국 유람
长足进步	chángzújìnbù	rapid progress 長足の進歩 대폭적 진보

23. 20 多年前,"旅游"对于一般人来说属于______。

A. 游山玩水　B. 奢侈消费　C. 娱乐活动　D. 聚会

24. 2003 年______高出国民经济总体增长速度的 3 个多百分点。

A. 支柱产业收入　B. 出境旅游收入

C. 入境旅游收入　D. 国际国内旅游总收入

25. 2003 年全国国内旅游的人数上,以______居民的人数多。

A. 城市　B. 城镇　C. 农村　D. 城镇、农村

26. 港、澳、台同胞入境人数,在 2003 年共增长______。

A. 30.88%　B. 31.98%　C. 31.88%　D. 30.98%

四

人造美女大赛的消息发布后，很多人造美女都表示出极大的兴趣,马来西亚、韩国、日本等国也表示要送选手参加比赛。目前,国内已有 20 多名来自河北、江苏、山东等地符合报名条件的人造美女将

材料送到了组委会。第一位报名者是被媒体誉为"河北第一人造美女"的刘亚娟,她总共做了13项整形手术。有趣的是，很多选手都称自己是当地的第一人造美女。据了解,为了保证绝对是人造美女的专场比赛，主办单位要求,年满18周岁的参赛者必须提供正规医院整形手术证明和整形前后的对比资料，选手也必须是在今年5月29日之前做的整形手术。赵先生解释说,主办单位一贯不支持为了选美而整形，所以选手仅限于在本次大赛新闻正式向外发布前完成整形的女性。

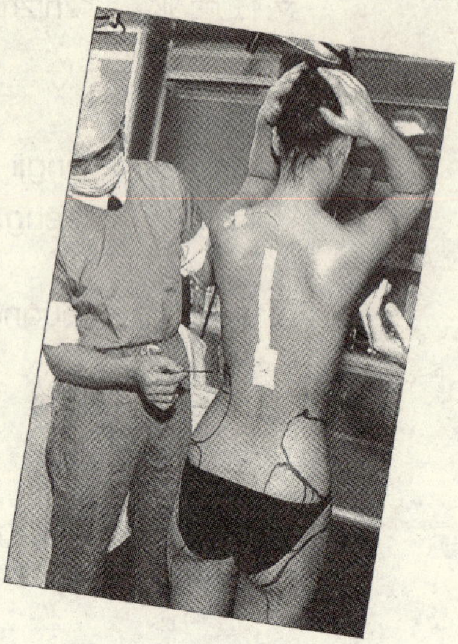

记者了解到,报名的人造美女一般都做过七八项整形,最多的是13项。组委会曾和另一主办方中国医师学会美容和整形分会探讨过怎样界定人造美女,即在身体上动过多少处才算人造美女,后来发现没有多少可操作性,不容易把握,因此刚刚制定了一个标准,即只要动过双眼皮手术也算是"人造"的。"我们主要还是为了推动美容整形事业的发展以及如何健康地美化自己，没必要给选手设置那么多的障碍。"赵先生说,初赛时候,他们会请整形界专家做评委,让他们从专业角度来判断手术是否成功，进入复赛和决赛就以选手最后定型的面貌来评判。"可以说,这是一场整形技术的比拼,但评委更看重的还是选手的综合素质,即内涵等。"

人造美女	rénzàoměinǚ	manmade beauty じんぞう美人 인공미녀
整形手术	zhěngxíng shǒushù	orthopedic operation せいけい手術 성형수술
可操作性	kěcāozuòxìng	maneuverability そうさする可能性 일을 진행하여 실행할 수 있는 가능성

27. 下列不符合人造美女大赛要求的是______。
A. 年满18周岁
B. 必须提供正规医院整形手术证明和整形前后的对比资料
C. 选手必须是在今年5月29日之前做的整形手术
D. 必须做过3项以上的整形手术

28. 整形手术做得最多的选手做过______手术。
A. 13项　B. 7、8项　C. 10项　D. 5项

29. 组委会和______有关组织探讨过怎么样界定人造美女。
A. 马来西亚方面　B. 韩国方面　C. 中国方面　D. 日本方面

30. 本次人造美女大赛的主要目的是为了______。
A. 选美
B. 推动美容整形事业的发展以及如何健康地美化自己
C. 判断整容手术是否成功
D. 对比综合素质

五

我们知道，人是一个极其复杂的有机体，七情六欲，人皆有之，属于正常的精神活动，有益于身心健康。但异常的情志活动，可使情绪失控而导致神经系统功能失调，引起人体内阴阳紊乱，从而出现百病丛生、早衰，甚至短寿的后果。故善养生者，宜注意情志调解。而过激的情志，可影响体内功能失调，而累及五脏。

情志伤肝。怒是较为常见的一种情绪，怒则气上，伤及肝而出现闷闷不乐、烦躁易怒、头昏目眩等。怒亦是诱发高血压、冠心病、胃溃疡的重要原因。情志伤心。喜可使气血流通、肌肉放松、益于恢复机体疲劳。但欢喜太过，则损伤心气。如《淮南子·原道训》曰："大喜坠慢"。阳损使心气动，心气动则精神散而邪气极，出现心悸、失眠、健忘、老年疾呆等。《儒林外史》中，描写范进年老中举，由于悲喜交集，忽发狂疾的故事，是典型喜伤心的病例。

情志伤脾胃。中医认为："思则气结"，大脑由于思虑过度，使神经系统功能失调，消化液分泌减少而出现食欲不振、纳呆食少、形容憔

悴、气短、神疲力乏、郁闷不舒等。

情志伤肺。忧和悲是与肺有密切牵连的情志，人在强烈悲哀时，可伤及肺而出现干咳、气短、咳血、音哑及呼吸频率改变，消化功能严重干扰之症。《红楼梦》中，多愁善感、悲忧伤身的林黛玉，就是很好的证明。

情志伤肾。惊恐可干扰神经系统，出现耳鸣、耳聋、头眩，其可致人于死亡。在生活中，通过惊恐的语言暗示，而把人真的吓死的报道，已屡见不鲜。可见，恐则气下的危险性。

七情六欲	qīqíng liùyù	seven emotions and six sensual pleasures もろもろの情欲 모든 욕망과 감정
短寿	duǎnshòu	short life; shorten life たんめいである 단명하다
体内功能失调	tǐnèi gōngnéng shītiáo	dysfunction inside the body 体の中の機能が均衡を失う 체내의 기능이 균형을 잃어버리다
高血压	gāoxiěyā	high blood pressure こうけつあつ 고혈압
冠心病	guànxīnbìng	coronary heart disease 冠状動脈心臓病 심장병의 일종
胃溃疡	wèikuìyáng	gastric ulcer いかいよう 위궤양
心悸	xīnjì	heart-throb しんき 심장박동

失眠	shīmián	insomnia ねむれない 不眠 불면증
健忘	jiànwàng	have a bad memory; forgettery 健忘症である 건망증
老年痴呆	lǎonián chīdāi	aged dementia 老年のろま病 파킨슨병
喜伤心	xǐ shāng xīn	easy to grieve よろこびすぎて悲しくなる 너무 기뻐 마음의 건강을 해하다
情志伤脾胃	qíng zhì shāng píwèi	strong affection do harm to spleen and stomach 気持ちは脾と胃に有害である 지나친 기쁨과 의욕은 비와 위를 상하게한다.
食欲不振	shíyù bú zhèn	inappetence しょくよくふじん 식욕부진
形容憔悴	xíngróng qiáocuì	gaunt appearance やつれている様子(ようす) 초췌한 모양
气短	qìduǎn	lose heart; be discouraged 息が続かない 息が切れそうになる 意気消沈するへこたれる 숨을 헐떡이다.실망하다. 기가 죽다.
神疲力乏	shén pí lì fá	Exhausted and weak 精神と力がつかれる(くだびれる) 정신과 기력이 쇄하다.

郁闷不舒	yùmèn bùshū	gloomy 気がふさぐ 답답하고 우울하여 편치 못하다.
干咳	gānké	dry cough からせきをする 마른 기침
耳鸣	ěrmíng	a drumming in the ears; tingle; tinnitus みみなり 귀울림
头眩	tóuxuàn	dizzy 頭がくらくらして目が回る 머리가 어지럽고 눈 아물아물하다

31. 文中提到重视保养的人，应注意______。
A. 情志伤肝　B. 情志活动　C. 情志调解　D. 情志伤心

32. 怒是一种常见的情绪，但是怒会伤及______。
A. 脑　B. 心　C. 肝　D. 肺

33. 喜也是一种常见的情绪，但是喜过则会伤及______。
A. 心　B. 肝　C. 胃　D. 肾

34. 情志伤脾胃，中医是这样看的______。
A. 会使内分泌系统功能失调　B. 消化液分泌增加
C. 思则气结　D. 食欲旺盛

35. 过度悲伤会______。
A. 出现头昏目眩
B. 出现心悸、失眠、健忘等症
C. 出现干咳、气短，音哑甚至影响消化功能
D. 出现耳鸣、耳聋甚至致人死亡

36. 文中提到的被情志活动伤害的人体器官一共有______。
A. 两人　B. 三个　C. 四个　D. 五个

六

同样吃1000克菲力牛排，在上海只要花不到23美元，在北京要25美元，在香港则是32美元，在纽约接近40美元，而在东京高达96美元。据文汇报报道，全球最大的人力资源管理机构——美世人力资源咨询公司昨天在沪公布了2004全球城市生活成本调查报告。在全球排名前20位的城市中，中国的香港（109.5分）、北京（101.1分）和上海（95.3分）分列第5位、第11位和第16位，分别比去年下降1位、6位和5位。

该项调查覆盖了全球144个城市，在每处采集了200多种物品的相对成本，包括住房、食物、服装、日用品以及交通和娱乐。以纽约作为基准城市，计分100分。

调查报告显示，中国内地生活成本排名前10位的城市依次是北京、上海、深圳、广州、南京、大连、成都、无锡、沈阳、天津。其中北京、上海、深圳、广州为一类城市，生活成本指数在84分以上。总体上看，中国内地城市的生活成本虽然相对较高，但由于人民币汇率盯住美元，受到美元贬值的影响，因此，其生活成本的全球排名有所下降。

从外籍人士住房的月租金来看，同样租借一套较好地段的两房公寓，在上海月租为3500美元，在北京要4100美元，在纽约要4200美元，在东京要4860美元，在香港则达4880美元。

在外籍人士子女的教育费用上，上海超过北京、香港、东京和纽约位居第一。国际学校的年度学费显示，在上海上幼儿园要花1.7万美元，而北京、香港、东京、纽约分别为1.49万、1.51万、1.58万和1.65万美元；在上海读中学要花1.9万美元，而北京、香港、东京、纽约分别为1.59万、1.57万、1.75万和1.71万美元。

菲力牛排	fēilì niúpái	Feili beefsteak ビーフ 스테이크의 일종
人力资源	rén lì zīyuán	human resource 人の資源 인력자원
美元贬值	měiyuán biǎnzhí	dollar depreciation ドルが落した 달러값이 폭락하여 가치가 떨어지다

37. 在中国,同样吃 1000 克菲力牛排、费用最高的是______。

A. 上海　B. 北京　C. 香港　D. 东京

38. "沪"指中国的______。

A. 北京　B. 上海　C. 香港　D. 台湾

39. 美世人力资源咨询公司的调查报告是以______为基准城市。

A. 香港　B. 东京　C. 纽约　D. 北京

40. 根据美世人力资源咨询公司的调查报告显示,中国内地城市的生活成本在全球排名有所下降的主要原因是______。

A. 中国城市生活水平本身就比较低

B. 人民币在国际市场日益重要

C. 人民币汇率盯住美元,受到美元贬值的影响

D. 欧元的异军突起

第四套

第一部分

一

外出旅游户外活动时间长，日晒强度大，不妨将草帽、太阳镜、遮阳伞等遮阳具收入囊中。解放军306医院皮肤门诊的刘军连医师建议患有日光性皮炎的朋友随行携带一些物理遮光剂，如15%的氧化锌软膏、5%的二氧化钛软膏，每日两次或外出前使用。对于一般人而言，带上化学遮光剂即我们所熟知的防晒霜就可以了，但要注意一定要选择SPF30以上的防晒霜。初夏时节，是日光性皮炎的高发期，刘军连医师建议患有多形性日光疹的朋友外出旅行前多晒晒日光，使皮肤逐渐适应阳光的照射，以免在外出旅行过多暴晒的情况下引发皮肤病症。此外，最好应在旅行期间服用些维生素C和维生素E。旅行途中，切不可贪恋美景而整日处于阳光的照射中。上午10时到下午3时是日照最强烈的时段，在这一时段最好选择一些室内活动避免暴晒，以减少大部分UVB的辐射，对于UVB敏感者尤为有效。如无法避免，则应穿着保护性的服装并戴上编织紧密的帽子，最好别忘记戴上手套。在服装上最好选择浅色、棉质的衣服。棉质的衣服防晒指数最高，浅色衣服吸热慢、散热快、穿着凉爽，因此既可防晒又可防暑。

夏季旅游，出汗多，体内盐分减少，体内的渗透压就会失去平衡，从而出现中暑。而多喝些开水或盐茶水。可以补充体内失掉的盐分。喝盐水时，要少量多次地喝，才能有作用。在旅游途中，遇到忽冷忽热的气温最易感冒，又闷又热的天气最易中暑。因此，夏季外出旅游时应带些仁丹、清凉油、万金油、风油精、十滴水、薄荷锭、藿香正气水等药物。对于逛街一族来说，由于有充足的时间和条件，美白防晒可以做得更加细致。很多人在逛街的时候喜欢撑一把太阳伞来遮阳，事实

上 50%的紫外线能透过阳伞的隔离，伤及人体，因此最好还应涂上 SPF15—SPF25 的防晒霜，层层设防效果更佳。如果不想晒黑的话，就不能光靠一种防晒用品，从基础彩妆、底霜（含防晒油），粉饼到蜜粉，皆具有防晒之效果。比起一层防护，二层、三层防护的措施将更能有效地阻挡紫外线的入侵。白天防晒夜晚美白：日间的防晒保养得到越来越多女性的重视，但夜晚的美白护理仍被人忽视，其实两者相辅相成，缺一不可。

除了脸部之外，最容易受到紫外线伤害的是双手。另外颈部后侧、肩膀、手背和脚背等部位也容易受紫外线的直接照射，只要是暴露在阳光下的肌肤都要涂抹。娇嫩的唇部也应涂上有防晒作用的唇膏、唇彩。至于眼睛，同样是防晒的重点，选用优质的防紫外线墨镜十分必要。在晒了一天之后往往会感到脸部、身体通红发烫，这时晒后的镇定保养对肌肤来说就变得很重要。你可以用化妆水将化妆棉完全蘸湿，放在冰箱冷藏约 10 分钟后取出，轻轻拍于脸部发红、发烫的部位；对于鼻尖、额头与双颊等容易脱皮的地方，更可以用冰凉的化妆棉敷上十几分钟，让冰凉的化妆水安抚肌肤，并迅速补充表皮流失的水分。至于肩膀、背部及胸部这些面积大的地方，你可以用纱布蘸些生理盐水或清水，待冷藏冰凉后，敷于刺痛部位，约 20 分钟后取下，可以消除灼热感并且恢复精神。

暴晒	bàoshài	**insolation** はげしい日にあたる 폭염
防晒指数	fángshài zhǐshù	**sun protection factor** しがいせんを防ぐ指数 자외선차단지수(SPF)
中暑	zhòngshǔ	**heat stroke** 暑毒当たりをする 더위 먹다

仁丹	réndān	panacea 熱を下がす薬 중약의 일종으로 열을 제거하는 효과가 있다
清凉油	qīngliángyóu	cooling ointment 清涼軟膏 모기나 벌레 물린데 바르는 약
万金油	wànjīnyóu	Tiger Balm, a balm for treating headaches, scalds and other minor ailments まんきんゆ　なんでもやるがなにをやっても上手にやらない人のたとえ 두통,피부병 기타 가벼운 병을 치료하는 연고 어느것이나 할 줄 알지만, 어느것도 뛰어나게 하는 것이 없는 사람
风油精	fēngyóujīng	an Chinese ointment for treating headaches, scalds and other minor ailments 蚊(か)や虫にさされた所にぬるもの 모기나 벌레 물린데 바르는약
蘸	zhàn	dipping (液体・粉末または糊状のものをちょっと)つける 소스나 장을 찍다

1. 什么样的人使用化学遮光剂?
2. 日光性皮炎的高发期是什么季节?
3. 浅色、棉质的衣服有什么特点?
4. "层层设防"怎么做?
5. 鼻尖、额头与双颊如何镇定保养?

三

据刘先生回忆，当时车上的人大都在睡觉，他只觉得经过的路不宽，一直贴着山边走。在快到县城时，突然听到嘭的一声巨响，整个旅行车便开始倾斜，一瞬间，翻下了旁边大约 4 米多深的深沟。突如其来的侧翻让车里的人惊慌不已，人、行李甚至坐椅全都向下砸去，坐在右侧座位上的刘先生更是被压在了最底下。“当时大家都很紧张，因为车体开始大量漏油，车内的游客迅速开始自救，受伤较轻的人，推开了车顶的紧急出口，大家一个一个被抬了出来，有些人干脆从破碎的车窗中往外爬。”刘先生说，爬出侧翻的车子后，他还看到公路上横着两辆相撞的大卡车，车子都撞得很惨。事故发生后，凤凰县委、县政府组织人力分别将伤员送到县城内的萍春中医医院和县人民医院进行救治。记者从萍春中医医院急诊室了解到，他们一共接收了 23 名旅游大巴中的受伤游客，其中有 2 到 3 位受伤较重，但都没有生命危险。受伤人员多数为擦伤，一些人出现了骨折的现象，需要手术治疗。他们正在尽全力对伤员进行救治。受了轻伤的莫小姐说，医院正在为他们进行治疗，但游客们希望伤势较轻的人能够尽早回到北京治疗。

现在当地的保险公司已经赶赴现场进行勘察，准备理赔的工作。县里已经启动了紧急预案处理这起突发事件。目前，县里的工作人员正在给伤员做心理安抚工作，治疗的资金也已经到位，治病是第一位的。他们请北京的家属放心，伤员目前都已经安顿完毕，没有危险。下一步如何处理，需等待旅行社和伤者家属协商后才能决定。据全国假日办值班人员介绍，他们是在昨天下午 5 点半接到湖南省旅游局事故报告的。该报告称，下午 4 点 45 分，湖南省旅游局接到北京天安国际旅行社打来的电话，该旅行社所组的 11 人旅游团在湘西发生车祸，请求旅游局进行协助。湖南省旅游局在稍后的调查中了解到，11 名游客全部为北京某物业公司的员工，原计划的旅游行程为 5 月 1 日至 6 日，由张家界中旅社进行接待，车祸约发生在下午 2 点左右。记者了解到，全国假日办在接到事故报告后提出了三点意见：一是请湖南省旅游局派员前往现场进行协调，尽快解决受伤人员的救治问题。二是责成北京的组团社与游客家属通报有关情况，并协商下一步的处理意见。三是强调在救治和协商过程中，一旦发生新的情况及时与全国假日办沟通。针对受伤游客是否能返回北京进行治疗的问题，全国假日办有关人士表示，将受伤游客送到当地医院检查、救治只是应急方案，下一步如何处理，需等待旅行社和伤者家属协商后才能决定。

现场勘察	xiànchǎng kānchá	field perambulate げんば実地調査する 현장탐사
理赔	lǐpéi	settle claims 契約双方中の一方が相手に賠償を要求する時に処理を行なう 클레임이후 보상해주는 것
全国假日办	quánguó jiàrì bàn	National Holiday Office 全国休みの日にいろいろな情報などを知らせる仕事をする 연휴기간에 인구의 이동량 및 기타 정보를 알려주는 업무
携手（合作）	xiéshǒu（hézuò）	Hand in hand; with joint efforts 手をたずさえる　提携する 서로 협력하다

6. 人们是如何离开客车的？
7. 伤员被送到哪里救治？
8. 事故发生在哪里？

三

凯诚高清上月联合中百信、中视传播、苏宁电器推出HDV,剑挑DVD口号话音未落,昨日,又传来上海晶晨携手创维、长虹、TCL、康佳20家企业,打造高清晰度视频光盘产业联盟(HVD联盟),共推DVD替代产品HVD的消息。据上海晶晨有关负责人介绍,HVD芯片由晶晨自主开发,因此,也是HVD联盟中的关键一环。其他参与企业主要是整机生产商和内容提供商。国内的主要彩电企业,如:创维、TCL、长虹、康佳等都积极参与了HVD的整机生产。联盟主席由创维集团张学斌总裁担任,而两位副主席则由晶晨和中录音像有关负责人担任。

该人士更进一步表示,整个联盟由芯片商为中心,晶晨无偿向所有参加联盟的整机厂提供HVD专利使用权和HVD整机的生产解决方案。由于此优惠措施,国内彩电企业纷纷加盟。目前,市场上已经有10万台左右的HVD碟机在出售。很多都是随这些彩电企业生产的高清电视出售,或者附送的。市场单价在1380元左右。据介绍,目前,HVD片源问题也基本得到了解决。截至目前共有30多部电影大片,而且,还在以每周3张的速度在生产新碟片。由于HVD碟片基本使用DVD9的介质,HVD碟片生产设备和DVD设备没什么太大出入,生产工艺较之过去不显得更加复杂,所以,新片生产速度相对很快。

高清晰度视频光盘	gāo qīngxīdù shìpín guāngpán	high definition video compact disk HVD HVD
自主开发	zìzhǔ kāifā	have full authority for development 自主で開発する 자주개발
芯片	xīnpiàn	central processing unit CPU CPU

加盟	jiāméng	join in 同盟に加わる 가맹하다

9. 哪些公司推出HDV?
10. HVD联盟中的关键一环是什么?
11. 新碟片生产速度为什么相对快一些?

四

新华网东京5月3日电(记者　何德功)　科学家认为,太阳系是第二代恒星,是由一些已经爆炸的恒星残骸汇集而成的。到底多少颗恒星的残骸形成了太阳系?最近科学家在陨石中发现了迄今最古老的硅酸盐颗粒,对它们的研究表明,太阳系至少有7位"母亲"。从天而降的陨石像信使一样带给我们神秘的天外信息和远古遗留的蛛丝马迹。科学家发现的这些硅酸盐颗粒是在上一代死亡恒星的周围凝结形成的,比太阳系诞生更早,属于太阳系的"母亲"的"遗物"。太阳系形成于约46亿年前,研究比太阳系更古老的陨石,可以为研究行星的诞生过程提供重要线索。日本东京工业大学和美国夏威夷大学的科学家在最新一期英国《自然》杂志上说,硅酸盐是地球岩石的主要成分,也是普通石质陨石的主要成分,但在陨石里发现太阳系诞生以前形成的硅酸盐颗粒还是首次。

氢和氦以外的元素即重元素都是在恒星的热核反应炉里产生的。恒星死亡时会抛出气体和包含重元素的尘埃,这些气体和尘埃聚集形成新的恒星,以及周围的行星。太阳就是这样形成的一颗第二代恒星,它和太阳系行星都是由前代死亡恒星的残骸构成的。东京工业大学研究员永岛一秀说,每颗恒星死亡时释放出的硅

酸盐中,各种元素的同位素比例都是独特的。尘埃凝聚形成行星时,各种物质会熔融并混合,使同位素特征的差别被抹杀,极少有物质能逃过这一命运。因此,虽然石质陨石中含有大量硅酸盐,但以前从没有发现过保持着46亿年前的原始状态的硅酸盐颗粒。科学家此次研究的对象是两块从非洲发现的球粒状陨石,球粒状陨石是陨石中最常见的一种,因含有大量颗粒而得名。科学家使用一种新的高精度检测技术,通过同位素比较分析,大海捞针一般地在这两块陨石中发现了一些原始的硅酸盐颗粒,其中至少有6种硅酸盐的同位素比例特征与地球硅酸盐不同,它们被认为是在太阳系诞生之前形成的。另外,在陨石中还发现了地球上所没有的一种矿物质。由此科学家推测,太阳系至少有7个“母亲”。

恒星	héngxīng	fixed star こうせい 항성
残骸	cánhái	debris; reamins ざんがい 잔해
陨石	yǔnshí	cloud stone; meteorolite いんせき 운석
蛛丝马迹	zhūsī mǎjì	clues; traces かすかながらも捜す手懸かりとなるもの 단서 실마리
大海捞针	dàhǎilāozhēn	look for a needle in a bottle of hay 海に落とした針をさがす　さがしあてることのきわめて難しいたとえ 모래사장에서 바늘 찾기

12. 第二代恒星是由什么组成的
13. 科学家发现的硅酸盐颗粒是怎么形成的?
14. 重元素是怎么产生的?
15. "大海捞针"在这里是什么意思?

第二部分

一

藕叶也可以做粥的,烧好一锅白粥,马上在粥上盖上一大片新鲜的荷叶。过一会儿,整锅粥就是淡绿色的荷香粥了,看起来都喜欢,更不用说吃了。

还有南瓜绿豆也是非常棒的暑令食品,老南瓜去皮切块,再抓一把去年的新绿豆(当年的没有上来,去年的就全算新的),水放得多多的,烧开以后火旋小了煨着。一个多小时就豆烂瓜软了,放半锅铲冰糖,然后放冰箱冰一下。装一碗出来,碧绿的羹汤里沉浮着金黄的南瓜块,又甜又糯。把冰糖换成盐也可以,只是盐一定要少放,另有一番风味,似乎更适合于宴后清口去腻食用。

江南的小巷里,常有人叫卖各种时鲜,马上就应该有水红菱了。这是二只角的家菱子,个大肉嫩,容易剥。有四只角的小野鸡菱,味道更鲜美,因为剥起来烦,只宜于当零食。水红菱剥出肉来,可以清炒,炒肉片犹佳,我平生只吃过一次,是我一个同学的姨住在水边,以此招待过我们,这一次的滋味似乎永远滑动在我的舌齿间。另外菱肉煮粥也是个好东西，把它切片，和粳米一道煮。吃起来米香菱脆，可以去暑解酒的，还能帮助减肥呢。

藕	ǒu	lotus root れんこん 연근
暑令食品	shǔlìng shípǐn	summer food 夏食品 여름철 음식
煨	wēi	cook over a slow fire; stew とろひで煮こむ 약한 불에 오래 삶다
又甜又糯	yòutián yòunuò	sweet and sticky あまくてねばねばする 달고 쫀득쫀득한
菱	líng	ling; water caltrop ひし 마름(식물의 일종)
去暑解酒	qùshǔ jiějiǔ	help get rid of summer heat and dispel the effect of alchol 暑気あたりを治し、よいをさます 더위와 갈증을 해소하는 술

16. 夏天非常棒的食品是______。
A. 麦香粥　B. 白粥　C. 海鲜粥　D. 南瓜绿豆

17. 文章中提到的适合于宴后清口去腻的是______。
A. 藕叶粥　B. 南瓜绿豆粥
C. 菱角梗米皱　D. 加盐的南瓜绿豆粥

18. 文章中没有提到的去暑的食品是______。
A. 荷香粥　B. 南瓜绿豆汤　C. 菱肉粥　D. 绿豆小米粥

二

独生子女家庭担忧的首先是工作。社会竞争如此激烈,最怕哪一天自己会下岗。多生子女家庭,兄弟姐妹中有一个下岗,都是一人有难八方支援,而独生子女家庭,却要独自承受这种艰难。靠小两口任何一方的工资,是很难养活一个家的,如果有个孩子,那开销就更大了。都这么大了,哪好意思再向父母求援,而且双方父母岁数越来越大,他们最终需要的是小两口的支撑。现在还年轻,可是谁也保不准哪一天会面对失业,独生子女的小两口只能更努力地工作。

随着年纪的增长,许多独生子女组织的家庭开始意识到个人担负的责任更加重了。父母日渐衰老,子女需要付出更多的时间和精力去陪伴老人。

在这方面,独生子女与非独生子女确实有了很大的差异。她的一些朋友们,家里都有兄弟姐妹,对父母的责任可以平摊开来,父母分阶段由不同的子女照顾,反而更容易融洽地相处,增进感情。遇到重大的事情,兄弟姐妹们之间还可以商量,找人拿主意。这件事给独生子女易小姐很大的影响。她觉得,与非独生子女最大的区别在于,独生子女在赡养老人时有着很大的局限性,一个独生子女家庭往往需要赡养包括双方父母在内的四位老人,即使他们有足够的资金、物质帮助老人度过晚年,也很难尽生活陪伴与精神慰藉之孝道。但是,这也历练独生子女的心志,让他们的小家庭在面对重大问题时独立思考,敢于决断,因而变得机智且坚强。

开销	kāixiāo	spending (費用を)支払う 지불하다, 지출하다
赡养老人	shànyǎng lǎorén	Support one's parents 老人を養(やしな)う 노인을 부양하다

精神慰藉 jīngshén wèijiè spiritual consolation
せいしんいしゃ なぐさめる
정신적인 위로를 주다

尽孝道 jìn xiàodào be filial to one's parents
こうどうを出しきる
어른들에게 효도를 다하는 의무

19. 独生子女家庭最怕______。
A. 下岗 B. 竞争 C. 赡养老人 D. 孩子上学

20. 多生子女家庭与独生子女家庭相比,好处在于______。
A. 一人有难,八方支援
B. 经济负担较重
C. 更容易融洽地相处,增进感情
D. A+C

21. 成家立业后的独生子女与多生子女相比差异在于______。
A. 责任更重 B. 负担更轻 C. 负担更重 D. A+C

22. 下列与原文意思不相符的一项是______。
A. 独生子女家庭担忧的首先是经济来源问题
B. 独生子女家庭没有足够的时间和精力去陪伴老人
C. 多生子女家庭在遇到重大事情时,兄弟姐妹之间可以商量,找人出主意
D. 多生子女在面临重大问题时比独生子女更机智更坚强

三

研究表明，人到30岁以后，每过10年心脏排血能力就下降6%~8%,血压上升5%~6%,肌肉组织减少3%~4%,每天脑细胞递减以千万计。这是人体生理发育的必然规律。而经常锻炼身体的人,肌肉的萎缩和力量的减退可推迟10~20年，血压可保持稳定的正常水平;运动还推迟神经细胞的衰老,帮助废物排除,从而起到防癌抗癌

作用；长期坚持健身跑步和做体操，新陈代谢和工作能力会大大加强。因此，中年男性在发现病变后，除积极治疗外，必须注意身心的调整。多给自己一些时间，或旅游，或锻炼。专家称人体在锻炼的时候，大脑可以分泌出一种抗抑郁的物质，使人心情愉快。实践证明，积极锻炼、合理作息、合理膳食、戒烟限酒、心理平衡是中年人恢复体力、减缓压力、保持旺盛精力的最佳方式。一项针对城市中年男性的健康状况调查显示，有66%的人失眠、多梦、不易入睡；经常腰酸背痛者占到62%；一干活就喊累的占58%；爬楼时感到吃力或记忆力明显减退的有57%；皮肤干燥、面色晦暗、脾气暴躁、焦急者为48%。在众多健康问题的困扰下，近几年我国中年男性"猝死"屡屡发生。据世界卫生组织调查，全球约有35%的人处于非健康状态，而在这个"亚健康"人群中，中年男性所占的比例高达75%。

分泌	fēnmì	**excrete** ぶんぴ　ぶんぴつ 분비하다
抗抑郁	kàng yìyù	**anti-depression** うつ病に抵抗する 우울증을 억제하다
合理膳食	hélǐ shànshí	**appropriate meal/diet** 合理的な食事 합리적인 식사
面色晦暗	miànsè huì'àn	**grey-faced** 顔が暗い 안색이 좋지 않음
猝死	cùsǐ	**sudden death** だしめけに死んだ 갑자기 죽다
屡屡发生	lǚlǚ fāshēng	**happen all the time** しばしば発生する 빈번히 발생하다

23. 40 岁的人心脏排血能力比原来下降______。
A. 6%~8%　　B. 10%~12%　　C. 12%~16%　　D. 16%~12%

24. 经常锻炼身体的人，肌肉的萎缩和力量的减退可推迟______。
A. 5~10 年　　B. 10~15 年　　C. 10~20 年　　D. 15~20 年

25. 据世界卫生组织调查，处于“亚健康”的人群中，中年男性所占比例为______。
A. 35%　　B. 58%　　C. 48%　　D. 75%

26. 下列与原文意思不相符的一项是______。
A. 人的脑细胞每天以千万计地递增
B. 运动能推迟神经细胞的衰老，帮助体内废物的排除
C. 中年男性在发生病变后，除积极治疗外，还必须注意身心的调整
D. 据世界卫生组织调查，全球约有 35%的人处于非健康状态

四

1. 不吃早餐——阻碍营养吸收、影响精神状态，能量吸收减少，还会令身体机能自动调节消耗能量的速度，反而达不到减肥的目的。

2. 抽脂——即透过真空吸管，把表皮和真皮间的脂肪细胞吸走的快速减肥法。后遗症也不少，如皮肤松弛、表皮移位、留有疤痕等，无论对肉体还是精神都会带来创伤。

3. 减肥紧身衣——即用塑料制造的“减肥衣”减肥。实质只会增加被包裹的身体部位的流汗程度，而流汗排出的只是水分，并非脂肪。

4. 泡桑拿——会大量排出汗水，令体重出现虚幻的下降。减去的只是水分而非脂肪，一旦喝水补充水分后，便会回复到原来的磅数。

5. 做局部运动——很多人其实只是局部性肥胖，如肚腩、手臂、大腿等，集中火力做局部运动效果并不明显，这种“头痛医头，脚痛医脚”的方法并不能从根本上达到减肥的目的。

6. 服用泻药、利尿剂——会把体内所需的水分排走，一旦水分失去平衡，盐分和养分也会自然流失，影响身体正常活动，甚至还会导致抽筋。

7. 电疗按摩器——有些美容院采用的电疗按摩器，原理是通过电流刺激使肌肉结实富有弹性，而非直接消耗脂肪。对于减肥人士来说，作用并不大。

抽脂	chōu zhī	**lipoalbumin suction** しぼうを吸う 지방흡입
真空	zhēnkōng	**vacuum** しんくう 진공
表皮	biǎopí	**epidermis** ひょうひ 표피
真皮	zhēnpí	**hypodermis** しんぴ 진피
后遗症	hòuyízhèng	**sequela** こういしょう 후유증

皮肤松弛	pífū sōngchí	flabby skin はだがゆるむ 피부가 느슨하다
呕吐	ǒutù	throw up; sick up おうと 구토
肚泻	dù xiè	loose bowels; diarrhoea 腹を下（くだ）す　下痢をする 설사
厌食症	yànshízhèng	anorexia 食べるのがいやになる 거식증
泡桑拿	pào sāngná	take a sauna サウナする 사우나하다
肚腩	dùnǎn	sirloin;tenderloin はらの皮 배가죽
泻药	xiè yào	bitter aloes 下剤（げざい） 설사약
抽筋	chōujīn	clonus 筋がけいれんする　筋がひきつる 경련을 일으키다, 쥐가 나다

27. 不吃早餐会影响______。

A. 营养吸收　　B. 睡眠质量

C. 热量吸收　　D. 内分泌系统

28. 文章中提到的不会对身体造成伤害的减肥方法是______。

A. 不吃早餐　　B. 电疗按摩器

C. 服用利尿剂　　D. 抽脂

29. 文中提到的只带走水分而不会引起其它物质流失的减肥方式是______。

A. 减肥紧身衣　　B. 泡桑拿

C. 服用泻药,利尿剂　　D. A+B

30. ______会影响身体活动,达不到减肥目的。

A. 抽脂　　B. 泡桑拿

C. 做局部运动　　D. 服用泻药、利尿剂

31. 文章中的减肥方法既有明显效果又毫无风险的一共有______种。

A. 3　　B. 0　　C. 7　　D. 1

五

上半年供应略微紧张的上海楼市下半年将向供大于求转变,今年预计有400万平方米左右的商品房供应过剩。上海市房地局刚刚公布的《2004年上半年上海房地产市场形势分析报告》指出,今年全年上海市场各种需求总量约2600万平方米,全年可供上市面积将达3000万平方米,后市供应充足。因此,市场供求总量将基本平衡,从求略大于供向供略大于求转化。

今年上半年,上海楼市已经表现出了“量增价平、涨幅趋缓”的特点。据悉,今年1~6月份房价月均增幅为1.3%,与2003年月均增幅2.0%相比,已明显平抑,但每平方米6000元以下的商品房供应仍有6%左右的缺口。由于今年上半年,银行加强了贷款的调控力度,房地局也减少了土地供应,上海商品住宅新开工面积为1284万平方米,同比减少5.3%。市房地局有关负责人表示,国家宏观调控政策对供应是否产生影响,有待观察;严格按信贷条件发放房地产消费贷款,特别是目前偏重加大存量房买卖贷款管理力度,对住房消费的影响也值得关注。

报告还提到了市场关注的一些热点问题:下半年上海将建立存量房网上交易平台;适当减少年度计划总量,进一步促进存量土地开发入市;对中低收入家庭将完善租住公房的租金补贴或减免政策,并研究将其纳入住房保障体系,享受购买或者承租经济适用住房的有关优惠政策;涉及房地产开发的《上海市房地产开发经营管理条例》

已提交人大审议。

过剩	guò shèng	surplus; overmuch 多すぎてあり余ること 과잉되다
量增价平	liàng zēng jià píng	sold at a low price, with added volume/ amount 量は増えたが値段は同じだ 양은 증가되었으나 가격은 그대로이다
涨幅趋缓	zhǎngfú qūhuǎn	the markup is heading for stability/ decreasing 値上がりがのろい(遅い) 가격상승속도가 완만해지다
商品房	shāngpǐn fáng	commercial housing 売り買いようの建物 일반인에게 판매하는 건물의 모델 하우스
调控力度	tiáokòng lìdù	regulating and controlling force 調整、統制する能力 제어능력
交易平台	jiāoyì píngtái	trading/ exchange platform とりひきプラトホーム 같은 조건하에 교역을 진행하는 장소

32. "供大于求"的意思______。

A. 供应不足　　B. 供求平衡　　C. 供过于求　　D. 求过于供

33. 今年上海全年的房地产市场需求总量是______。

A. 2600 万平方米　　B. 3000 万平方米

C. 约 2600 万平方米　　D. 约 3000 万平方米

34. 今年上海商品住宅新开工面积减少的主要原因是______。

A. 供大于求　　B. 银行加强贷款的调控力度

C. 房地局减少了土地供应　　D. B+C

35. 今年上半年上海商品住宅新开工面积同比减少______。

A. 1.3%　　B. 20%　　C. 5.3%　　D. 6%

36. 今年上半年上海市房地产市场的特点______。

A. 信贷条件放宽　　B. 资金投入增加

C. 土地开发面积大大增加　　D. 量增价平，涨幅趋缓

37. 下半年上海将建立______。

A. 存量房网上交易平台　　B. 网上交易平台

C. 住房保障体系　　D. 住房优惠政策

六

明年，渤海湾石油产量将达到中国海洋石油产量一半，中海油昨天宣布，渤海湾内的两块中型油田已提前成功投产。

未来几个月，已启动的曹妃甸 11—1/11—2 这两块油田的日产量将为 1.5 万至 2 万桶，明年中期达到生产高峰。届时，两油田的日产量可达 4.5 万桶。中海油拥有这两块油田 51%的权益，美国能源商科麦奇担任作业者，并拥有 40%权益，其余 9%的股权由美国另一家石油商拥有。

渤海有“海上大庆”之称，其在中国能源战略中的重要地位是随 1999 年蓬莱 19—3 油田成功开采而凸显的。中海油的发言人刘俊山说，今年，渤海湾原油产量将突破千万吨，明年将达到 2100 万吨，相当于中国整个海洋石油产量的一半。

去年，中国能源需求猛增 13.8%。为此，中国的石油进口净额增长超过了 30%。陆上油田的日渐萎缩，令海洋石油开发成为国家能源战略的重中之重。目前，中国海上油气勘探主要集中于渤海、黄海、东海及南海北部大陆架，而当前石油发现率仅为 18.5%，天然气发现率仅为 9.2%。

投产	tóu chǎn	put into production 生産を始める 생산에 돌입하다
大庆	Dàqìng	Daqing 大慶（地名） 대경(지명)
凸显	tūxiǎn	protrude; appear clearly あきらかにふくらむ 뚜렷이 나타나다
萎缩	wěisuō	trophy; shrink 生気がなくなる/しなびる (経済が)衰退する 시들어 오그라들다,(경제가) 쇠퇴하다,부진하다
重中之重	zhòng zhōng zhī zhòng	the most important いちばんじゅうような 가장 중요한
勘探	kāntàn	Reconnoiter; prospect for (地下資源を)調査、探査する 가장 중요한

38. 中国整个海洋石油年产量大概是______。
A. 2100 万吨　B. 4.5 万桶　C. 4200 万吨　D. 2 万桶

39. 中海油拥有曹妃甸 11—1/11—2 这两块油田______的权益。
A. 30%　B. 51%　C. 40%　D. 9%

40. 拥有"海上大庆"称号的是______。
A. 渤海　B. 黄海　C. 东海　D. 南海

第五套

第一部分

一

文物保护专家、敦煌研究院副院长李最雄说，除了雨水等自然因素之外，人类活动的增多正在越来越严重地影响着莫高窟的洞窟环境，要使敦煌壁画“延年益寿”，就得保护和控制好洞窟环境。研究发现，经过千百年变迁，敦煌莫高窟洞窟小环境已基本趋于平衡和稳定，洞窟内的相对湿度变化不大，但受降雨、渗漏等影响，部分洞窟特别是崖体下层洞窟湿度比较高，且经常处在高、低湿度的变化之中，这样容易引起可溶盐的运移和局部富积，产生对壁画破坏最严重的酥碱病害。另外，霉菌生长过程中的代谢产物及死菌体也会对壁画、彩塑的颜料层造成破坏，从而引起壁画变色。李最雄说，敦煌壁画主要是用矿物颜料绘制而成，除个别颜料外，一般矿物颜料都比较稳定，但古人在作画中，使用了铅丹等人造无机颜料，当洞窟中的相对湿度在70%以上时，铅丹很容易变色，由橙红色的四氧化三铅变成棕黑色的二氧化铅，这也就使得红色颜料成为敦煌壁画颜料中最容易变色的一种。

与此同时，人类活动的增多也在影响着莫高窟局域小环境的变化。近年来，莫高窟旅游人数明显呈上升趋势，而且主要集中在5—10月，每年游客接待量已超过30万人次，预计未来5—10年内，到敦煌莫高窟旅游的人数还会迅速增加，每年将达到50万人次。游人过多地进入洞窟参观，极易引起洞窟内温度、相对湿度、墙体表面温湿度及窟内二氧化碳浓度的变化。李最雄说，由于大多数开放洞窟空间狭小，内外自然空气交换差，当游人呼出的二氧化碳等达到一定浓度时，不但会使壁画产生酥碱，也可能会引起壁画颜料变色。为了监测游客过多参观给莫高窟环境变化带来的影响，敦煌研究院已经开展了“洞窟游客承载量”研究，这一成果将对合理利用莫高窟文物资源提供科学的依据。

莫高窟	Mògāokū	**Mogao Carven** 莫高窟（山名） 막고굴
敦煌壁画	Dūnhuáng bìhuà	**Dunhuang fresco** 敦煌へきが 둔황벽화
霉菌	méijūn	**Leaf mold; mildew** かび 세균

1. 影响着莫高窟洞窟环境的因素有哪些？
2. “延年益寿”这里是什么意思？
3. 铅丹什么时候容易变色？
4. 霉菌生长过程中的代谢产物及死菌体对壁画有什么影响？
5. 什么时候会使壁画产生酥碱，也可能会引起壁画颜料变色？

三

美国国家环境卫生科学研究所的罗根和同事在5月号美国《儿科学》杂志上报告说，他们对美国48个州近9000名年龄在28天到1周岁之间的婴儿健康资料进行分析后，得出了这一最新结果。他们的

研究发现，母乳喂养时间越长，婴儿死亡风险越低。此前很多研究发现，母乳喂养对婴儿健康有益。比如说，与未经母乳喂养的婴儿相比，母乳喂养的婴儿体重超重的可能性更小，甚至长大后血压都有可能更低。美国也曾有研究显示，母乳喂养的婴儿中传染病等疾病的发病率相对也要低。但美国一直还没有研究人员采用具有全国代表性的数据，专门分析过母乳喂养与一周岁以下婴儿死亡率之间的关系。

罗根说，母乳喂养能够通过预防痢疾和肺炎等发病而降低婴儿死亡风险，在发展中国家进行的不少研究都证明了这一点。新研究进一步表明，即使是在美国这样的发达国家，母乳喂养对于降低婴儿死亡率也能起到帮助。美国儿科学院等机构曾建议，婴儿在出生后的头一年、可能的话在第二年中都应采用母乳喂养。根据罗根等研究人员的最新测算，美国平均每年约有 720 例婴儿死亡病例通过推广母乳喂养也许都可以得到预防。

母乳喂养	mǔrǔ wèiyǎng	feed on mother's milk 乳で育てる 모유를 먹어 키우다
痢疾	lìji	diarrhea; dysentery 赤痢/しぶりばら 이질

6. 什么样的婴儿体重超重的可能性更大？
7. 母乳喂养能够通过预防何种疾病来降低婴儿的死亡风险？
8. 采用母乳喂养的适宜时间？

三

九十五名在美国、英国、日本、德国、法国留学的中国自费留学生成为中国“国家优秀自费留学生奖学金”的首批受益者，每人一次性获得五千美元。中国驻美大使馆二十五日为华盛顿地区的五名获奖者颁奖。中国“国家优秀自费留学生奖学金”是经中国教育部批准，由国家留学基金委员会于2003年底设立的，首先在美、英、日、德、法五个中国留学生集中的国家试点，奖励对象为在国外攻读博士学位、年龄在四十周岁以下、在各自学科领域取得显著成果的优秀自费留学生，专业包括自然科学和人文社会科学。

首批九十五名获奖者中有三十名是在美国留学，涉及公共卫生、国际问题、生物医学、电子和计算机工程、传媒、土木工程、心理学、化学、物理、政治学、信息科学、微系统工程等各个学科专业，来自约翰霍普金斯大学、乔治华盛顿大学、康乃尔大学、纽约大学、麻省理工学院、哈佛大学、加州大学柏克莱分校、密歇根大学、丹佛大学等二十九所院校。中国驻美使馆教育处公使衔参赞刘川生为五位华盛顿地区的获奖者颁奖。她说，中国首次为在外自费留学人员设立国家奖学金，这是中国实施人才战略的最新举措，传达了两个信息：一，不管公费留学生还是自费留学生，都是国家的宝贵财富，国家对他们一视同仁；二，国家非常重视和关怀自费留学生，希望他们学成以后以多种方式为国服务。获奖者代表、约翰霍普金斯大学公共卫生专业博士生花巍和乔治华盛顿大学决策学博士生许峰表示，很荣幸能得到国家的资助，一定要好好完成学业，希望将来有更多机会能报效祖国。据介绍，改革开放以来，中国赴美留学生总数超过三十万人，其中十万人属于国家或单位公派，二十万是自费留学生；目前在校留学生八万人。

受益者	shòuyìzhě	beneficiary じゅえきしゃ 利益を受けるもの 수익자
国家试点	guójiā shìdiǎn	national pilot 国家試験(点) 국가 지정 시험장

9. “国家优秀自费留学生奖学金”的受益者分别是在哪几个国家留学的中国留学生?
10. 获得“国家优秀自费留学生奖学金”奖励条件的人需具备几个条件?
11. “一视同仁”是什么意思?
12. 赴美留学生中,国家或单位公派的学生占留学生总数的百分比是多少?

四

随着史前时期细石器在我国广大地区越来越多地被发现，学术界对于出现于旧石器时代晚期,盛行于中石器时代,并一直延续到新石器时代甚至更晚时期的细石器工艺传统文化给予了特别的重视。对于旧石器时代晚期“人类历史最重大的一次技术革命”——细石器工艺发生和发展的研究，无疑是原始社会史研究中一项重要的研究课题。

中国社会科学院考古研究所原始社会研究室和边疆中心合作组建的“中国细石器研究”课题组,获准国家文物局 2003 年发掘执照,对辉河水坝细石器遗址进行了调查和发掘。通过发掘,在这一地区首次发现距今至少 5000 多年前类似东北“地窖子”的居住遗迹,用火遗迹，以及堆积大量动物骨骼灰坑等。在此还获得大量制作精美的细石器、陶片和装饰品。利用细石叶制作的精美箭头、石钻和石刃等显示了我国细石器工艺发展的成熟阶段，验证了旧石器时代石片由不规则石片—长石片—石叶—细石叶加工石器技术的发展脉络；从原生地层中发掘出土的居住遗迹、用火遗迹和灰坑等为研究草原地区史前先民从迁徙狩猎向相对定居的氏族部落的过渡提供了新的重要资料。

史前时期	shǐqiánshíqī	**prehistoric period/ time** 先史時代 선사시기
发展脉络	fāzhǎn màiluò	**development sequence/ process** 発展みゃくらく 발전맥락
居住遗迹	jūzhù yíjì	**living relique** きょじゅういせき 거주유적
迁徙狩猎	qiānxǐ shòuliè	**migrate/ flight and hunt** 移動して猟をする 옮겨다니며 사냥하다
氏族部落	shìzú bùluò	**clannish tride** しぞくぶらく 씨족부락, 씨족사회

13. “人类历史最重大的一次技术革命”是指什么？
14. 什么工具显示了我国细石器工艺发展的成熟阶段？
15. 什么为研究草原地区史前先民提供了资料？

第二部分

一

迄今为止，中国大陆尚未颁布《美术馆法》，由此所造成的现实困惑也是由来已久的。由于“美术馆”这一中文名称系直接援引自日文译名，但其英文名称“Art Museum”所含有的“艺术博物馆”之明确含义在“美术馆”一词里毫无体现。这一语言概念上的先天缺陷在实践中经常会碰到必须为之“正名”时的困境，“名不正则言不顺”，美术馆在许多场合，在面对不同对象时经常会被简单地看作展览馆、文化宫，完全没有被作为博物馆来看待，于是便会在面对管理、经营、税收等政策性问题时进退失据。

另外，《艺术赞助法》目前尚未出台，这对当前日趋国际化的美术馆运作模式造成了致命的阻碍。个人与企业向艺术机构、艺术项目进行捐赠或赞助所应享受的“同额免税”原则，是许多发达国家为博物馆、美术馆所提供的造血机制，这一先进的国际化立法原则从根本上保障了美术馆的生存可能。目前，国内有限的赞助资源正面临来自体育、影视、演艺等大众娱乐项目的激烈竞争，那些项目在知名度、投资回报等方面的优势显然是绝大多数视觉艺术项目所不能比拟的。另外，在赞助者为美术馆的运作项目投入资金后，通常还要为这笔文化事业的赞助经费另行交纳税金，这种近于惩罚性的税收制度在很大程度上打击了赞助者的积极性。

收藏资金和运作资金是美术馆最基本的生存基础。美术馆所拥有的藏品，应该是现、当代优秀艺术家的代表作，永久地展现着每个时代、每个历史段落的重要视觉图像资

源。没有足够的收藏资金，中国大陆的美术馆只能坐视大量的优秀艺术作品源源流往境外，这种对历史不负责任的状况，是中国大陆美术馆人所不愿见到而又不得不暂时承受的。在项目运作方面，由于运作资金没有充分保障，美术馆在支付人员工资和设备运转、维护等日常经费外基本已无回旋余地，因此大多数美术馆目前都处在一种等待展览上门的被动局面里，主动投资策划展览的行为在当代中国大陆的美术馆中仍然是相当少见的。没有足够的藏品，没有主动的策划，美术馆就丧失了应有的学术定位，就势必要回到展览馆与文化宫的时代。

造血机制	zàoxiě jīzhì	development promoting system ; hematopoiesis 血液をつくるシステム (체내의)혈액을 만드는 시스템
知名度	zhīmíngdù	the degree sth/ sb is known ちめいど 지명도
投资回报	tóuzī huíbào	investment return 資本を投下してお金をもらう 투자한 만큼 돈을 돌려 받다

16. "美术馆"这一中文名称引自______。

A. 英语　B. 古文　C. 韩语　D. 日语

17. 中国迄今为止没有______。

A.《美术馆法》　B.《艺术赞助法》

C.《"同额免税"原则》　D. A+B

18. 美术馆最基本的生存基础是______。

A. 高质量的艺术品　B. 收藏资金　C. 运作资金　D. B+C

19. 运作资金是指用来________。

A. 购买艺术藏品的资金

B. 支付人员工资和设备运转、维护

C. 投资策划展览的资金

D. B+C

20. 下列与原文意思不相符的一项是______。

A. 美术馆应该是艺术的殿堂

B. 中国的很多美术馆只能坐视大量的优秀艺术作品流注境外

C. 美术馆就是展览馆、文化宫

D. 中国的美术馆目前都处在一种等待展览上门的被动局面

二

甲骨文的热拍只是给了文物投资市场火热交易一个最新的例证。早在两年前,米芾的《研山铭》手卷以2990万元的天价创下当时中国书画拍卖世界记录。2004年6月,这个记录就被陆俨少的《杜甫诗意百开册》打破,而且成交价是原记录的两倍。2003年的秋季拍卖会上,傅抱石、齐白石、徐悲鸿三位大师的作品相继以1980万元、1661万元、627万元刷新了个人作品的最高成交价格。傅抱石1980万元"天价"被业内人士看作中国艺术品拍卖市场的财富大门即将全面打开的标志,作为第三投资(第一为房地产,第二为股票)的艺术品投资进入了黄金时代。

这种变化即使以国际文物市场的发展看也让人惊诧。据中贸圣佳的拍卖师刘新惠介绍,全世界艺术品市场近20年来每年的投资增长率是33.47%,而中国的市场行情几倍于这一增长速度在发展。以齐白石的虾和螃蟹为题材的画作为例,10年前,这部分作品的价格是每平方尺1.5万元,而现在每平方尺增长了近10倍。对于目前拍卖市场如此火爆,瀚海的副总经理张跃进分析说:"这主要有三个原因,一是国力上升,国家经济形势持续稳步发展;二是藏家队伍不断扩大,实力增加;三是拍卖市场渐趋规范,国内书画古董价格阶梯雏形显现。"

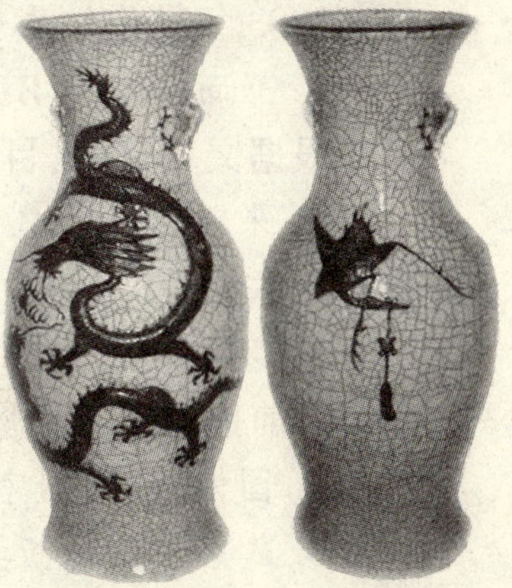

文物升值的速度之快也并非让所有人理解，拍卖公司的运作后多方利益找到了共同点。对于藏家和拍卖行来说，自然是拍得的价格越高越好，这样藏家获利，拍卖行抽取的佣金也高。而且拍卖行的春拍和秋拍都不只拍一件物品，有一件拍品拍出的天价效应往往会带动其他拍卖品的价格，从而使整场拍卖会获得更高的成交额，显示出拍卖公司雄厚的经济实力。因此，“每次准备春拍和秋拍的时候，各家拍卖公司都要寻找这样的‘镇拍之宝’”。

天价	tiānjià	extremely high price すごく高い値段 매우 비싼것 최고 비싼가격
成交价格	chéngjiāo jiàgé	the final price 取引高 교역이 성사된 가격
黄金时代	huángjīn shídài	golden ages おうこんじだい 황금시대
佣金	yōngjīn	commissions (仲買人に払う)手数料 커미션, 수수료

21. 2003 年秋季拍卖会刷新个人作品最高成交价的人是______。

A. 米芾　B. 陆俨少　C. 齐白石　D. B+C

22. 根据文章显示，目前中国艺术品拍卖价格最高的是______。

A. 米芾　B. 陆俨少　C. 傅抱石　D. 齐白石

23. 艺术品投资是______。

A. 第一投资　B. 第二投资　C. 第三投资　D. 第四投资

24. 目前拍卖市场火爆的原因不包括______。

A. 国力上升，国家经济形势持续稳定发展

B. 藏家队伍不断扩大，实力增加

C. 拍卖市场渐趋规范,国内书画古董价格阶梯雏形显现
D. 拍卖师的水平越来越高,拍卖公司的经济实力雄厚

25. 齐白石的虾和螃蟹,现在10平方尺售价增长了大约是______。
A. 1.5万元　　B. 15万元　　C. 150万元　　D. 1500万元

26. 各家拍卖公司都要寻找这样“镇拍之宝”指的是______。
A. 高水平的拍卖师　　B. 大量的艺术品
C. 能拍出大价效应的拍卖品　　D. 经济实力雄厚的拍卖公司

三

市场连续井喷,各路专家纷纷预言:中国汽车市场至少有20年的高速增长期,还将未来各个年份的汽车产量和保有量算得清清楚楚,甚至精确到小数点后面两位数。某年可以超日,某年可以超美,稳稳当当的就成了世界第一,未卜先知,让人佩服得五体投地。直到今年初,专家们还断言:今年中国汽车市场的增长速度,绝不会低于去年。如此大好形势,在中国投资汽车,简直等于开印钞厂,不加大投资岂不真得成了傻瓜?所以有条件的要上,没有条件的创造条件也要上。

最有意思的是大众汽车公司,在中国汽车市场最红火的时候,是它最早提出警告:“中国有可能成为第二个巴西”,但同时又是它最早宣布在中国增资,而且一投就是60亿欧元,力度之大,令人瞠目。在大众的带动下,现代、福特、丰田、通用,几乎所有跨国公司都宣布了鼓舞人心的投资计划。中国的本土汽车,也是家家壮志凌云。一时间好像谁的产能达不到百万辆就不算玩汽车。粗略做个统计,10年后中国汽车产能就会超过1500万辆。不料市场有不测风云,2004年刚刚过去4个月,中国汽车市场就骤然变冷,产能过剩立即成了实实在在的现实问题。

尽管汽车市场冷清,但各汽车公司对他们宣布过的投资规模却初衷不改。一是他们对中国汽车市场长期看好,二是产能过剩是汽车行业长期

普遍存在的问题，最近30年来，世界汽车工业产能一直富余30%。通用汽车董事长兼首席执行官瓦格纳对这个问题的回答是：现在大家都对中国市场前景非常看好，在这样一个大的背景下，不在中国做大的投资所带来的风险，要远远超过我们现在所做的投资风险。瓦格纳可能代表了所有汽车投资者的想法：既然中国汽车市场前景很好，不在这里投资所造成的机会损失，才是更大的风险。

井喷	jǐng pēn	**blowout** (石油の)噴出 석유탐사때 지하의 고압 원유나 천연가스등이 갑자기 분출되는 것
未卜先知	wèibǔ xiānzhī	**foresee** うらないをしない先にわかる 先見の明があることのたとえ 점을 치지않고도 앞일을 알다.선경지명이 있다
五体投地	wǔtǐtóudì	**extremely admire** 心から感服する　まったく頭が下がる 매우 감복하다.오체투지
令人瞠目	lìngrén chēngmù	**startling** 目をぱちくりさせられる 매우 놀라게 하다
壮志凌云	zhuàngzhì língyún	**with soaring aspirations** 壮志雲をしのぐ 하늘을 찌를 듯한 큰 뜻. 포부가 원대하다
初衷不改	chūzhōng bùgǎi	**original intention unchanged** 初志を変えない 맨 처음의 마음, 심원은 바뀌지 않는다

27. 市场连续井喷指的是______。

A. 产量持续增长　　B. 销量持续增长

C. 投资持续增长　　D. 销量持续降低

28. 最早宣布在中国增资的汽车公司是______。

A. 通用汽车公司　　B. 大众汽车公司

C. 现代汽车公司　　D. 丰田汽车公司

29. 第二段中一共提到了______个跨国公司。

A. 2　　B. 3　　C. 4　　D. 5

30. 尽管汽车市场冷清，但各汽车公司对他们宣布过的投资规模却初衷不改的原因是______。

A. 他们对中国汽车市场长期看好

B. 产能过剩是汽车行业长期普通存在的问题

C. 投资回报率高

D. A+B

31. 瓦格纳认为在中国应该______。

A. 做小的投资　　B. 做大的投资　　C. 不要投资　　D. 看情况再投资

四

国际公认，性别比例在106:100之间为正常。1990年，我国第四次人口普查，男、女婴比例为112:100，超过正常值6个百分点，进入警戒线。2000年，第五次人口普查，比例跃升到120:100，猛超了14个百分点。由此可见，我国新生儿性别失衡，农村有，城市也有，带有普遍性。

造成这种现象，并非自然变异，完全是人为因素。一是观念上重男轻女，二是技术上胎儿性别鉴定，三是社会上不合理状态。农村绝大多数地区，生育政策规定，头胎生男孩的，不再生二胎；头胎生女孩的，可以生二胎。假设有100对育龄夫妇，生育的婴儿性别完全平衡，头胎男女婴应为50:50，二胎应为25:25。可是，头胎生了女孩的，二胎便要千方百计生男孩。在现代技术条件下，特别是在经济发达地区，这不难做到。现实状况便是，准生的二胎，几乎没有女孩，男、女婴比例迅速趋向 100:50。按照这个生育政策走下去，麻烦越来越大。

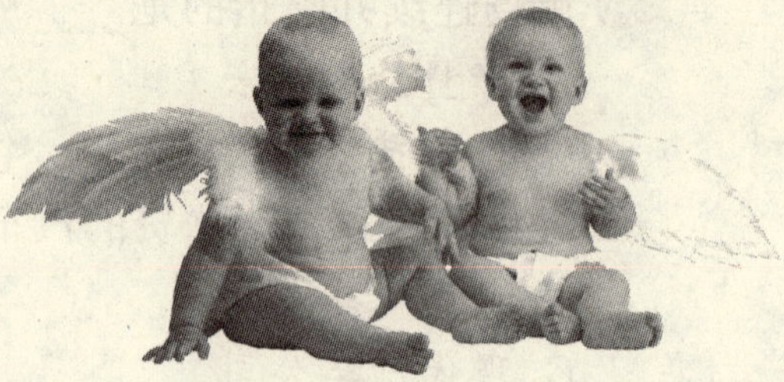

性别严重失衡，后果堪忧。别的都不说，到了他们谈婚论嫁的年龄，岂不是相当多的男孩找不到对象？由此引发的社会问题，如心理扭曲、拐卖妇女、破坏家庭等，将不可避免地大量增加。到时候，庞大的光棍大军，深情地大合唱："我想有个家！"重男轻女的父母们，当地政府的官员们，能有什么办法去慰藉他们的苦闷心灵？人类生活的幸福感，不光是依赖经济发展；物质再丰富，也代替不了人类生存的本能需求。小康之家是小康社会的基础，连个家庭都不能组成，又何以有小康社会？

人口普查	rénkǒu pǔchá	**population census** 人口調査 인구조사
头胎	tóu tāi	**the first child/ birth** 始めての子供 첫아이, 첫임신, 초임
拐卖妇女	guǎimài fùnǚ	**enveigle / kidnap women** 人(婦女)をかどわかす/誘拐する 인신매매
光棍大军	guānggùn dàjūn	**bachelor mass** (男の)独身者 독신남
小康之家	xiǎokāngzhījiā	**well off families** 家庭の経済状態がまずよいほうである　やや裕福である 중류층 가정

32. 国际公认的性别比例 106:100 是指______。
A. 100 个女孩中有 6 个男孩
B. 100 个男孩中有 6 个女孩
C. 以 100 为基值,男孩比女孩多 6 个人
D. A+C

33. 根据文章显示,目前中国新生儿性别______。
A. 正常　B. 失衡　C. 女性多于男性　D. 不清楚

34. 在中国农村什么情况下可以生两个孩子?
A. 头胎是男孩,可以生第二个孩子
B. 头胎是女孩,可以生第二个孩子
C. 家里孩子少,可以生两个
D. B+C

35. 文章中提到的由于性别严重失衡会引发的社会问题不包括______。
A. 心理扭曲　B. 拐卖妇女　C. 破坏家庭　D. 经济犯罪

36. 下列与文章原意不相符的一项是______。
A. 2000 年,我国男、女婴比例为 120:100
B. 造成男、女婴比例失衡的主要原因是人为因素
C. 性别严重失衡,将会引发严重的社会问题
D. 小康社会就是经济高度发展,物质极度丰富

五

据日本学者研究发现,儿童的脑力发育决定于食物。脑功能的优劣 80%以上取决于营养。

研究还发现,脂肪(主要为不饱和脂肪酸)、维生素 A、维生素 C、维生素 B 族、维生素 E、钙、蛋白质、糖(碳水化合物)等营养物质对脑的健全发育起到了重要作用。这些物质人体不能自行合成,必须通过食物摄入。因此,要想孩子最聪明,必须长期合理地摄取这些营养物质。

一些不良的饮食习惯对孩子摄取这些营养造成了影响,也间接损害了孩子的智力,家长必须引以为戒,不要让孩子养成这些坏习惯:

1. 轻视早餐：不吃早餐或者匆匆忙忙吃早餐都会严重影响智力发育和身体健康

2. 长期饱食：著名的围棋大师聂卫平在比赛时有一个习惯，就是在比赛当天的中午不会吃饱，而只吃一点蔬菜水果。这当中有什么奥秘吗？你是不是也发现在饭饱后常常感觉疲劳、想睡觉呢？这是因为吃饭后，肠胃需要进行消化，这时，血液供应也就更“偏向”于肠胃，而造成脑部的暂时缺氧，影响大脑发育。而且饱食还可诱发大脑中“纤维芽细胞生长因子”大量分泌，此物质会加重脑缺氧。三餐过饱，还会造成营养过剩，导致肥胖，并且对肠胃功能也有影响。

3. 挑食偏食：大脑的新陈代谢，需要全面的营养才能完成，缺一不可。一类食物只能提供一部分营养物质，所以，鸡鱼肉蛋、大米白面、五谷杂食、蔬菜水果等，样样都要吃，可以取长补短，起到“互补”作用。

有的孩子不愿吃蔬菜，因此体内缺乏粗纤维，这使其大便在肠道中的停留时间延长，人体就会吸收其中过多的有毒物质。将造成中枢神经中毒，出现记忆力下降、注意力分散、思维迟钝等症状，影响智力发育。

4. 甜食过量：糖转化成的葡萄糖成为脑细胞的能源，因此，适量吃一些含糖食品，有助于大脑发育，但并非多多益善。

5. 喜油炸食品：市售的油炸食品，所用的油多是经过反复煎炸的。食物在烹饪中经受高温焦化，会使蛋白质变性，失去生物活性作用；高温油炸本身可产生有强烈致癌作用的朵环胺类物质。

碳水化合物	tànshuǐ huàhéwù	carbohydrate 炭水化物 탄수화물

引以为戒	yǐnyǐwéijiè	learn a lesson; take warning もっと戒めとする 다른이의 잘못을 보고 교훈을 삼다
缺氧	quē yǎng	anoxic 酸素が足りない 산소부족
营养过剩	yíngyǎngguòshèng	supernutrition 養分が多すぎる 영양과잉
五谷杂食	wǔgǔ záshí	all kinds of food grains 雑穀 오곡, 잡곡밥
中枢神经	zhōngshū shénjīng	central nerves 中枢神経 오곡, 잡곡밥
迟钝	chídùn	bluntness; slowness (頭の働きが)にぶい 어리석은, 둔한
致癌	zhì ái	carcinogenic 発がん 암을 유발시키다.

37. 第二段中提到了______营养物质。

A. 6 种　　B. 7 种

C. 8 种　　D. 9 种

38. 文章中所列出的坏习惯中哪一项是对脑健康没有直接影响______。

A. 长期饱食　　B. 挑食偏食

C. 甜食过量　　D. 喜油炸食品

39. 下列哪种坏习惯有致癌作用______。

A. 轻视早餐　　B. 长期饱食

C. 甜食过量　　　　　D. 喜油炸食品

40. 下列与文章原意不相符的一项是______。

A. 不良的饮食习惯间接损害了孩子的智力

B. 长期饱食会造成营养过剩，导致肥胖

C. 糖转化成葡萄糖成为脑细胞的能源，吃糖越多对大脑越有好处

D. 高温油炸本身可产生有强烈致癌作用的朵环胺类物质

第六套

第一部分

一

新疆文物考古工作者近期对鄯善县洋海墓地实施抢救性发掘时发现一根约2500年前的葡萄藤，这是迄今为止吐鲁番地区葡萄种植最早的实物。这根葡萄藤标本长1.15米，分多节，每节长11厘米，宽2.3厘米，看上去和现在的葡萄藤极为相似。考古专家说，此次发现有望将吐鲁番地区葡萄种植的历史前移。目前，考古人员已将这根葡萄藤标本送往国家有关部门鉴定，以确定其具体历史年代。

吐鲁番坐落于天山东部的山间盆地，以其独特的气候和特有的沙质土壤造就了悠久的葡萄种植历史。据《史记·大宛列传》和《汉书·西域传》记载，早在两千多年前张骞出使西域时，就发现吐鲁番盆地种植葡萄。吐鲁番阿斯塔那古墓还出土了许多随葬的葡萄果穗、枝条、种子、葡萄干以及十六国北凉时任命管理浇葡萄地官吏的文书，阿斯塔那古墓距今约1500年。

吐鲁番	Tǔlǔfān	**Tu Lufan** トウルパン(地名) 투루판(지명)
沙质土壤	shāzhìtǔrǎng	**arenaceous earth** さばくかどじょう 모래화된 토지

1. 葡萄藤是在哪里发现的?

2. 吐鲁番有什么条件适合种植葡萄？
3. 古墓中还出土了什么？

三

在化妆品袭卷全球时，护肤有道者对吃出美丽似乎更感兴趣。牛奶则是时尚人士健身美肤的选择之一，但统计表明：有 61%的人不会吃奶。研究表明：鲜牛奶富含多种营养成分，极易被人体吸收，经常饮用，不但能健身，还能有效地美白肌肤，但若在饮用过程中不加注意，则会导致营养损失，造成浪费。

避免日光照射。鲜奶中的维生素 B、维生素 C 受到日光照射后会很快消失，即使是微弱的阳光照射超过 6 小时，也会令维生素 B 减少一半。因此，牛奶最好用有色或不透明的器皿，并存放于阴凉之处。

不宜冷冻。牛奶冷冻之后，其中的脂肪、蛋白质分离，乳酪素呈粉状凝结，牛奶的味道会明显减弱，营养成分不易被吸收。

不宜长时间高温蒸煮。牛奶中的蛋白质受高温作用，会由溶胶状态转变成凝胶状态，导致沉淀物出现，营养价值降低。

不宜采用铜器加热。铜能加速维生素 C 的破坏，并对牛奶中发生的化学反应具有催化作用，因而会加速营养素的损失。

不宜与茶水同时饮用。奶品中含有丰富的钙离子，茶叶中的鞣酸会阻碍它们在胃肠的吸收。

不宜空腹时饮用。有些人觉得早晨空腹时喝牛奶最易被吸收，其实，这时喝进去的牛奶很快会将蛋白质转化为能量消耗。最好喝奶前先吃点东西或边吃食物边饮用，以确保牛奶营养的全面吸收。

沉淀物	chéndiànwù	sediment; deposit 沈殿物 침전물

空腹饮用	kōngfù yǐnyòng	drink with an empty stomache 空腹の時に飲む 공복에 복용하다

4. 本文中提到的饮用牛奶的注意事项有几项?
5. 冷冻后的牛奶乳酪素呈什么状态?
6. 蛋白质本来的状态是什么样的?
7. 铜器加热后会破坏何种物质?
8. 茶水中的鞣酸会产生什么作用?
9. 什么样的情况下,可以确保牛奶营养的全面吸收?

三

几年前,一位台湾的摄影家,要拍一幅圆明园的夜色写真,我陪他选择月圆之夜前往。但是到了圆明园之后,面对那断垣残壁的历史沧桑,我们忽然意识到圆月下的圆明园,拍出来虽然好看,但不如一钩残月下的圆明园,更富有含金量。因为我们面对的不是令人开心的风景,而是中国百年国耻的纪念园。虽然这比在圆月下拍摄,要艰难许多,最终他还是等到了乱云遮月——圆月被吞噬到只剩下一弯残月的更深时分,重新开动了摄影机。

笔者所以要重温这段往事,实因重新修复圆明园与保留其历史原貌之争。这既是关联到建筑的问题,又是超出了建筑学本身——关联到民族心态建筑的一个大问题。我们是个有着几千年历史文明的古国,珍惜历史的完美,是人之常情,是完全可以理解的;但是如何面对历史残缺,并珍惜这种残缺,却始终是个没有解决好的大课题。重建圆明园的历史辉煌与反对重建圆明园之争,典型地反映出我们民族心灵上的顽疾。之所以这么说,是有充分依据的:本来圆明园是国耻的标本,留下这个活标本的原貌,使国人牢记"火烧圆明园"的悲凉往事,不仅符合历史真实,而且有利于民族发奋图强;但是偏偏有一些清史学者，难以割舍中华民族的“圆月情结”，慷慨激昂地反对保留历史残缺，倡导投入大量财力物力，再现圆明园昔日的风华。这里，姑且不说“克隆”出来的圆明园，其本身就是赝品；就是再现圆明园的全部辉煌，也无助于中华民族的明天——正好相反，它将让子孙后代淡化国耻，并瓦解消融民族务实的心灵建筑。

为了说明问题，笔者仅以德国科学严谨之风，与国人中假凤虚凰的心态，作一个对比：在德国西部莱茵河和美茵河的汇合口，有个科布伦茨小城，这儿曾经耸立着威廉大帝的雕像。威廉大帝何许人也？他是将德意志统一成为一个国家的大帝，被德国人称之为德意志之祖。人们为了缅怀他将东西南北中的日耳曼人，缔造成一个强大的德国，在科布伦茨两条美丽河流的汇合口，铸成了一座巍峨的青铜纪念碑，以纪念他的历史功绩。但是，当第二次世界大战的尾声，苏联从德国西部强渡莱茵河、围歼希特勒军团时，一发炮弹不偏不斜，正好落在这尊青铜雕像上，从此这位策马张弓的德意志之祖肖像消失了。待我去那块圣地朝圣时，那儿只留下一座空空的墩台。当时正是深秋，墩台上飘满了黄色的落叶和白色的鸟粪，让每个来这儿的游者，无不感到凄切和悲凉。这是其一。其二，在德国柏林最热闹的裤衩大街，昔日曾经耸立着一座著名的尖顶教堂，苏联红军攻克柏林时，那座教堂的顶部正好被炮火自上而下地劈去了一半，多少年过去了，那教堂也没有重建和修复，赤裸地站在繁华的大街上，向世界展示着它的历史沧桑。对此，我曾以中国人的心态，垂询过德国友人和德国民众，他们的回答几乎是一致的：我们必须精心地保存这些历史残缺，让子孙后代不忘德国发动二战的罪恶。

当年，德国是发动第二次世界大战的罪魁祸首，可他们还在千方百计地保留历史残缺；而我们在近代史中是被弱肉强食的民族，反倒不惜花费重金，克隆往日的历史辉煌，这种南辕北辙的心态，距离究竟有多远？恐怕世界上还找不到一种量器，能丈量出这种距离。但是这两种思维模式，到底哪个更符合民族自强的内在逻辑？哪个更富有时代的前瞻性？哪个更能"前事不忘，后事之师"？以德国而论，它今天的经济实力，不要说再建起一座青铜雕像，就是在科布伦茨再竖起十尊百尊威廉大帝的金像，并不是什么难事；但是他们知道那是遮盖民族的耻辱，是万万不能做的事情。难道我们这个不断被列强肢解和侵略的民族，就能遮其自家之丑，重新修建圆明园（实质为"克隆"），来淡化昔日被列强刮分的国耻？前不久，党中央明确提出"求真务实"和"以人为本"的治国理念，这更让笔者感到投入大量资金、全面修建圆明园之举有待商榷。且不说我们还有几千万农村人口生活在贫困水平线上；就是有一天我国从发展中国家，进入了全面富足的国家行列，我们也不能淡化昔日之国耻。中国有两句古话，似可当作此文的结论：假凤虚凰者误国！卧薪尝胆者兴邦！

断垣残壁	duànyuán cánbì	**tumble-down walls** 倒れた壁（人家の荒れはてた光景）切れ切れになった塀や半分 건물이 무너져 내려 황폐화된 모습
国耻	guóchǐ	**national humiliation** 国恥、国辱 국가의 수치
残月	cányuè	**waning moon** （旧暦月末の）三日月（みかづき） 그믐달
赝品	yànpǐn	**waster; the inferior** 偽物、贋作（がんさく）（骨董品について） 위조품, 가짜 물건
假凤虚凰	jiǎfèng xūhuáng	**phony phenix** いつわりである人 허위적인 사람

弱肉强食	ruòròu qiángshí	law of the jungle じゃくにくきょうしょく 弱いものが強いもののえさになる 약육강식
南辕北辙	nányuán běizhé	Try to go south by driving the chariot northward-act in a way that defeats one's purpose; be pole apart かじ棒を南に向けながら、車を北に走らせる 行動と目的が一致しないこと 행동과 목적이 서로맞지 않거나 일의 결과가 의도와 반대로 진행되다
商榷	shāngquè	deliberate; discuss 検討する 討議する 협의 검토하다.

10. 作者认为什么样的月亮能使圆明园更富有含金量?
11. "南辕北辙"是什么意思?
12. 文中提到的两种思维模式中哪个更符合民族自强的内在逻辑?
13. 德国友人和德国民众的心态是什么样的?
14. "卧薪尝胆"是什么意思?
15. 作者认为重建圆明园之举有待商榷的原因有哪些?

第二部分

一

记得小时侯，偶感风寒，母亲总是让喝碗热汤面后卧床，盖上厚厚的棉被发汗，说也怪，有时出了汗，病就好了。人为什么出汗？出汗又与人的健康有什么关系呢？

原来，人体出汗可分为不显汗和有效汗。当气温较低，即在摄氏20度以下时，人处于静止状态，通过呼吸、皮肤孔隙扩散，每小时都从体内排出汗液，散发热量，这种汗人感觉不出来，故称不显汗。当气温升到摄氏25度到30度以上时，人体通过辐射、对流，经不显汗每小时大约散发174~348千卡的热量，但仍低于体内产生并需要散发的热量，这时人体就要通过遍布全身的汗腺排出汗液以蒸发的形式散热。这种汗呈液体状态，人可以感觉出来，故称有效汗。所以出汗是人体调节体温、使之保持在一个相对稳定又较舒适的状态，从而保持充沛精力和健康体魄的重要机能。人体着凉感冒，实际上是由于皮肤孔隙和体表汗腺因受寒而禁闭，不能以出汗方式散发体内热量，而导致人体温度升高。这时如果多喝些热汤盖严棉被，使汗腺和皮肤孔隙因受热而舒张，排出汗液，散发体热，体温则立即下降，可谓汗到病除。但敬请各位注意，如果是原因不明的体温升高，则不能照上述方法办，要尽快找医生查明原因，对症下药，切不可拖延诊疗时机。

风寒	fēnghán	**cold; chill** 寒風と寒気 냉풍과 냉기
发汗	fā hàn	**sweat** 汗を出す 땀이 나다

汗腺	hànxiàn	sweat gland かんせん 땀샘

16. 人体出不显汗是在______。

A. 摄氏 25 度　B. 摄氏 20 度　C. 摄氏 20 度以下　D. 以上都不是

17. 当气温升到摄氏25 度到 30 度以上时，不显汗每小时大约散发______的热量。

A. 174~384 千卡　　B. 348~696 千卡

C. 170~300 千卡　　D. 184~600 千卡

18. 出汗是______。

A. 因为气温太高了

B. 因为体温太高了

C. 调节体温使人处于较舒适的状态，保持人体健康的重要机能

D. 因为运动产生的热量过多

19. 人体着凉感冒是因为______。

A. 皮肤孔隙和体表汗腺因受寒而禁闭，不能以出汗方式散发体内热量，导致人体温度升高

B. 天气太冷，感冒病毒容易侵入人体

C. 天气太冷，人体御寒能力下降

D. 体温太高了

20. 下列与文章原意不相符的一项是______。

A. 在摄氏 20 度以下时，人处于静止状态时所出的汗，人感觉不出来

B. 人体着凉感冒可以通过多喝热汤盖严棉被使人体出汗的方法除病

C. 病毒性感冒也可以通过排汗，散发体热方法除病

D. 气温在摄氏 25 度到 30 度以上时，不显汗每小时大约散发 174~348 千卡的热量

三

春季容易引发感冒、哮喘、肺炎、风湿性关节炎等疾病。为了适应多变的天气,增进健康,要特别注意饮食起居。春季天气渐暖,应逐渐减衣;但减衣不宜过早过多。古语云:"吃了端午粽,才把棉衣送",当受冷空气影响时还要及时加衣。春季防寒保暖非常重要,适当穿得暖些,可减少疾病,有利于逐步适应从冬到春的过渡。

随着白昼增长、阳光增强、气温升高,人体血液循环旺盛,生理机能和新陈代谢相应增强。因此,春天要增加食品的摄取。应多吃蔬菜和水果,少吃油腻的肉食。为了消除疲劳,防止困倦,可酌情多吃些能兴奋神经的饮食,如绿茶、咖啡、香蕉、巧克力等。 春天应早起,劳逸结合,保证充足的睡眠时间。睡觉要盖暖,防止着凉。白天应开窗,让阳光照到室内。这样,即可流通和净化空气,又能起到杀菌消毒的作用。

春暖花开,绿叶扶疏,空气中阴离子倍增,是体育锻炼和野外活动的大好时机。在公园、湖滨锻炼,能获得更多的维生素,有助于提高生理机能和健康水平。在风和日丽的日子里组织春游, 既可尽情抒发自己的感情,又可饱览祖国改革开放的成就,更是有益于身心健康的乐事。

端午粽	duānwǔ zòng	glutinous rice dumplings on Dragon Boat Festival たんごの時民間にはちまきを食べる 단오절에 먹는 전통음식. 떡의 일종
酌情	zhuóqíng	take the circumstances into consideration 事情をしんしゃくする 상황, 조건, 상태에 근거해 고려하다. 참작하다

劳逸结合	láoyì jiéhé	strike a proper balance between work and rest; alternate work with rest and recreation 労働と休息を適当に結びつける 작업과 휴식의 적당한 통합

21. "白昼增长"中的"白昼"是指______。
A. 白天　B. 黑夜　C. 傍晚　D. A+B

22. 文章中提到的能兴奋神经的食物不包括______。
A. 绿茶　B. 咖啡　C. 苹果　D. 香蕉

23. 最后一段中提到在______地方锻炼身体能获得更多的维生素。
A. 野外　B. 公园　C. 花园　D. 公园、湖滨

24. 下列与原文意思不相符的一项是______。
A. 春季天气渐暖,应逐渐减衣不宜过早过多
B. 春季提早减衣可以增加人体御寒能力,可减少疾病
C. 春季人体血液循环旺盛,生理机能和新陈代谢相应增强
D. 春季白天开窗,让阳光照到室内可以起到杀菌消毒作用

25. "春游"有益于______。
A. 增进亲友感情　B. 祖国建设
C. 身心健康　D. 锻炼减肥

三

肺癌在肺内任何部位均可发生,但它总是循着支气管而发生,故又名支气管癌。通常分为如下几个类型:(1)肺门部支气管总干部肺癌,发病率80%,属于表皮样细胞癌,由鳞状细胞组成,又称大细胞型癌肿,恶性度较低,与吸烟有关。(2)中型支气管部肺癌,较少见。(3)肺边缘部肺癌,通常发生在小支气管部位,以腺癌多见,属柱状上皮细胞癌,发展缓慢,与吸烟无关。另一型属小细胞型肺癌,由支气管粘膜基层小细胞化生而来,又称未分化性细胞癌,恶性度高,易与腺癌

相混。(4)末梢支气管肺泡癌，又称肺泡细胞癌。因为肺泡受癌肿侵犯，所以病人换气困难。此型极为罕见，恶性度高，进展迅速，预后很差。

肺癌的常见症状有咳嗽、咯血、胸闷隐痛，易合并肺部感染和发炎症状、消瘦、气促、声嘶或失音等。以上症状不一定全部存在。但值得提出：肺癌所引起症状的轻重及发现之早迟，主要取决于它所发生的部位，如长在大气管肺门部，症状重，且出现得早。如果肺癌长在小气管或其末梢时，位于肺的边缘部位，则症状大多轻微，甚至毫无症状。

支气管	zhīqìguǎn	**bronchus** 気管支 기관지
胸闷	xiōngmèn	**Thorax depression** 心がふさぐ 가슴이 답답하다
失音	shīyīn	**aphasia** 声が出なくなる症状 (후두,성대의 발병으로)발성장애가 생기다. 목소리가 나오지 않다

26. 发生在小支气管部位的癌症是______。
A. 肺门部支气管总干部肺部　B. 中型支气管部肺癌
C. 肺边缘部肺癌　D. 末梢支气管肺泡癌

27. 各类型支气管癌中与吸烟有关的是______。
A. 肺门部支气管总干部肺癌　B. 中型支气管部肺癌
C. 肺边缘部肺癌　D. 末梢支气管肺泡癌

28. 令病人换气困难的一种肺癌是______。
A. 肺门部支气管总干部肺癌　B. 中型支气管部肺癌
C. 肺边缘部肺癌　D. 末梢支气管肺泡癌

29. 症状严重且出现得早的是哪一类型肺癌________。

A. 肺门部支气管总干部肺癌　　B. 肺边缘部肺癌

C. 中型支气管部肺癌　　D. 肺泡细胞癌

30. 症状轻微或是毫无症状的肺癌长在________。

A. 神经末梢　B. 大气管肺门部　C. 小气管　D. 支气管

四

声音传播的速度是1200千米/小时。要是有人在离我们1千米的地方开枪，我们看见了火光，得隔3秒钟才听到枪声。

3秒钟1千米，要追上这样的速度是很不容易的。经过了多少飞机工程师和飞行员的努力，飞机不但追上了，而且超过了声音，把声音扔在了后头。

1903年，世界上第一架飞机离开了地面，它才飞了260米，不到1分钟就落下来了。即使它能飞1个小时，也不过20千米。

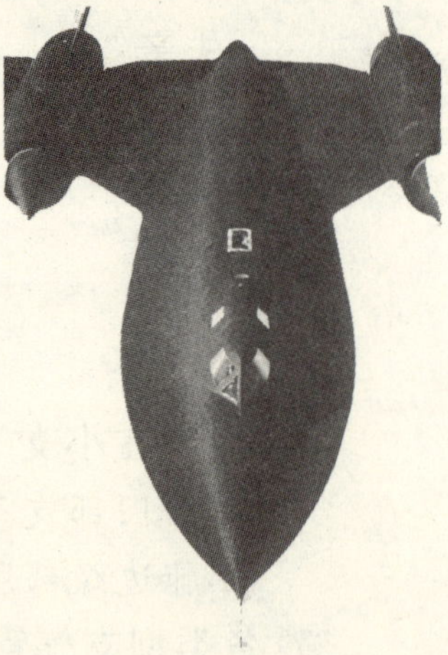

过了10年，飞机的速度增加了4倍多，1小时能飞100多千米了。

又过了10年，飞机的速度又增加了3倍，1小时能飞400千米了。飓风的最高风速，也不过200千米/小时。俗话说“快马追风”，风真被飞机追过了。

要使飞机飞得快，只有两条路可走：一是增加发动机的力量；一是改变飞机的形状，减少空气对它的阻力。

可是过了第三个10年，到了1933年，飞机的速度只增加了3/4，一小时能飞709千米。

直到1939年，飞机最快的飞行记录也不过756千米/小时，再要增加速度已经非常困难了。人们发现，飞机的速度越来越接近它的极限了。

这个极限就是声音传播的速度。我们不要忘记了，那时的飞机全是用螺旋桨推进的。

飓风	jùfēng	cyclone; hurricane ぐふう　ハリケーン 허리케인
螺旋桨	luóxuánjiǎng	airscrew スクリュープロペウ (비행기, 배의)프로펠러

31. 飞机的速度超过声音了吗？
A. 超过了　B. 没有超过　C. 文中没有提到　D. 快超过了
32. 世界上第一架飞机离开地面飞行了多长时间？
A. 3 秒钟　B. 1 分种　C. 1 小时　D. 以上都不对
33. 1923 年后，飞机 1 小时能飞______远。
A. 20 千米　B. 100 千米　C. 200 千米　D. 400 千米
34. 欲使飞机飞得更快，只能是______。
A. 增加发动机的力量　B. 改变飞机的形状，减少阻力
C. 飞机小型化　D. A+B
35. 下列与原文意思不相符的一项是______。
A. 飞机的速度越来越接近它的极限。
B. 要追上声音传播的速度很不容易。
C. 改变飞机的形状，减少空气对它的阻力，可使飞机飞得快。
D. 改变发动机的形状可使飞机飞得快

五

我一直认为，电动车一定会代替汽油车。有两个理由：一是能源问题，二是污染问题。最多再过 60 年，我们现在所用的石油资源将枯竭，到那时候汽油车怎么办？据我了解，2000 年中国进口石油 7000 万吨，预计 2005 年后将超过 1 亿吨，相当于科威特一年的总产量，这说明中国现在对石油的依赖越来越大。还有就是众所周知的传统汽油车对大气造成的污染相当严重，尾气排放造成的空气污染目前已经

占到整个污染源的一半以上。目前世界上空气污染最严重的10个城市中有7个在中国。显然,加快使用传统内燃机技术发展汽车工业,将会给包括中国在内的全球的能源安全和环境保护造成巨大影响。电动汽车应该可以解决这个问题,因为电动汽车基本上不以汽油为直接燃料,能源利用率高,环境污染低,特别是立足于氢能基础上的燃料电池汽车,以氢为燃料,通过化学反应产生电流并排出水,能实现可循环利用和零排放。

现在,电动汽车已经被国家列入863计划。在电动车领域,国外政府和大企业已经起跑。近10年来,美国、欧洲、日本等国的政府和跨国公司已投入超过100亿美元开发研究包括燃料电池车在内的电动车。在电动汽车这一新的领域,中国与国外实际上已经处于相近的起跑线,技术水平与产业化的差距比较小,如果说在传统内燃机汽车方面中国落后于国外先进水平20年左右的话,那么在电动汽车领域,国内外只有4、5年的差距。

近十年来,世界各国纷纷加快了对新一代洁净能源汽车的研发与生产,各大汽车巨头对此投入重金——美国通用公司每年为此投入3亿美元,而克莱斯勒公司更是高达5亿欧元。据专业人士预测,未来数十年,电池电动车、混合电动车和燃料电池电动车市场份额将以稳定的速度增长,而燃油汽车的市场份额将会逐渐减少,未来的汽车时代将是属于电动汽车的时代!

资源枯竭	zīyuán kūjié	resources exhaustion しげんが涸(か)れる 자원이 고갈 되다

循环利用	xúnhuán lìyòng	circulating utilization じゅんかんりよう 순환을
零排放	língpáifàng	no emission 排気がゼロに近い 배기량이 0 에 가까운 배기량이 없는

36. 文章的作者认为电动车一定会代替汽油车的理由是______。
A. 能源问题和污染问题 B. 汽油价格问题和动力问题
C. 汽车速度问题和污染问题 D. 能源问题和汽油价格问题

37. 文中提到,大气污染主要由______造成。
A. 化工生产 B. 气候变暖 C. 环境恶化 D. 尾气排放

38. 中国有______城市进入世界空气污染最严重的前10名。
A. 6个 B. 7个 C. 8个 D. 3个

39. 未来的汽车时代将是______时代。
A. 汽油车 B. 燃油车时代 C. 电动汽车 D. A+B+C

40. 下列对环境污染影响最小的电动车是______。
A. 电池电动车 B. 混合电动车
C. 氢燃料电池电动车 D. 汽油燃料车

第七套

第一部分

一

新疆迄今为止最大规模的一次考古发掘取得丰硕成果，其考古发现填补了亚欧草原地带考古的空白。据新疆经济报报道,本次考古发掘于今年四月开始，新疆文物考古研究所对尼勒克县吉林台水库的古代墓葬进行了一次大规模的抢救性发掘。考古队员在考古过程中发现了几处规模宏大的古代祭祀遗址，这是在中国西北地区考古甚至中亚考古中所罕见的，考古中发现的奇特葬俗也为此前新疆所未见。考古人员在部分墓内发现了一批非常精美的彩陶器、铁器、金器、铜器、石器等文物。其中,在一座大型墓葬中出土的金戒指可视为国宝级文物。金戒指中孔上两侧为睁目张嘴的怪兽,中部镶宝石,宝石上精刻一贵妇人,妇人一手持花端座,面孔秀丽,神态安详,这件金戒指为国内外罕见。

负责此项考古工程的新疆文物考古研究所副研究员刘学堂说，在为期半年的时间里共发掘了六百三十余座墓葬，获得了一系列重大的考古新发现。考古队员兵分六路在穷科克台地古墓群方圆十公里范围内同时展开了发掘。发掘地的墓葬多有地表封堆标志,部分墓葬地表建筑复杂、宏观。他还说,考古队员还发现了一座新疆目前封堆结构最复杂且墓室规模最大的古代墓葬。该大型墓地位于

一处人工筑起修整过的台地上，台地长二百七十多米，宽七十多米，高五至八米，四周有巨大壕沟环绕。墓葬的封堆为多色土结构，封堆下有双墓室。"根据其特殊的埋葬环境，这极有可能是当时这一地区最高统治者的陵墓。"刘学堂推测说。刘学堂认为，吉林台水库淹没区的考古工作将揭开亚欧草原地带考古新的一页，其发掘的重要意义将随着墓地资料的整理和研究的深入被学术界所认识，并对亚欧草原地带古代文化的研究产生重要影响。

填补空白	tiánbǔ kòngbái	fill in the blank くうはくを補充する 공백을 메꾸어주다
罕见	hǎnjiàn	infrequency; unusual まれにみる 희귀한, 드문
国宝级文物	guóbǎojí wénwù	cultural relic of national treasure 国家一級の文物(ぶんぶつ) 국보급 보물

1. 本次考古发掘是在何地进行的？
2. 什么可视为国宝级文物？
3. 考古队员分为几部分进行发掘工作？
4. 发掘地的墓葬多有什么标志？

二

在人们的日常身体保养中，营养物质的补充无论对保护心脏、防癌，还是延长寿命都有诸多的好处。因此，很多人认为，加量服用维生素和矿物质补充物就能保持一个健康的身体。但是，最新的研究表明，维生素和矿物质补充物的服用不当照样能造成许多意想不到的害处。研究维生素及矿物质对人体影响的美国科学家表示，当一个人并没有出现严重营养问题，也没有因疾病发生营养严重流失时，服用一般的复合维生素即可。但是要注意的是，服用这些维生素类药只是一种“上保险”，绝对不应成为人体的主要营养来源。一些减肥和健美计划要求人们大剂量服用某些维生素和矿物质，以此来替代正常的营养摄入。这种做法会引起许多不良后果。

最容易出现问题的是大量服用脂溶性维生素 A、D 和 E。这类维生素可以在人体的肝脏内储存较长的时间，所以长期大量服用这些维生素会把有益的营养补充变成有害的毒物。服用过多的维生素 A 会使人产生掉头发、恶心、呕吐和关节疼痛等症状。同样，服用太多的维生素 E 可使血液黏稠度降低。如果服用者是心脏病或高血压患者，同时服用的还有降血脂等使血液黏稠度降低的药物，将会导致内出血。此外，维生素 K 还有一些反作用，如能造成血凝结。如果服用降血脂药的人同时服用维生素 K，就会互相抵消药的作用。水溶性维生素族，如维生素 B 和 C 相对来讲比较安全，即使大剂量服用，它们也不会堆积在人体组织中，从而不会达到产生毒性的程度。但是，大剂量服用这类维生素仍可造成不良后果。例如，当大剂量服用维生素 B_6 时，人的神经系统会出现不正常的兴奋症状。尽管维生素 B_3 常被用来治疗高血压，但如果患者还患有心脏病，服用维生素 B_3 就需要谨慎，因为它对治疗心脏病不利。

此外，补钙也需要有节制。尽管钙对人体来讲属于一种比较安全的矿物质，但是其也有一些副作用。例如过量补钙会形成肾结石。同时，许多人在补钙的同时还加大了维生素 D 的补充，这也会造成一些问题。维生素 D 可以帮助人体吸收钙。但当同时大量服用钙和维生素 D 时，就会造成自己没有意识到的一些副作用。此外，女性以及运动员常服用的铁补充物，如果摄入过量，也会造成一些意想不到的问题。

科学家们发现,当铁在人体内遇到氧时,会变成一种自由基。与其他自由基一样,这种自由基对人体细胞有破坏作用,并可增加患某些疾病,如癌的危险。科学家们认为,那些在易患癌症环境里生活的人或有癌症家族史的人大量服用铁补充物后会诱发癌变。为了避免大剂量服用某些维生素可能带来的不良后果,科学家建议,可以服用复合维生素和多吃些富含维生素和矿物质的食物。

血液黏稠度	xiěyè niánchóudù	blood viscosity 血液ねんど 혈액의 끈적이는 정도

5. 哪种服用方式会导致内出血?
6. 什么时候会产生互相抵消药效的作用?
7. 哪种维生素对治疗心脏病不利?
8. 过量补钙会导致何种疾病?
9. 什么对人体细胞有破坏作用?

三

河南刚下过两天的大雪，天气异常寒冷。大雄宝殿没有取暖设施,一小时早课后,记者的液晶手表已经被冻住,无法显示数字。而僧人们浑然不觉,只在最后绕大殿走了两圈,略微活动了一下手脚。寒冷在少林也被认为是一种修行法门,少林武僧总教头延鲁告诉记者,僧人们经常会在雪中打坐。如果是夏天早课在4点半就会开始。下午4点半是晚课时间,还是听“打板”的声音为准。永信的弟子延方说:“早课晚课如果迟到的话,就会被罚跪香,跪一炷香的时间大概一个多小时。”早晚功课是少林弟子的入门功夫,其中有大段的“咒语”都是梵文音译过来，字与字之间毫无关系，完全靠硬记，延方的师兄延江说，最快也要3到7天才能掌握。

少林寺早已用上了自来水，僧人们也不会再挑水练功了。不过早课后，很多人还会跑到后面山坡的初祖庵练脚力，一上一下5分钟左右。早上7点左右吃早饭，是清粥、馒头和咸菜，午餐有米饭吃，一般两桶青菜和辣椒，晚餐并不是所有僧人都会去的。斋堂中间的位子是留给方丈的，两侧是长桌凳，少林寺吃饭依旧保持着“三不”的规矩——不许说话、不要发出咀嚼的声音、不要有筷子碰碗的声音。记者在少林寺的几天，主持永信正好去北京开会，中间的位子一直空着。早上8点，少林寺开门迎客，僧人们也开始各做各的事情，主要是照看各殿堂；像打扫庭院、做饭一类的事情已经雇用寺外人做了。没有事的人就读书、打坐或是练功。习练武功仍是僧人们的一项普遍活动，延江练的是少林棍，延新练双手剑，剑身足有1米长，还有一位延字辈的和尚练一种奇怪的“钩”:手握处为“井”字形，四角都有尖刃，习练时容易伤到自己，尽管尖刃处都裹上了白布，上面还是染了斑斑血迹。

永信法师住在寺内中后部的“方丈室”，西侧是弟子们的僧房，延江就住其中的一间。“有八名执事负责方丈的工作、饮食、起居，所以我这屋里经常会聚很多人，没有硬性的规定，全凭自觉。”延江说。少林寺目前还保存着古老的家庭式管理体制。方丈是最高领袖，在他之下设“四大班首”和“八大执事”。四大班首:即首座、西堂、后堂、堂主，他们构成寺院的首脑部。八大执事是少林寺日常八个事务部门的负责人:执客僧、当家僧、库师僧、僧值僧、寮院僧、维那僧、点座僧和督监僧。“在早先少林寺有80多名执事，活分得更细，像挑水、扫地、开门都有专门的人做。”延江说。和尚们的生活比想像中的更世俗一些，房间里有电视和VCD，相当多的僧人都有手机，记者还和他们挤在一起看了1983版的《射雕英雄传》。方丈永信是全国人大代表、全国青联委员，一个月有半个月在外面开会。

大雄宝殿	dàxióngbǎodiàn	Da Xiong Palace 寺院の本殿 (대웅보전)절의 대웅전
跪香	guì xiāng	stand on knees when joss sticks are burning しょうこうし終るまでずっとひざまずくてばつ受ける 옛날 처벌의 한 방법. 향이 다 탈때까지 꿇어 앉아 있는 형벌
咀嚼	jǔjué	chew そしゃくする　かみくだく (음식을)씹다.(의미를)음미하다
打坐	dǎzuò	za-zen; sit crosslegged 坐禅をくむ 좌선하다
方丈	fāngzhàng	abbot ほうじょう　寺院の住職またはその居間 주지스님의 처소, 절의 스님(주지스님)

10. "梵文"是指何种语言?
11. "练脚力"需要多长的时间?
12. 少林寺的饮食种类有哪些?
13. 早上8点后,僧人们一般都做什么事情?
14. 少林寺原来有多少执事?
15. 现在少林寺的最高领袖是谁?

第二部分

一

中国社会科学院考古研究所广西工作队队长、副研究员傅宪国，日前在广西柳州市大龙潭鲤鱼嘴岩厦贝丘遗址发掘现场告诉记者，近10年考古发掘证明，中国岭南史前文化和中原文化同样灿烂。傅宪国说，中国社会科学院考古研究所1996年成立了广西工作队，开始在广西开展史前考古遗址的调查和发掘。他先后主持了广西邕宁顶蛳山、南宁豹子山、临桂太平岩、大岩和桂林甑皮岩等遗址的发掘，目前正在进行柳州大龙潭鲤鱼嘴岩厦贝丘遗址的发掘。其中，顶蛳山遗址是1997年全国十大考古新发现之一，发掘出新石器时代的大量墓葬，出土大批石器、陶器等文物。考古界把该遗址第二、第三期为代表的、集中分布在广西南宁及其附近地区以贝丘为主要特征的文化遗址命名为“顶蛳山文化”。

桂林甑皮岩遗址，是华南地区典型的新石器时代早期洞穴遗址，从距今12000年前至7000年前，一直有人类在此居住，留下32个文化层。2001年的二次发掘，出土大批石器、陶器、骨器、蚌器。尤其是被确认距今12000年前的“素面夹砂”陶器，是中国迄今发现最古老的陶器之一，为研究中国制陶业的起源和新石器时代的开端提供了重要依据。柳州大龙潭鲤鱼嘴岩厦贝丘遗址1981年发现后曾进行过发掘，当时出土6具人类骨骸和一些磨制石器和棒器。目前的二次发掘已挖掘到距今最早两万年、最晚6000年的文化遗存，出土燧石石器1000余件。另外，还出土砾石石器和陶片等数十件。

2002年，广西文物考古工作者还在广西百色革新桥发现了1处岭南地区保存最完好的新石器时代遗址，发掘发现了1个面积超过500平方米的新石器时代的石器加工场，出土文物3万多件，这是目前中国发现的面积最大的新石器时代石器加工场。同时，还发现了1处保存完好的新石器时代墓葬。这一考古发现被列为2002年度全国十大考古新发现之首。这里的早期人类当时开始用砾石加工手斧、手镐、砍砸器、刮削器等石器，其智力水平之高，与同一时期的非洲、欧洲古人类没有什么差别。傅宪国说，广西地区南宁、柳州、桂林考古发掘发现的新石器时代人类骨骸，从人体特征上看，和被认为是蒙古人种一个南方种属典型代表的“柳江人”有着明显的承袭关系，随着大龙潭鲤鱼嘴岩厦贝丘遗址发掘的新发现，基本上弥补了人类演变文化时期上的空缺，形成了一个完整、明晰的史前文化链。它揭示出，以广西为重要代表的岭南史前文化，和中原文化融为一体，构成了灿烂的华夏文明。

遗址	yízhǐ	site 遺跡 유적
华夏文明	Huáxià Wénmíng	Huaxia civilization 中国文明 화하(중국의 옛명칭)문명

16. 傅宪国目前正在进行的发掘在哪里？______
A. 广西邕宁顶蛳山
B. 大岩和桂林甑皮岩
C. 大龙潭鲤鱼嘴岩厦贝丘
D. 南宁豹子山

17. 关于桂林甑皮岩遗址，下面那一项文章中没有提到？______
A. 是华南地区典型的新石器时代早期洞穴遗址，从距今 12000 年前至 7000 年前
B. 留下 32 个文化层
C. 至今有人类在此居住

D. 距今12000年前的“素面夹砂”陶器，是中国迄今发现最古老的陶器之一

18. 柳州大龙潭鲤鱼嘴岩厦贝丘遗址什么时候开始发掘？______

A. 2002年　　B. 1981年　　C. 1997年　　D. 1996年

19. 广西文物考古工作者在广西百色革新桥没有发现______。

A. 500平方米的新石器时代的石器加工场

B. 1处保存完好的新石器时代墓葬

C. 这里的早期人类当时开始用砾石加工手斧、手镐、砍砸器、刮削器等石器

D.“柳江人”骨骸

20. 什么的发现使人类演变史形成了一个完整、明晰的史前文化链？______。

A. 新石器时代的石器加工场　　B. 新石器时代人类骨骸

C. 柳江人　　D. 蒙古人

三

近年来，天然食物因营养损失少、不含化学添加剂而备受人们的青睐。然而，不是所有天然食物都可生食，某些食物生食不仅提供不了营养素，而且会损害人体健康。未经加工或烹调过的天然食物，存在一些能阻碍或抑制营养素吸收的成分，即抗营养因子。它们本身对人体并无毒害，但通过对营养素的抑制和干扰，就会造成肌体对某些营养素的吸收障碍，从而使人体出现营养缺乏症，影响健康与健美。蛋白质是构造修补肌体组织和参与调节多种代谢活动的重要营养素。一些天然食物却含有蛋白酶抑制剂，能抑制胃蛋白酶、胰蛋白酶、糜蛋白酶等多种蛋白酶对食物蛋白质的分解作用，使蛋白质不能被人体完全吸收。所有豆类都含有胰蛋白酶抑制剂。生鸡蛋含有抗酶蛋白质，能使鸡蛋内其他蛋白质不能与消化道的蛋白酶接触，影响蛋白质的吸收。如果长期生食这些食物，就会引起蛋白质营养不良症，表现为皮肤粗糙、弹性差，毛发稀疏、变色，表皮产生有色斑点等。

维生素是维持身体健康必需的一种调节物质，在物质代谢中起重要作用。某些水产品，如虾、鲤鱼、鲜鱼等体内存在一种硫胺素(维

生素 B_1）酶的抗营养因子，可使硫胺素失去活性，造成硫胺素缺乏，产生脂溢性皮炎、带状疱疹及脚气病等症。生鸡蛋内的抗生物素蛋白可与生物素结合，使肠道不能吸收这种维生素，时间久了会产生皮炎、皮肤干燥、粗糙，出现脱屑性斑点等生物素缺乏症。

矿物质是维持人体正常生理功能必不可少的营养素。菜花、卷心菜、萝卜等蔬菜含有致甲状腺肿因子，可阻碍甲状腺对碘的作用引起甲状腺肿、肥胖、头发干枯等症。大多数谷物含有较多纤维和植酸，部分蔬菜（如菠菜、大葱等）含有较多的草酸，它们均可与钙、镁、铁、锌、铜等矿物元素结合，影响人体吸收。长期下去会造成微量元素缺乏症，使皮肤变性，头发结构和颜色变化，指甲生白斑等一系列病变。因此，选择食物不仅要讲究营养，还要讲究食用方式，可生食的生食，不能生食的就要注意烹调加工，以趋利避害。比如，菠菜应先烫一下再炒或做汤，以去掉过多的草酸。

受……青睐	shòu…qīnglài	win favor of 愛顧を受ける …의 환영을 받다
营养不良	yíngyǎng bùliáng	malnutrition; dystrophia 栄養がよくない 영양불량
甲状腺	jiǎzhuàngxiàn	hypothyroid こうじょうせん 갑상선

21. 生食的缺点本文没有提到_______。

A. 存在一些能阻碍或抑制营养素吸收的成分

B. 使人体出现营养缺乏症

C. 影响健康与健美

D. 直接引起某种恶性疾病

22. 关于一些天然食物含有蛋白酶抑制剂的说法，下面不正确的是_______。

A. 使蛋白质不能被人体完全吸收

B. 全部豆类都含有

C. 只要生食这些食物就会引起蛋白质营养不良症

D. 会导致皮肤粗糙、弹性差，毛发稀疏、变色，表皮产生有色斑点

23. 本文提到了对几种物质的吸收问题_______。

A. 1　　B. 2　　C. 3　　D. 4

24. 生食某些水产品，会导致_______。

A. 会出现脱屑性斑点等生物素缺乏症

B. 引起甲状腺肿、肥胖、头发干枯等症

C. 使皮肤变性，头发结构和颜色变化，指甲生白斑等一系列病变

D. 脂溢性皮炎、带状疱疹及脚气病等症

三

据媒体报道，4月6日，日本富士通公司以三星 SDI 公司侵犯该公司 PDP 核心技术专利为由，向东京地方法院提出了禁止进口三星 SDI 产品的申请。4月20日，东京海关当局宣布受理该项申请，为实施调查，决定停止三星 SDI 相关产品进口。韩国舆论和企业界认为这一举动是日本在专利技术领域对韩国下了“战表”。三星 SDI 立即应战并发起强烈反击。三星 SDI 强调，在刚刚开始审查、且并未确定事实之前，日本即单方面宣布禁止进口的举动，“违反国际贸易惯例”；迄今为止，日本的相关法律规定禁止仿制品进口，但从未对专利侵犯采取过禁止进口措施，此次以专利技术为由禁止进口的做法“十分异常”；同时，理应在听取双方意见之后再受理禁止进口申请，但日本海关当局只听富士通一面之词即做出决定，“缺乏法律依据”，“存在法

律瑕疵”。三星SDI宣布“考虑向世贸组织提起诉讼”。

韩国政府也及时采取相应措施。4月22日下午,韩国产业资源部长官李熙范会见日本驻韩大使高野纪元时指出，此次专利纷争理应“由两个企业解决”,但日本政府“未经充分考虑就单方面决定禁止进口”,“在平衡方面存在问题”，要求日方“重新考虑禁止进口韩国产PDP措施”。据悉,韩国政府已指示驻日使馆同日本有关方面抓紧交涉,以求及早解决问题。韩国政府表示,如果日方措施不能令人满意,将采取向世贸组织提起诉讼等多方面对应措施;并警告如处理不好,“有可能升级为韩、日两国间的贸易纷争”。

人们普遍认为，此次韩日之争并非围绕韩国PDP对日出口的单纯贸易纠葛,其实质是两国在电子产业领域激烈的“主导权大争夺”。其实,人们早就可以嗅到争夺战的火药味。去年4月,自称拥有800项PDP专利技术的富士通公司要求三星SDI等韩国PDP制造企业交纳专利使用费,韩国有关企业分别与富士通展开协商。今年2月,三星SDI以日本所谓PDP专利本身系应用美国技术为由，向美国加利福尼亚中部联邦法院提出专利无效诉讼。此后,日本便使出了禁止三星SDI相关产品进口的杀手锏。以富士通为首的日本企业指控三星SDI等韩国企业侵犯了日专利技术，只有付给日本企业相应的技术使用费才能进口；而韩国企业则认为，日本的举动是出自“恐韩症”,害怕在这一领域的垄断地位和市场逐渐被韩国夺走,试图通过挑起专利纷争夺回失地,恢复霸主地位。

应当承认,日本仍然是电子产业大国,但是,在某些电子产业领域韩日的竞争态势确实发生了逆转。日本继在DRAM半导体领域被韩国赶超后,在LCD(超薄液晶显示器)领域的主导权也拱手让给了韩国。去年韩日在国际LCD市场的占有率已由2000年的37.1比51.9变为43.9比21.8。三星SDI第五代LCD已率先投入批量生产,把与日本的差距拉大了两倍多。同时,日本手机在国际市场的占有率同韩国的差距也在逐步拉大。

号称PDP“鼻祖”的日本在该领域同样面临韩国咄咄逼人的挑战。2001年,三星、索尼、松下、东芝等公司的PDP产量占世界市场的97%,稳居头把交椅;三星SDI和LG电子急起直追,涉足PDP产业领域仅两年,去年的市场占有率即达到32%,今年有望达到47%;今年

一季度,三星SDI的PDP销售量为16.8万台,比上一季度猛增39%,连续两个季度保持市场占有率第一。相反,日本的优势日益衰减,世界市场占有率2002年和2003年分别由97%降为79%和61%,今年有可能再降为48%。日本海关的禁止进口措施对韩国PDP产品出口的直接打击并不大,因为对日出口的PDP月平均为3000余台。从根本上说,韩国对日本此次禁止进口措施的高度重视并予以强烈对应,是因为判断日本企图通过专利攻势挤压韩国,担心继三星之后还会有更多韩国企业成为日本的攻击目标,从而会给韩国电子产业造成严重影响。

下战表	xià zhànbiǎo	issue war timetable 挑戦書を送る 전쟁하기 전에 상대에게 전쟁의 시작을 알리다
瑕疵	xiácī	flaw; blemish 傷　欠点 흠, 흠집
嗅到火药味	xiù dào huǒyào wèi	smell the smell of gunpowder 火薬のにおいをかぐ 코를 찌르는 화약냄새를 맡다. 경쟁의 극심함을 느끼다
鼻祖	bízǔ	originator; the earliest ancestor ひそ　始祖 어떠한 분야의 창시자

咄咄逼人	duōduōbīrén	aggressive 気勢激しく人に迫る 기세가(살기가)등등하다
头把交椅	tóu bǎ jiāoyǐ	the leader' position 最高責任者になる 제 1 인자, 선두

25. 日本富士通公司何时向东京地方法院提出了禁止进口三星 SDI 产品的申请______。

A. 4月6日　B. 今年2月　C. 4月22日　D. 去年4月

26. 三星 SDI 立即应战并发起强烈反击的内容不包括______。

A. “日本即单方面宣布禁止进口的举动”违反国际贸易惯例

B. 迄今为止,日本的相关法律规定禁止仿制品进口,但从未对专利侵犯采取过禁止

C. 日本海关当局只听富士通一面之词即做出决定,严重违反国际贸易法

D. 此次以专利技术为由禁止进口的做法“十分异常”

27. 三星 SDI 以什么为由,向美国加利福尼亚中部联邦法院提出专利无效诉讼______。

A. 日本所谓 PDP 专利本身系应用美国技术

B. 违反国际贸易惯例

C. 日本企图通过专利攻势挤压韩国

D. 日本停止三星 SDI 相关产品进口

28. 韩日的竞争态势发生了逆转的电子产业领域,没有提到哪个______。

A. DRAM　B. 超薄液晶显示器　C. 日本手机　D. PDP

29. 三星 SDI 和 LG 电子 PDP 产业去年的市场占有率为______。

A. 97%　B. 32%　C. 97%　D. 48%

四

在各种烹调方式中，油炸、油煎、烧烤等烹调方式容易引发食品安全问题。油脂过氧化物、杂环胺、苯并芘等都是食品油炸、烧烤过程中形成的有害物质，其中大部分已经被证实是强致癌物，只有通过控制合理的加工条件，才能把这些有害物质的含量控制在最低水平。在我国居民的饮食(尤其是早餐)结构中，油炸食品占有较大比重。食用油脂在煎炸食品的过程中，经高温加热可发生热氧化反应、热分解反应及热聚合反应，产生包括油脂过氧化物在内的多种有害物质，不仅使食品的营养价值下降，而且可能对消费者的健康构成威胁。为保证煎炸食品的卫生质量我国已于 1994 年 8 月 1 日起颁布实施《食用植物油煎炸过程中的卫生标准》。近年来，西方国家已出现减少摄入煎炸食品的趋势，但我国随着人民生活水平的提高，煎炸仪器的品种及信用量均有明显增加。鉴于目前我国街头煎炸食品工艺技术尚比较落后，油炸食品还是少吃为宜。

用木炭烧烤牛肉或猪肉，会产生多环芳烃类化合物，附着在肉食上。这种芳烃类化合物含有苯并芘，是一种重要的化学致癌物，已证实与胃癌发病率有关。据报道，一块木炭烧烤的牛排含有的多环芳烃化合物(PAHs)相当于吸 600 支香烟。苯并芘主要存在于熏制食品和烧烤食品中，如熏鱼、烟熏肉、烤羊肉串等。熏制时产生的烟是进入食品的致癌性烃类的主要来源。在家庭烹调时，抽油烟机回收油中苯并芘含量明显升高；肉类食品加热烧焦时，也能产生苯并芘，这是由高温引起食品中各成分的热解作用所致。

据科研人员研究发现，高温烹调或油炸的肉食中含有诱变剂。研究人员应用单克隆抗体，对经过高温烹调的牛肉、鸡、鱼等进行检验，结果测出 10 种致癌化

合物。经研究证实诱变剂不是由于炭火等热源将肉烧糊所致,而是肉食本身成分在高温下的产物—杂环胺。杂环胺是富含蛋白质的食物在烤、炸、煎过程中蛋白质、氨基酸的热解产物,甚至谷类食物烤得过分或烤焦了(如烤面包、麦片等)也会产生。

木炭烧烤	mùtàn shāokǎo	charcoal barbecue もくたんや 숯불구이
熏制食品	xūnzhì shípǐn	fumed food くんせい食品 훈제 식품

30. 容易引发食品安全问题的烹调方式没有提到哪种______。

A. 油炸　B. 烧烤　C. 煎炸　D. 清蒸

31. 下面哪种说法正确______。

A. 食品油炸、烧烤过程中形成的有害物质已经全被证实是强致癌物

B. 西方国家已不再摄入煎炸食品

C. 我国随着人民生活水平的提高,煎炸仪器的品种及信用量均有明显减少

D. 只有通过控制合理的加工条件,才能把这些有害物质的含量控制在最低水平

32. 用木炭烧烤牛肉或猪肉,会产生______。

A. 杂环胺　B. 苯并芘　C. 油脂过氧化物　D. 没有提到

33. 高温烹调或油炸的肉食中不含有______。

A. 诱变剂　B. 杂环胺　C. 致癌化合物　D. 微生物

34. 本文的语言风格是______。

A. 激昂的　B. 感伤的　C. 严肃的　D. 幽默的

五

自2004年大学生志愿服务西部计划招募工作的消息发出，得到广大高校毕业生的热烈响应，连日来，到西部去的呼声在全国各高校一浪高过一浪，大学生们踊跃报名。目前全国共有49615名高校应届毕业生报名。至此报名工作圆满结束。

据全国项目办负责人介绍，今年报名工作和去年相比有几个突出的特点。一是报名毕业生数量，尤其是西部生源的报名人数显著增加。今年西部计划的报名人数较去年增加了近6000名，增长13.4%。报名毕业生中西部生源达到了24120名，较之去年增加了20.9%；二是报名渠道更加便捷，信息沟通更加畅通；三是体现按岗招募，高校毕业生服务意向的选择更趋理性。今年西部计划围绕支教、支医、支农、青年中心建设和管理、"全国农村党员干部现代远程教育试点工作" 志愿服务、"百县千乡宣传文化工程"志愿服务和西部基层检察院志愿服务等七个专项行动的岗位进行招募，报名毕业生根据自身条件、愿望和专项行动的要求，作出较为理性的选择，填报两个服务意向。从目前报名的情况看，教育岗位仍最受青睐，有24297名报名毕业生的第一服务意向选择"教育"，占到报名总数的48.9%；四是参与高校数量显著增加，去年是700多所高校，今年增加到1203所。

据悉，西部计划服务岗位的申报和录入"招募管理信息系统"的工作已经基本就绪。全国项目办正在根据各地的报名情况和服务岗位申报情况，核定各省区、市志愿者的招募指标。各地的选拔工作也将于近日全面展开，高校项目办将根据分配的招募指标及服务岗位，对报名毕业生的思想政治素质、在校表现、志愿服务经历、健康状况进行综合考察，择优选拔志愿者。

招募	zhāomù	recruit; conscribe 人を募集する 채용하다. 모집하다
志愿者	zhìyuànzhě	volunteer 志願者 지원자

35. 大学生服务西部计划是指________。

A. 到西部去读书　　B. 到西部去找工作

C. 到西部志愿服务　　D. 到西部当老师

36. 哪一项不是今年报名工作和去年相比的特点________。

A. 西部生源的报名人数显著增加

B. 报名渠道更加便捷,信息沟通更加畅通

C. 按岗招募,高校毕业生服务意向的选择更趋理性

D. 西部计划围绕支教、支医、支农、中青年中心建设和管理

37. 今年西部计划的报名人数________。

A. 6000 人　　B. 比去年增长 13.4%

C. 达到了 24120 名　　D. 24297 名

38. 从目前报名的情况看________。

A. 教育岗位仍最受青睐

B. 全体报名毕业生的第一服务意向选择"教育"

C. 教育岗位占到报名总数的 20.9%

D. 去年有 1203 所高校

39. 对报名毕业生的考察,不包括哪一项________。

A. 思想政治素质　　B. 在校表现、志愿服务经历

C. 健康状况　　D. 学习成绩

40. 关于本文,不正确的一项是________。

A. 报名工作刚刚开始

B. "招募管理信息系统"的工作已经基本就绪

C. 有 24297 名报名毕业生的第一服务意向选择"教育"

D. 报名毕业生中西部生源达到了 24120 名

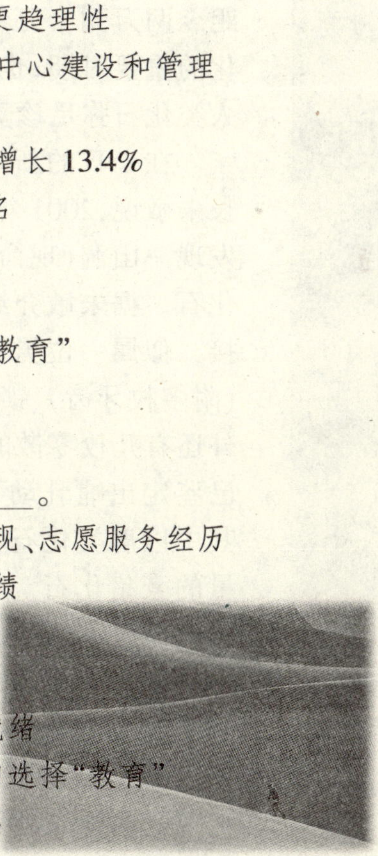

第八套

第一部分

一

中国科学家说，在北京周口店遗址附近“田园洞”发掘出的古人类化石经同位素初步测年表明与山顶洞人同期。由于山顶洞人化石在抗战时期全部丢失，这一新发现的古人类化石将成为北京地区山顶洞人时期仅存的人类化石实证。据中科院副院长陈宜瑜介绍，山顶洞人代表一万多年前新人的类型，是研究人类进化的重要实物资料。距今两万到十万年的一段时期是现代人类，尤其是东亚现代人类演化的重要时期，也是目前国际学术界研究与争论的热点，该阶段的古人类化石弥足珍贵。

在7日的新闻发布会上，中科院古脊椎动物与古人类研究所所长朱敏说，2001年，北京市田园林场工作人员在寻找水源的过程中，发现一山洞（现命名为“田园洞”），在工程开发过程中，发现一些动物化石。据朱敏介绍，出土的遗骸多处于破碎的状态，骨块彼此多不连接，似属一位男性成年个体。目前发现的化石解剖部位包括下颌骨（附多枚牙齿）、锁骨、肱骨、桡骨、脊椎骨、股骨、腓骨、跟骨和趾骨。此外还有几枚零散的牙齿，似属另外个体。同时出土的动物化石中目前已鉴定出哺乳动物化石26种，其中以鹿类化石为主，并有大量的豪猪化石。少量化石上有黑褐色斑块，疑为火烧所致。经中科院古脊椎与古人类研究所院士吴新智等专家初步鉴定，该人类化石在形态上属解剖学上现代的智人，距今2.5万年左

右，伴生动物群指向距今一万到十万年之间的晚更新世。不过人类化石及其层位的年龄尚须进一步测试。该地点的哺乳动物群与周口店山顶洞的相当一致，有63%的种群曾出现于山顶洞动物群中，而其中出现的猕猴、猪獾、原麝等是山顶洞动物群中所缺乏的。据吴新智介绍，目前该遗址的发掘面积估计占出露部分的一半，仍有相当大的发掘和研究潜力。

周口店遗址　Zhōukǒudiàn Yízhǐ　**Zhoukoudian Relics**
原始人類の遺跡（地名）
주구점 유적

1. 在北京周口店遗址附近发掘出的古人类化石与什么同期？
2. 山顶洞人代表什么？
3. 目前发现的化石解剖部位包括几个？
4. 同时出土的动物化石以什么为主？
5. 该山洞中出现的动物群中，哪些是山顶洞动物群中所缺乏的？

二

干燥的季节不要任气候摆布哦！快来发现可以有效抵抗寒冬攻势的食品。让自己和皮肤都有一个好胃口！

水可以排除毒素。喝水或许是抵抗衰老的首要举措。在体内，水负责运输有用的物质（养分，荷尔蒙……），排除体内垃圾。缺水会扰乱体内平衡，当然也会影响到皮肤的平衡。水分补充不足时，皮肤就不能很好地阻挡空气中的污染物（比如：紫外线，烟雾……）。为此，少量多次饮用各种水（汽水，矿泉水，茶，花果茶，等等）是非常重要的，每天至少需要1.5升。其中，由于茶含有丰富的酚（一种抗氧化化合物，能够抵制自由基对细胞的侵蚀），对皮肤尤其有利！但是，切忌喝茶过多，否则它会扰乱睡眠，破坏体内铁的稳固性。

植物油可以保持皮肤弹性。脂肪是维护皮肤细胞组织必不可少的物质。这里是指细胞膜中的磷脂,它起着保护细胞,保证细胞内部交流的作用。因此,可以食用植物油(油菜,葡萄核……):它的脂肪酸能够保证细胞的维护和新陈代谢。其中一些脂肪酸还充当细胞的润滑油,因而可以限制水分流失,避免皮肤干燥。如果说脂肪酸是必不可少的,是因为我们的皮肤不像植物那样能够自己制造这种物质。因此,只能依靠食用植物油(向日葵,大豆……)或者油料作物(核桃,杏仁……)乃至鱼肝油(提炼以后的)。还有最后一点:油还富有维生素E。它能给皮肤带来双重利益:保证良好的水分补充以及延缓皮肤衰老。

水果和蔬菜可以抵抗皮肤衰老。当然是由于他们丰富的水分和维生素(维生素C,β—胡萝卜素……),以及抗氧化化合物(磷脂,红色素……)。水果和蔬菜能让皮肤焕发光彩,肤色红润,并且能够俘获侵蚀皮肤表层的自由基。因此,建议多食用胡萝卜,它的β—胡萝卜素含量是无可匹敌的。其他水果和蔬菜中的胡萝卜素含量也不低:可以用鲜亮的橙色作为判断标准(杏,芒果,南瓜……)。热带水果可有效地补充维生素C(有助于形成胶原,保持皮肤弹性):番石榴当数此类之冠(273mg/100g),随后是猕猴桃(80mg/100g),草莓(60mg/100g),最后是橙子,每100g“只有”52mg。蔬菜方面,首要的是甜椒(红绿皆可),平均含量是146mg/100g(煮熟以后是100mg/100g),当然还有西兰花以及其他种类的花菜(抱子甘蓝,红叶卷心菜,花菜……),它们同样含有维生素C。最后,不要忘了我们可爱的西红柿,因为它含有番茄红素(一种红色素,与β—胡萝卜素同属一族)以及其他珍贵的抗氧化物。

抗衰老	kàng shuāilǎo	anti-age caducity-resistant 老衰ぼうし (안티 에이지) 노화방지

延缓皮肤衰老　yánhuǎn pífū shuāilǎo　postpone the caducity of the skin
はた老衰を遅らせる
피부노화를 늦추다

6. 水对人体有哪些作用?
7. 每天至少要饮多少水?
8. 什么能保证细胞的维护和新陈代谢?
9. 维生素E能给皮肤带来什么好处?
10. 什么含有番茄红素?

三

东胜神州傲来国有一花果山,山顶一石,产下一猴。石猴求师学艺,得名孙悟空,学会七十二般变化,一个筋斗出去可行十万八千里,自称“美猴王”。他盗得定海神针,化作如意金箍棒,可大可小,重一万三千五百斤。又去阴曹地府,把猴属名字从生死簿上勾销。玉帝欲遣兵捉拿,太白金星建议,把孙悟空召入上界,做弼马温。当猴王得知弼马温只是个管马的小官后,便打出天门,返回花果山,自称“齐天大圣”。玉帝派天兵天将捉拿孙悟空,美猴王连败巨灵神、哪吒二将。孙悟空又被请上天管理蟠桃园。他偷吃了蟠桃,搅闹了王母娘娘的蟠桃宴、盗食了太上老君的金丹,逃离天宫。玉帝又派天兵捉拿。孙悟空与二郎神赌法斗战,不分胜负。太上老君用暗器击中孙悟空,猴王被擒。经刀砍斧剁,火烧雷击,丹炉锻炼,孙悟空毫发无伤。玉帝请来佛祖如来,才把孙悟空压在五行山下。

如来派观音菩萨去东土寻一取经人,来西天取经,劝化众生。观音点化陈

玄奘去西天求取真经。唐太宗认玄奘做御弟，赐号三藏。唐三藏西行，在五行山，救出孙悟空。孙悟空被带上观世音的紧箍，唐僧一念紧箍咒，悟空就头疼难忍。师徒二人西行，在鹰愁涧收伏白龙，白龙化作唐僧的坐骑。在高老庄，收伏猪悟能八戒，猪八戒做了唐僧的第二个徒弟；在流沙河，又收伏了沙悟净，沙和尚成了唐僧的第三个徒弟。师徒四人跋山涉水，西去求经。

玉帝	Yùdì	Jade Emperor of Heaven 道教でいう至上の神　天帝 옥황상제
观音菩萨	Guānyīn Púsà	Avalokitesvara; goddess of mercy (宗)かんぜおんぼさつ 관음보살
御弟	yùdì	imperial brother でし 제자
赐	cì	confer; bestow 賜(たま)わる 베풀어주다. 하사하다
坐骑	zuòjì	horse for riding on; one's personal mount 馬などの乗り物 타는 짐승. 노새, 말등의 교통수단
跋山涉水	bá shān shè shuǐ	trudge (旅の苦労を形容する言葉) ばっしょうする 고생스럽게 먼 길을 가다

11. 定海神针重多少斤？
12. 太白金星建议，把孙悟空召入上界，做什么？
13. 孙悟空先打败了谁？

14. 猴王怎样被擒？
15. 从最后一段找出，唐三藏的三个徒弟分别是谁？

第二部分

一

炎炎夏日，饮食应以清淡、营养、易消化为宜。应常吃些绿豆粥、莲子粥、凉面、凉菜、凉粉等清凉爽口食物，同时适当吃些瘦肉、鸡蛋、鱼、咸鸭蛋，以补充身体消耗的需要。合理饮食，有消暑解毒、生津止渴的功效。比如水果蔬菜应选用新鲜汁多、清热消暑的西瓜、黄瓜、西红柿、豆角等。由于高温的刺激，有些人会出现食欲不振，营养吸收减少。为了增强食欲，可适当食用些姜、醋、苦瓜、大蒜等醒脾健胃之品。最好少食或不食辛辣荤腻之品，像辣椒、烈酒等。常喝绿茶、绿豆汤、淡盐开水、酸梅汤、菊花茶等清凉生津饮料，有益解暑降温。

盛夏应保持室内干燥、卫生、通风，这样，可有效降低室温，有益空气新鲜。遵循古人“早睡早起”的规律，暑天黎明，天气凉爽，空气清新，早晨活动，如打太极拳、做操、跑步、练气功、游泳等，有利于人体阴阳调和，振奋精神，还能增强食欲。夏季昼长夜短，要养成午睡的良好习惯，它有利于大脑、体力的恢复，可提高学习和工作效率。随着电风扇和空调的普及，有些人为了一时的痛快，昼夜不停地直吹或整夜空调降温，易导致头痛、发热、恶心呕吐、腹痛腹泻等“阴暑”之症。应根据每个人的身体素质，避免电扇直吹或适当使用空调，特别是夜睡之时，不妨采用“心静自然凉”，也会收到降温、尽快入睡的效果。另外，睡前最好洗温水澡，既能降温又有利于入睡。

夏季应选择既凉爽又透气的丝棉服装。这种衣料，使积聚在身体周围的热空气易于散发，而湿度较低的空气又能不断流入，会使人感到凉爽。衣服的款式应宽大灵活，领口、袖口宽松方便，有利于热空气散出。在色泽方面应以白、淡黄、湖蓝、浅绿、银灰色为宜，可减少对紫外线的吸收。盛夏酷暑气温高，出汗多，不仅应每天洗澡，对衣衫等也应每日换洗，这样可防止皮肤病的发生。

莲子	liánzǐ	lotus seed はすの実 연밥
生津止渴	shēngjīn zhǐkě	satisfy one's thirst だ液の分泌を促進して渴をいやす 침분비를 촉진시켜 갈증을 없애다
烈酒	lièjiǔ	hard drinks; spirit きつい酒 독한 술
腹泻	fùxiè	diarrhea 下痢 설사

16. 文章第一段中说到常喝______等清凉生津饮料，有益解暑降温。
A. 凉面汤　B. 黄瓜汁　C. 绿茶　D. 莲子粥

17. 暑天______，天气凉爽，空气清新。
A. 上午　B. 早晨　C. 傍晚　D. 晚上

18. 夏季在选择穿衣方面，应注意的不包括______。
A. 选择凉爽透气的丝绵服装　B. 衣服的款式应宽大灵活
C. 色泽方面的选择　D. 衣衫每日熨烫

19. 夏天穿______衣服，可以减少对紫外线的吸收。
A. 宽大灵活　B. 宽松方便　C. 黑色　D. 白色

20. 下列与原文意思不相符的一项是______。
A. 夏季常喝绿茶，绿豆汤，淡盐开水
B. 古人的生活起居规律是“早睡早起”
C. 午睡有利于大脑，体力的恢复
D. 夏季应加强体育锻炼

三

中国有关调查显示，海鱼重金属污染是普遍存在的。中国南海北部海域鱼类铅含量平均为 0.72~1.36g/kg 干重，镉为 0.08~0.27g/kg 干重。珠海市对 151 份海鱼检测结果总汞含量平均值为 0.06mg/kg，超标率 0.66%；镉含量平均值 0.087mg/kg，超标率 4.64%；铅含量平均值 1.78mg/kg，超标率为 3.97%。

上述重金属可以在体内蓄积，进而对人体健康产生危害。镉进入体内主要蓄积在肾脏，对肾脏可产生慢性损害，影响重吸收功能，使钙和其他成分从尿中大量排出，导致骨钙减少、骨质疏松、骨软化。镉的摄入还与高血压、动脉硬化和心脏病等有关。瑞士有研究显示，给实验动物饮用含镉 0.005mg/kg 的水一年以后，动物的血压明显增高，它们患心脏病、肾衰竭、肺癌及前列腺癌的机会也大大增加了。

铅不仅能够损伤造血系统、神经系统和肾脏等组织，还可以通过胎盘和乳汁传递给婴儿。婴幼儿由于自身代谢功能尚不完善，对铅的敏感性较高。美国一项研究表明，儿童血铅水平在 100μg/L 左右时，儿童的智能发育、体格生长、学习记忆能力和感觉功能就会受到不利影响。

重金属	zhòng jīnshǔ	**heavy metal** じゅうきんぞく 중금속
动脉硬化	dòngmài yìnghuà	**arteriosclerosis** どうみゃくこうか 동맥경화
肾衰竭	shèn shuāijié	**nephridium prostration** じんぞう機能が衰弱する 신장이 쇠약해지다
胎盘	tāipán	**placenta** たいばん 태반

21. 下列哪些是文章中提到的金属？

A. 铅、镉　　B. 铁、镉　　C. 汞、铅　　D. A+C

22. 重金属镉进入身体后主要积蓄在______。

A. 胆囊　　B. 肾脏　　C. 肝脏　　D. 脾脏

23. 给动物喝含镉 0.05mg/kg 的水，一年以后发现动物______的机会大大增加了。

A. 患骨质疏松症　　B. 贫血　　C. 患心脏病　　D. 患脑栓塞

24. 影响儿童智能发育的金属是______。

A. 铅　　B .镉　　C. 汞　　D. 以上都不是

25. 下列与原文意思不相符的一项是______。

A. 中国有关调查显示，海鱼重金属污染是普遍存在的

B. 中国北海南部海域鱼类铅含量平均为 0.72~1.36 克/公斤

C. 镉可以导致骨钙减少，骨质疏松，骨软化

D. 婴幼儿由于自身代谢功能尚不完善，对铅敏感性较高

三

超导磁悬浮列车的支承结构与普通磁悬浮列车不同，磁悬浮列车靠普通的电磁场，让车体悬浮在导轨上，而超导列车使用了全新的低温超导技术，列车悬浮高度更高，它在轨道上行驶时如同行驶在气垫上，同时列车又牢牢地悬在轨道上方，不会偏离轨道。

与普通磁悬浮列车相比，超导列车更加节能，由于超导体没有电阻，不消耗电能，只在将其冷却到超导状态时需要用电。在实验室里，科学家采用液氮来冷却，可以将液氮保存在绝缘性能极好的绝缘瓶内。将来，科学家可以直接在列车上"生产"冷却液，原理如同电冰箱制冷。这样，人们无需为加注液氮而操心，也不用在沿线建造液氮加注站。

目前，德国科学家已经在实验室造出了一个超导列车模型，由于悬浮车和轨道之间没有直接的接触磨擦，只要沿轨道方向给车体一个很小的推动力，悬浮车就将沿轨道延伸方向运动，最后靠空气阻力慢慢停下来。研究人员希望能够在今年秋天造出示范列车，至少搭乘一

人，运行10米的距离。在此期间，工程技术人员需要制造出约40块长10厘米，宽3厘米，厚1.5厘米的陶瓷块，铺设在轨道上的陶瓷块每厘米可以承载800公斤。据悉，德累斯顿交通部门及几个小型路轨和发动机技术公司都参与了该计划。

德国科学家希望这一技术将来能够应用于城市交通和短程列车，这种列车行使时噪声极低，安全舒适。在实际运行中它还有另一个突出的优点——由于列车与轨道之间没有摩擦，可以节省大量维修费用。此外，采用超导磁悬浮列车在大型生产厂运送货物也是十分合算的，半导体厂可以用它来回自动运送各种芯片元件等。据德国专家估计，运送小型物品的超导列车大约两三年后就可以问世，但要将超导磁悬浮列车应用于德国的城市交通，则还需要数十年时间。

磁悬浮列车	cíxuánfú lièchē	**magnetically levitated train** リニP・モータ・カー 자기 부상열차
液氮	yèdàn	**liquid nitrogen** えきか窒素 액화질소
超导状态	chāodǎo zhuàngtài	**superconductive situation/ condition** 超伝導状態 초전도 상태

26. 普通磁悬浮列车靠________悬浮在轨道上。

A. 低温超导技术　　B. 普通的电磁场

C. 高温超导技术　　D. 非常好的电磁场

27. 超导列车更加节能是因为________。

A. 超导体没有电阻，不消耗电能

B. 只有将超导体冷却到超导状态时才需要电
C. 列车悬浮高度更高，没有阻力，不需要能源
D. A+B

28. 目前德国科学家制造出超导列车了吗？
A. 制造出超导列车了　　　　B. 没有制造出超导列车
C. 秋天制造出超导列车　　　D. 快要制造出超导列车

29. 可以大量节省维修费用的车型是______。
A. 普通磁悬浮列车　　　　B. 磁悬浮列车
C. 超导磁悬浮列车　　　　D. 超导磁悬浮列车模型

30. 德国专家估计，将超导磁悬浮列车应用于德国的城市交通，将在______。
A. 今年的秋天　　　　B. 需要两三年时间
C. 数十年后　　　　　D. 未来不太可能实现

四

双龙汽车始创于1954年，是韩国第四大汽车企业，主要生产越野车和高级轿车，年生产能力为18万辆，在韩国市场上的占有率为11%。1997年亚洲金融危机后，韩国债权银行团控制了该公司。直到去年，双龙债权银行团决定将其手中55.4%的股权出让，此消息吸引了包括雷诺、通用、上汽集团等众多国际买家。

双龙汽车希望通过同外国商业伙伴建立战略同盟关系来进入国外市场，并借此获得一笔资本投资来达到升级现有产品、开发新品的目的。考虑到中国汽车市场的需求结构同韩国差别较小，且中国消费者的购买潜力极大，双龙便将目光锁定在了中国的企业。去年10月16日，双龙汽车及其债权银行团称将把55.4%的股权出售给上汽集团旗下的上海汇众公司，当时的出售价格为3000亿至

5000亿韩元。随后，双方便计划在年内签订谅解备忘录，双龙开始把自己的命运与中国汽车业连在了一起。

去年11月初，就在上汽集团紧锣密鼓地准备与双龙汽车“牵手”之际，半路杀出的新买家——蓝星集团却给了上汽“当头一棒”，传闻中的6500亿韩元比任何买家的价格都高了不少，但蓝星集团最终退出了竞标。双龙拥有一定的自主开发能力，旗下的车型也受到市场的欢迎，这对于上汽强化未来的自主研发能力绝对大有裨益。此外，双龙的加盟还能完善其产品系列——毕竟，双龙越野车具有相当的竞争力。

根据收购备忘录，上汽集团将成为双龙48.9%股权的惟一优先收购者，预计最终协议将在今年9月份签署。如收购成功，上汽集团将成为双龙汽车的第一大股东。上汽是中国市场上乘用车和零部件制造销售的领先者，而双龙则是韩国细分市场的排头兵。两家集团的业务可以高度互补，将来会有很多机会来联合发展中韩两国的业务。

越野车	yuèyěchē	cross-country bicycle jeep 車の名前 지프차
市场占有率	shìchǎng zhànyǒulǜ	market share 市場占有率 시장 점유율
股权	gǔquán	stock ownership 株主の権利 주주의 권리
购买潜力	gòumǎi qiánlì	purchasing potential こうばい潜在力 잠재 구매력
锁定	suǒdìng	lock こていさせて変化しない …에 중점을 두다, …에 주의를 기울이다

谅解备忘录	liàngjiě bèiwànglù	Memorandum of Understanding りょうかい覚書き 양해각서(MOU)
紧锣密鼓	jǐnluó mìgǔ	wildly beating gongs and drums-intense publicity campaign in preparation for some public undertaking どうや太鼓をしきりに鳴らす 활동을 시작하기전에 세 상을 떠들썩하게 하다.
当头一棒	dāngtóuyíbàng	head-on blow; surprise attack 頭ごなしに一喝(いっかつ)する 頂門の一針 정수리에 일침을 가하다.
大有裨益	dà yǒu bìyì	bestead a lot 大いに裨益(ひえき)がある 매우 이익이 되다. 도움이 많이 되다.
排头兵	páitóubīng	file leader 列の先頭兵 선발대

31. 韩国债权银行在金融危机后控制了________。
A. 现代公司　B. 双龙公司　C. 通用公司　D. 雷诺公司

32. 双龙债权银行团为什么要把股权转让给外国企业？
A. 为了进入国外市场　B. 为了获得一笔资金
C. 为了升级产品，开发新品　D. A+B+C

33. 去年10月16日，双龙汽车及其债权银行团称将把55.4%的股权出售给________。
A. 双龙汽车公司　B. 蓝星集团
C. 上海汇众公司　D. 通用汽车公司

34. "两家集团的业务可以高度互补"中的"两家集团"是指_______。

A. 双龙汽车公司和通用汽车公司

B. 双龙汽车公司和蓝星集团

C. 双龙汽车公司和上汽集团

D. 以上都不是

35. 下列与原文意思不相符的一项是_______。

A. 双龙汽车始创于1954年,主要生产越野车和高级轿车

B. 中国汽车市场的需求结构同韩国差别较小

C. 根据收购备忘录,上汽集团将成为双龙55.4%股权的惟一优先收购者

D. 如收购成功,上汽集团将成为双龙汽车的第一大股东

五

原计划于今年全面启动的新一轮税改，包括7方面的内容。其中,重点内容有3项:增值税转型、内外资企业所得税"两法合一"、取消农业税。

根据既定方案,国家将现行的生产型增值税改为消费型增值税,允许企业抵扣当年新增固定资产中机器设备投资部分所含的增值税进项税金。这一改革意味着,企业缴纳增值税时,可以将购买机器设备所含增值税进项税金从其增值税销项税金中扣除，从而避免了重复征税。"东北8行业的试点如果实施到位,政府将少征税150亿元,即企业增收150亿元。如果在全国实施，则全国企业将为此增收1500亿元。"有关人员说。

根据统一企业税收制度方案，以前的内资企业和外资企业税负不统一的格局将会被打破，在税收待遇上，内外资企业将不再被区别对待。

有关人员说，按现有税制，如果同样给员工发100万元薪金，一家内资企业加上所得税总计要支出大约160万元。而一家外资企业则只需支出100万元。他表示，改革后内资企业将得以减负，而此前享受更多优惠的外资企业则区分情况有增有减。“此一项改革，将使国家少征税500亿元人民币”。

至2006年实施到位的取消农业税改革将使全国农民增收1000亿元。“从这3项重点改革的内容来说，新一轮税改的成本将至少在3000亿元。”

增值税	zēngzhíshuì	value added tax (経)価値の上昇税 부가가치세
到位	dàowèi	put into place 合理的になる 제자리에 위치하다
内资企业	nèizīqǐyè	domestic financing enterprises 内部資本きぎょう 내자기업

36. 原计划于今年全面启动的新一轮税改中，会取消_______。

A. 增值税　　B. 农业税

C. 个人所得税　　D. 内外企业所得税

37. 根据改建方案，国家将现行的生产型增值税改为消费型增值税，意味着企业_______。

A. 避免了被重复征税　　B. 将被重复征税

C. 将两税合一　　D. 税金支出增加

38. 东北8行业的试点实施到位的话，企业将_______。

A. 少150亿元　　B. 增收150亿元

C. 增收1500亿元　　D. 减少1500亿元

39. 至2006年实施到位的取消农业税改革将使全国农民增收_______。

A. 150亿元　　B. 1500亿元

C. 1000 亿元　　　　　　D. 3000 亿元

40. 下列与原文意思不相符的一项是________。

A. 新的一轮税制改革,原计划于今年全面启动

B. 这次税制改革后,内资企业将得以减负

C. 从这 3 项重点改革的内容来说,新一轮税改的成本将在 3000 亿以上

D. 增值税转型改革如果在全国实施,全国企业将为此增收 150 亿元

第九套

第一部分

一

13个史前石器地点日前在唐古拉山被发现，青藏铁路西藏段考古勘探队的专家指出，这些史前石器地点的发现再现了人类征服高原的历史，是高原早期人类活动的有力证据。截至5月23日，青藏铁路西藏段考古勘探队共完成青藏铁路格(尔木)拉(萨)段开心岭至安多站的路基两侧及工程建设区的野外考古调查，全长220公里。13个史前石器地点是在唐古拉山以北的铁路两侧调查发现。

参加此次勘探工作的专家、陕西省考古所副研究员张建林介绍，这13处石器地点的海拔高度均在4700至4900米之间，多处于唐古拉山北麓布曲河两岸的一级阶地前缘，具备靠近水源、视野开阔、交通方便等适合古代人类生存活动的条件。专家认为，唐古拉山高海拔地区石器地点的发现，对于探索藏北高原人类活动史以及整个青藏高原的人类开发史，都具有重要的学术意义。

专家介绍，此次发现的古代石器工具中，最有代表性的是一种石质精良、制作技术高，而且主要是用作复合工具的“细石器”。这种石器在高原史前时期从事狩猎、畜牧或农耕的考古学文化中多次发现过，它们是高原早期人类活动最有力的证据。而唐古拉山史前时期地点的发现，表明高原早期人类活动足以越过5000米以上的高海拔地区，雪域先民对高原环境的适应与征服能力在世界上首屈一指。

考古勘探队	kǎogǔ kāntàn duì	archeological prospecting team こうこ探査隊 고적탐사대
青藏铁路	Qīngzàng Tiělù	Qing-Zang railroad せいぞう(地名)鉄道 청장(지명)철로
唐古拉山	Tánggǔlā Shān	Danggula Mountains 山の名称 당고라산(중국산의 명칭)
北麓	běilù	the north foot of mountain 山の北ろく 산의 북쪽을 가리킴
首屈一指	shǒuqūyìzhǐ	second to none 最初に数えあげる　第一番 첫째로 손꼽히다.으뜸

1. 什么是高原早期人类活动最有力的证据？
2. 这13处石器地点具备什么样的适合古代人类生存活动的条件？
3. 此次发现的古代石器工具中，最有代表性的是什么？
4. 雪域先民对高原环境的适应与征服能力怎么样？

二

今天还是下雨，老天真是不帮忙，逛完南京东路，买了该买的衣服，看了该看的繁华，等到华灯初上的时候，小鸟开始觅食了。提到上海菜，第一印象海上阿叔，可是远了点，就近淮海路上吧，新吉士有点现代了，于是老夜上海的风采浮进我的脑海，仿古的建筑，穹庐般圆

形的天花板吊高两层，白色的球灯往下垂挂延伸，墙壁上昔日夜上海的名伶微笑召唤，决定了，就去那里吧。不过还是要感谢 green 的海上阿叔贵宾卡，我没有用上，下次有机会我们可以在那里组织“腐败”。

知道老夜上海缘于和甜甜章鱼同吃的那次，我们三人只要了三块特色的核桃冰糕，还好那时是下午茶时间，否则不知道人家会不会赶我们出来。冰糕还不错，不像雪糕那么纯糯，吃上去是冰渣渣的感觉，很有层次感，镶嵌着粒粒的核桃仁，不甜不腻，作为夏天的甜点是个很好的选择。跨进门口，和小姐说刚刚半小时前预定的，小姐却说没有记录，我也不便发作，还好来得早，空位还有，我们便坐了沙发的那排。

点了特色酱鸭，糯米糖藕，目鱼大烤，油爆虾，蟹粉小笼，桂花酒酿圆子，并时时提醒他这些都是上海的特色菜哦。雨夜春寒，我放弃了冰糕。也许人生也会像这冰糕，该放弃的时候还是要放弃，否则也许后头的就是痛苦，会吗？糖藕盛在玻璃盘里，和边上的糖汁一起晃晃悠悠端了上来，我假装老道地夹了一块送进嘴里，蛮好蛮好，快吃快吃。藕的清香渗入了糯米，把糯米的甘甜更好地发挥了出来。他看着很好奇，我便跟他解说糖藕的做法。藕的两端开盖，往里塞入糯米，再用牙签把盖和藕段固定住，不让米出来，上蒸笼，蒸好后切片淋上糖汁，他了解地哦了一声。应该是这样吧，错了各位别打我。

酱鸭颜色浓重，觉得和茂隆春的差不多，价钱也相仿，环境却是天差地别了。油爆虾深受我们两人的喜欢，脆脆的虾皮甜丝丝，虾肉鲜嫩多汁，一箸下去停不了，咬掉头和尾，就不用吐壳了。小小的河虾似乎是江南的特色，别处不多见，无怪乎他惊讶于为何要用此种小虾做菜，其实油爆虾正是小虾才入味，用那种大大的草虾反而弄巧成拙。因为现在不是大闸蟹的时节，所以蟹黄小笼包用的是膏蟹的黄，和着劲道的肉糜，携着一汪鲜汤，静静地躺在小笼包里，我们吸了汤汁，分辨着哪是肉哪是黄，转眼就都进了肚。

桂花酒酿圆子很好看，黄的绿的白的红的，栖息在碗底，浮了几朵桂花和酒米，咬一口，淡淡的香，微微的甜，点点的糯，融为一碗绝好的甜品。终于用了一回携程卡，小姐奉上发票，我又刮出了五元，仿佛跟他在一起好运不断，我又开始傻笑了，忙不迭地掏出手机和别人分享喜悦。临走时，回头望了一眼这老夜上海，看那扇门在身后缓缓掩上，我们投入了黑暗。人可以往后看，却似乎只能往前走，我要如何才能回去呢？

华灯初上	huádēng chūshàng	when the evening lights are lit 火ともしごろ 저녁에 가로등이 막 켜질 무렵
贵宾卡	guìbīn kǎ	VIP card きひんカード vip 카드
小笼包	xiǎolóngbāo	small steamed meat dumplings まんじゅうの一種 만두의 명칭
甜品	tiánpǐn	desert あまい食品 단 식품, 간식거리

5. 第一自然段中“小鸟开始觅食了”指什么？
6. 第一自然段中“腐败”指什么？
7. “我”今天吃老夜上海的核桃冰糕了吗？
8. “我们”今天共吃了几道菜？
9. 从文章语气来看，“我”能确定糯米糖藕的作法吗？
10. 什么菜深受“我俩”的喜欢？

三

人保集团总裁王毅日前接受媒体采访时表示，人保财险公司计划进一步在全国范围内再次调高车险保费，目前有关申请已经提交有关部门审批。记者昨日致电人保财险获悉，第二、第三期的车险费率调整可能很快会推出，目前产品研发中心正在调研各地的市场情况。对于已在去年底大幅上调的广东地区车险费率，广东人保表示暂未接到总公司有关文件通知，但不排除有二期上调的可能性。

人保集团总裁王毅日前表示，尽管今年首季的车险市场份额出现下降，由2002年的70%降至今年首季的67%，其中新车险市场份额仅得六成，但人保将继续提高车险的保费以控制风险。

记者昨日来到广州某区人保两个营业部进行咨询，该业务员表示现在人保的费率比许多小公司稍高，但比起平安财险、太平洋财险等公司则仍旧低得多，很有上调的可能。“根据往年经验，如果你现在不买，五一后就会贵20%左右，但我们还没收到文件说要调。”

人保省公司一位内部人士表示：“即使其他类型险种不调，新出台的机动车第三者强制责任险一定会上调，保额据说至少必须买20万元的，不能再买5万、10万元的。如果其他险费率上调，我们也不会这么快推行，起码会等强制三者险出来再一并推出。”

广东省保险行业协会秘书长杨玉芝表示，还没有听到近期有财险公司要上调车险费率，但各公司涨价压力很大，基本没有利润空间。

业内人士认为，人保的车险费率比平安低约15%到20%，属于中等偏低。而且去年底费率调高的多是营运车辆和高风险车辆，但调后仍难平衡高额的赔付支出。至于私家车去年底上调并不多，故均有可能继续上调。

保额	bǎo'é	ensure a basic figure 保険料 보험금액
赔付	péifù	pay in compensation ばいしょうする 배상하다
私家车	sījiāchē	private car 個人の車 자가용

11. 今年首季的车险市场份额下降了百分之多少？
12. 第三段中的工作人员认为费率会上调吗？
13. 人保省公司的内部人士认为什么险一定会上调？
14. 人保的车险费率去年中已调高的是什么车？
15. 文章认为私家车费率会不会涨？

第二部分

一

"厄尔尼诺"是西班牙语译音，意思是"圣婴"，因为这种现象最初迹象通常在圣诞节前后出现。所谓"厄尔尼诺"现象是指东太平洋热带地区海水异常变暖引发全球气候异常的现象。大量研究表明，热带太平洋面积大、温度高（通常水温在28℃以上），是大量热量和水汽的重要源地，对全球气候产生很大影响。当该地区海水温度异常升高时，海水蒸发量急剧增加，大量水汽和热量进入大气后，改变了正常的大气运动规律，从而导致气候异常。研究还表明，"厄尔尼诺"现象

的酝酿时期，西太平洋热带海水首先变暖，低纬地区东北信风逐渐减弱并转为西风，在西风作用下，大范围西太平洋暖海水向东流动，使东太平洋热带海水强烈增温。

“厄尔尼诺”现象每隔 2~7 年发生一次，每次持续 1~2 年。由于海水增温幅度不同，“厄尔尼诺”现象有强、中、弱之分，对全球气候的影响也不一样。一般地说由它造成的异常天气的表现是：南美暴雨成灾，非洲、澳大利亚、南亚严重干旱，欧洲、北美冬季寒冷，亚洲冬季暖和，我国北方干旱、南方洪涝，长江中下游春季阴雨连绵、夏季高温炎热。

本世纪 1982—1983 年的“厄尔尼诺”现象最强，异常天气导致数千人死亡和上百亿美元的财产损失。90 年代以来，“厄尔尼诺”现象已经发生两次，最新观测资料显示，97 年 5 月份又形成了“厄尔尼诺”现象，而且很强。因此，要密切注意异常天气的发生，并采取切实有效的防范措施。

厄尔尼诺	Èěrnínuò	El Nino エルニョ现象 엘리뇨현상
气候异常	qìhòu yìcháng	climate abnormity 尋常でないきこう(へんなきこう) 이상기후
酝酿	yùnniàng	be in preparation/ underground 酒を醸造する　たくらまれる　下準備をする 1)술을 빚다. 2)내포하다. 양성되다. 3)(분위기,조건을) 조성하다. 마련하다

暴雨成灾	bàoyǔ chéngzāi	rainstorm 豪雨が災難となる 폭우가 더 큰 재난을 불러 일으키다
阴雨连绵	yīnyǔ liánmián	Overcast and rain stretch 長雨が続く 장마가 계속되다
切实有效	qièshí yǒuxiào	Practical and effective 確実に効果がある 확실히 효과가 있다
防范措施	fángfàn cuòshī	guarding measures; measurest Keep sth away 防備対策 예방대책

16. “厄尔尼诺”现象最初迹象出现在______。
A. 12 月 25 日前后　　B. 1 月 25 日前后
C. 2 月 25 日前后　　D. 春节前后

17. “厄尔尼诺”现象是______。
A. 宗教朝圣现象
B. 冰川气候异常的现象
C. 东太平洋热带地区海水异常变暖引发全球气候异常的现象
D. 每年圣诞节前后出现的自然现象

18. “厄尔尼诺”现象处在酝酿时期，______首先变暖。
A. 东太平洋热带地区　　B. 西太平洋热带地区
C. 东太平洋热带海水　　D. 西太平洋热带海水

19. “厄尔尼诺”现象造成的异常天气，表现为“冬季寒冷”的是______。
A. 南美洲　　B. 非洲　　C. 欧洲　　D. 亚洲

20. 根据文章所说，本世纪“厄尔尼诺”现象最强的一次发生在______。
A. 六十年代　　B. 七十年代　　C. 八十年代　　D. 九十年代

21. 下列与原文意思不相符的一项是______。
A. “厄尔尼诺”现象最初迹象通常在圣诞节前后出现

B.“厄尔尼诺”现象每隔2—7年发生一次，每次持续1—2年
C.“厄尔尼诺”现象有强，中，弱之分
D.“厄尔尼诺”现象发生时，南美，非洲，南亚暴雨成灾

三

空调房间一般偏于干燥，人呆久了，会有喉干口渴的感觉，人体皮肤也会因酸碱度不平衡而受到影响。预防的方法是注意体内外的水分补充。常在空调环境中的人，每天至少应喝足8大杯开水，以提供皮肤足够的水分，同时要多吃新鲜蔬菜、水果。另外，还要选用具有保湿作用的护肤品，如爽肤水、保湿乳液以及眼部保湿除皱精华液等，它们含有强化与修补真皮网状组织的成分，提供极佳的保湿功能，能使皮肤丰润、光滑、富有弹性。此外，在空调房间里放置一两盆清水，也会起到良好的保湿效果。

空调室内外温差较大，如进进出出次数频繁，忽冷忽热的温度变化极易使皮脂腺功能失调，导致皮肤疲劳，出现皱纹、过敏等各种美容问题会相继产生。比较好的方法是尽量给皮肤一个适应时间，并且每周定期做1~3次清洗、保养、敷面护理，使皮肤有较强的抗恶劣环境的能力。

许多人为了保持室内凉爽，多数空调房间都紧闭窗户，新鲜空气相对较少，殊不知，室内氧气不够充足，实乃皮肤大敌。皮肤一旦缺氧，就会渐渐失去正常人体的红润状态，而开始泛黄，甚至变得苍白。因此，空调房内应禁止吸烟，同时放置一些绿色植物，间或去室外散步、活动活动，都是人体增氧、保护皮肤健美的好方法。

皮脂腺	pízhīxiàn	sebaceous gland 皮下脂肪腺 피지선

22. 空调房间一般偏于________。

A. 干燥　　B. 潮湿　　C. 酸性　　D. 碱性

23. 从本篇文章来看,本文题材属于________。

A. 科普教育　　B. 生活常识　　C. 商业广告　　D. 简介说明

24. 本篇文章重点介绍了________。

A. 空调对于人的影响

B. 人在空调房间里应注意的事项

C. 空调对人的皮肤影响及如何做好护理保养

D. 空调房间里应常保持通风

三

动物学家经过动物试验和跟踪观察证明，热带森林中有一种猿猴,遇到身体不舒服或打寒战时,就会寻找并咀嚼金鸡纳霜树皮,其病体就会康复。森林中的猩猩一旦患肠道病,就采食白尖木和茜草属的一些植物为自己治疗。野兔受伤后,就会撞擦蜘蛛网上的粘性网丝用于止血。大象怀孕时,就主动觅食含有催产素成分的紫草科小树枝和树叶。

动物的自疗防治疾病的本领,启示人们开发研制了不少新药:蛇医用半边莲解蛇毒是受了狗的启迪。据说,云南白药的首创者民医曲焕章,是在一次猎狩打中了一只老虎,抬回家后那只老虎竟然逃走,后经查明是吃了一种止血草,于是曲焕章便将此草采回,佐以它药,研制成了驰名天下的云南白药。

生活在南美洲波利维亚热带雨林中的印第安人，若不慎被野兽或毒蛇咬伤或者因为意外事故受伤流血不止时，往往不是立即找医生,而是找一种叫“波克”(意为神医)的猪。受伤者让这种猪用其舌头舔治受伤流血的伤口,在一定的时间内,伤口会自动止血、去毒、消肿。不论多么严重的伤口,一经这种猪的舔治,几小时后伤口都会愈合,比用药还灵验。因此,当地人为防不测,家家户户都养此猪。在德国巴伐利亚地区一位牧场主和几位健康学家在一次合作试验中发觉,用受过专门训练的奶牛舔秃头患部,竟能治愈秃头,使秃头重生秀发。为此开办了一家“奶牛诊所”，求治者蜂拥而至，络绎不绝，收入可观。

打寒战	dǎ hánzhàn	chill 身震いをする　がたがたと震える 몸을 부들부들 떨다. 전율하다
云南白药	Yúnnán Báiyào	Yunan white medicinal powder for treating hemorrhage, wounds, etc. 雲南傷薬の一種 운남에서 생산되는 마약
伤口愈合	shāngkǒu yùhé	Wound heals up 傷口がふさがる 상처가 아물다
蜂拥而至	fēngyōngérzhì	roll in/ pour in 大勢の人が群れをなして押しよせてくる 벌떼처럼 몰려
络绎不绝	luòyì bù jué	in an endless stream さまらくえきとして絶えない 왕래가 잦아 끊이지 않다

25. 大象怀孕时吃的紫草科小树枝和树叶是＿＿＿＿。

A. 治病的　　B. 止血的　　C. 催产素　　D. 解毒的

26. 蛇医用半边莲解蛇毒是受＿＿＿＿的启迪。

A. 猿猴　　B. 老虎　　C. 猴　　D. 狗

27. 生活在南美洲波利维亚热带雨林中的印第安人，若因意外受伤流血不止时会找一种＿＿＿＿来治疗。

A. 猿猴　　B. 叫“波克”的猪　　C. 猩猩　　D. 狗

28. “波克”猪用舌头舔治受伤流血的伤口，可以＿＿＿＿。

A. 防病　　B. 治病　　C. 消毒　　D. 散热

29. 下列与原文意思不相符的一项是________。

A. 动物有自疗防治疾病的本领

B. 云南白药的首创者是民医曲焕章

C. 在南美洲波利维亚热带雨林中的印第安人几乎家家都养"波克"。

D. 民医曲焕章被老虎咬伤后,采回一种止血草治伤,才研制出驰名天下的云南白药

30. 下列与原文不符的一项是______。

A. 咀嚼金鸡纳霜树皮可以治疗打寒战

B. 采食白尖木和茜草属的一些植物可以治肠胃病

C. 半边莲可以解毒

D. 经过专门训练的奶牛可以治疗秃头

四

上海地处长江三角洲前缘,东临东海,南临杭州湾,西与富庶的江苏、浙江毗邻,北界黄金水道长江入海口,是中国最大的城市之一,最重要的经济金融中心、交通枢纽和对外贸易口岸,也是中国科学技术、文化教育事业的重要基地。全市陆地面积为6340.5平方公里,其中外环线以内主城区面积610平方公里。

今日的上海,是一座极具现代化而又不失中国传统特色的海派文化都市。繁华的大上海处处显现着它的独特魅力,令人着迷——外滩老式的西洋建筑与浦东现代的摩天大厦交相辉映;徐家汇大教堂圣诗声声,玉佛寺香烟袅袅;过街楼下的麻将老人,弄堂里的足球少年;群众剧场的沪剧、滑稽戏,大剧院的交响乐、芭蕾舞;老饭店的本帮佳肴,杏花楼的广式粤茶,云南路的各地小吃,红房子的法国大菜,小绍兴的三

黄鸡，美国的肯德基；上海老街的茶馆，衡山路的酒吧，中西合璧，新欢旧爱，各有各的精彩。夜幕降临，霓虹闪耀，夜上海粉墨登场，和平饭店的爵士乐，豫园的丝竹音乐，让人追忆上个世纪二三十年代老上海的旧梦，而现代迪斯科的节奏，遍地开花的网吧，又把人带回了21世纪的现代文明……

上海属亚热带海洋性季风气候。主要气候特征是：春天温暖，夏天炎热，秋天凉爽，冬天阴冷，全年雨量适中，季节分配比较均匀。总的说来就是温和湿润，四季分明。上海11月份的日平均温度为13.3~23.9摄氏度。降雨量49毫米。

上海的对外交通十分便捷，航空、铁路、公路、水运可到达国内各个省市及世界各国。今日的上海已经形成高架—路面—地铁上、中、下三层的立体交通。航空：上海是全国惟一的拥有两个国际机场的城市，抵离上海的航班数，浦东占六成，虹桥占四成。除国际航班以浦东为主外，两大机场没有明确的分工。虹桥机场地处上海西郊，浦东机场坐落在东海之滨，距市中心人民广场约30公里。浦东和虹桥两大机场之间有迎宾大道（A1公路）、外环线（A20公路）相连，车程45分钟，公交有机场一线，单程票价30元。从市区去浦东机场，有六条机场专线，此外还可乘地铁二号线到龙阳路站中转（从这里乘机场三线前往，需40分钟车程，票价12元）。从龙阳路地铁算起，乘坐出租车约需80元。从市区去虹桥机场，有七条机场公交线。若从人民广场乘坐出租车，需40元。

富庶	fùshù	**rich and popular** 人口が多くて物産がゆたかなこと 인구가 많고 물자가 풍부하다
交通枢纽	jiāotōng shūniǔ	**transport hug** こうつう中心/中枢 교통요지, 중심지
摩天大厦	mótiān dàshà	**skyscraper** 超高層ビル 고층빌딩

香烟袅袅	xiāngyānniǎoniǎo	smoke waves in the wind 香の煙がゆらゆらと立ちのぼる 담배연기가 위로 올라가는 모습
弄堂	nòngtáng	alley; lane ろじ裏 남방지역의 좁은 골목
本帮佳肴	běnbāng jiāyáo	local cate 当地の特徴のあるおいしい料理 본고장의 좋은 요리
粉墨登场	fěnmò dēngchǎng	embark upon a political venture メーキャップして舞台に出る 悪人が政治舞台に発場する 1)분장을 하고 무대에 등장하다. 2)탈을쓰고정치무대등장하다.
爵士乐	juéshìyuè	jazz ジャズ音楽 재즈
丝竹音乐	sīzhúyīnyuè	music played in traditional stringed and woodwind instruments 管弦楽 관현악
单程票	dānchéngpiào	single ticket 片道のキップ 편도표

31. 从龙阳路地铁站开始,坐出租车去机场大约需要________。

A. 30 元　　B. 40 元　　C. 80 元　　D. 12 元

32. 上海不是中国________。

A. 最大的城市之一

B. 最重要的经济金融中心,枢纽和对外贸易口岸

C. 政治文化中心

D. 科技文教事业的重要基地

33. 文章中的“沪剧”是指________。
A. 北京京剧　　B. 上海滑稽戏
C. 上海戏曲　　D. 越剧

34. 中国有________拥有两个机场的城市。
A. 一座　　B. 两座　　C. 三座　　D. 四座

35. 下列哪一项与原文意思不相符________。
A. 上海全市总面积为6340.5平方公里
B. 上海外环线以内主城区面积为610平方公里
C. 上海属亚热带海洋性季风气候
D. 今日上海已经形成高架—路面—地铁上中下三层的立体交通

五

新华社授权发布了《国务院关于投资体制改革的决定》。《决定》指出,深化投资体制改革的目标是:改革政府对企业投资的管理制度,按照谁投资、谁决策、谁收益、谁承担风险的原则,落实企业投资自主权;合理界定政府投资职能,提高投资决策的科学化、民主化水平,建立投资决策责任追究制度;进一步拓宽项目融资渠道,发展多种融资方式;培育规范的投资中介服务组织,加强行业自律,促进公平竞争;健全投资宏观调控体系,改进调控方式,完善调控手段;加快投资领域的立法进程;加强投资监管,维护规范的投资和建设市场秩序。通过深化改革和扩大开放,最终建立起市场引导投资、企业自主决策、银行独立审贷、融资方式多样、中介服务规范、宏观调控有效的新型投资体制。

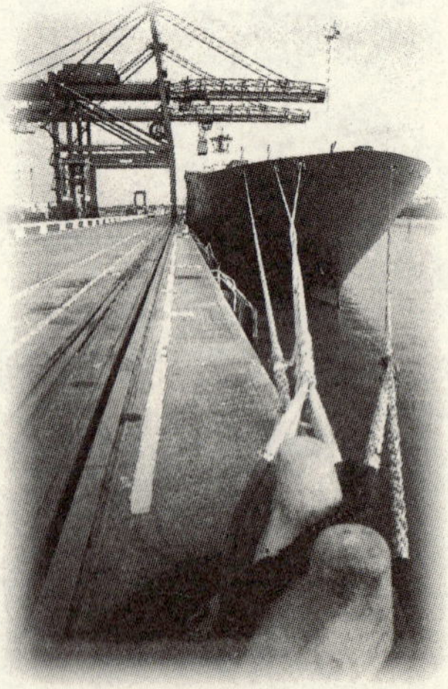

《决定》有六个方面尤其值得关注:对于企业不使用政府投资建设的项目,一律不再实行审批制,区别不同情况实行核准制和备案制。颁布《政府核准的投资项目目录》。放宽社会资本的投资领域。对非经营性政府投资项目加快推行‘代建制’。改进投资宏观调控方式。建立政府投资责任追究制度。

《决定》鼓励社会投资。放宽社会资本的投资领域,允许社会资本进入法律法规未禁入的基础设施、公用事业及其他行业和领域。

《决定》提出,进一步拓宽企业投资项目的融资渠道。允许各类企业以股权融资方式筹集投资资金,逐步建立起多种募集方式相互补充的多层次资本市场。对于一些收益稳定的基础设施项目可以进行试点,通过公开发行股票、可转换债券等方式筹集建设资金。同时,要改革企业债券发行管理制度,扩大企业债券发行规模,增加企业债券品种。

融资渠道	róngzī qúdào	financing channels お金を流通する経路 융자방법
行业自律	hángyè zìlǜ	Industry self-discipline 業種自分の法則 업종자율
中介服务	zhōngjiè fúwù	agency service ちゅうかいサービス 중개서비스
宏观调控	hóngguān tiáokòng	macro regulation and control 巨視的な支配 거시적 통계

36. 《决定》指出,深化投资体制改革的目标是提高政府投资的________。

A. 科学化　　B. 职能　　C. 民主化水平　　D. A+C

37. 《决定》指出,深化投资体制改革的目标有________。

A. 8 个　　B. 7 个　　C. 6 个　　D. 5 个

38. 对于企业不使用政府投资建设的项目________。

A. 实行审批制　　B. 不再实行审批制

C. 一部分实行审批制　　D. 一大部分实行审批制

39.《决定》提出，进一步拓宽企业投资项目的融资渠道的工作不包括______。

A. 建立多层次资本市场

B. 改革企业债券发行管理制度

C. 扩大企业债券发行规模，增加企业债券品种

D. 拓展申请国家建设资金途径

40. 下列哪一项与原文意思不相符______。

A. 深化投资体制改革的目标之一是落实企业投资自主权

B. 改革的目标之一是进一步拓宽项目融资渠道发展多种融资方式

C. 改革的目标之一是建立政府投资责任追究制度

D.《决定》提出，进一步拓宽企业投资项目的融资渠道主要靠公开发行股票

第十套

第一部分

一

中国考古学家齐东方20日在接受本社记者采访时呼吁国际社会帮助战乱中的伊拉克保管、修复和归还其丢失的文物，以继承和保护人类文明。北京大学考古文博院教授、“丝绸之路”研究者齐东方说，中国考古发现大量见证“丝路”时代的文物，其中明确的有波斯、中亚和拜占廷的艺术品，这些艺术品的文化内涵部分起源于以现代伊拉克版图为中心的“美索不达米亚文明”，即底格里斯河和幼发拉底河孕育的人类最早期文明。

很多古代文明正是在“美索不达米亚文明”的滋养、影响下，得以发生、发展和演变。中国唐代器物多见“带翼兽”形纹样，这种形象直接与波斯萨珊王朝相关，且可追溯至“美索不达米亚文明”；两河流域的亚述帝国“生命树”形象也出现在唐朝的艺术品中。“商贾塞道，瑰货雾集”，这就是世界最古老的东西贸易通道——“丝绸之路”上曾出现的繁华景象。

全长约7千公里的“古丝路”始自中国古代都城长安，横贯中国和中亚，经西亚与地中海，最终到达罗马，沿途至今遗留无数珍贵的历史遗迹和文物。而今，就在这条要冲的重要环节——伊拉克，大量见证着人类文明发展历程的文物正经历着战火的浩劫，使中国学者扼腕痛惜。文物及考古学的本质是

"寻根问祖"。没有文物,人类就无法了解创造它的人或社会,失去了制定政策的依据,找不到自身文化的根基。

据媒体报道,4 月 11 日和 12 日,收藏有人类最早期文明、被视为世界文化宝库之一的伊拉克国家博物馆遭到哄抢,至少 17 万件文物不知去向。为此,齐东方痛心疾首:"战争的破坏使追根溯源的研究失去了对象和资料。"伊拉克由于连年战乱和经济制裁,很多博物馆已不再对外开放,其文物考古学者几乎不涉足国际交流领域。大量的文物古迹虽然可通过图书和照片记录下来,但其传递的信息量与实物相比简直是天壤之别。

修复	xiūfù	repair; restore しゅうふく 元どおりに直す 수복하다
丝绸之路	Sīchóuzhīlù	the Silk Road シルク・ロード 실크로드
哄抢	hōngqiǎng	panic buying/ purchase 大勢の人が我先にものを買う 많은 사람들이 물건을 사려 달려들다, 사재기하다
痛心疾首	tòngxīn jíshǒu	with bitter hatred ひどくにくむことの形容 몹시 원망하다. 가슴 아프게 느끼다
追根溯源	zhuīgēn sùyuán	trace back to the source 根源をさかのぼって探求する 사물의 근본을 탐구하다. 사건발생의 원인을 찾다
天壤之别	tiānrǎngzhībié	as far apart as heaven and earth 天と地の差 차이가 매우크다

1. 底格里斯河和幼发拉底河孕育的人类文明是以什么为中心的?
2. 中国器物上的"带翼兽"形纹样和"生命树"形象可追溯至?
3. "古丝路"最终到达哪?
4. 伊拉克国家博物馆多少文物遭哄抢?
5. 为什么伊拉克很多博物馆已不对外开放了?
6. 大量的文物古迹可通过什么记录下来?

二

在击败创始人 William Hewlett 之子之后,卡莉—费奥莉娜终于以 190 亿美元收购了康柏电脑公司。在合并进入一年之后,卡莉更成功节省成本 35 亿美元,超过目标近 10 亿美元。虽然裁员 17000 人,惠普在核心市场上却取得更多的市场份额。合并一年中,惠普取得 3000 项专利,并推出 367 个新产品。近期,惠普更是获得了宝洁公司价值 30 亿美元的外包订单。卡莉驾驶这辆品牌价值 4 亿美元的战车在其他技术企业步履蹒跚之际展开了一场闪电战。

但卡莉不能稍有懈怠。在她看来,技术产业将有更多的冲突,从而将引发一股"缓慢新世界"中的兼并狂潮。卡莉指出,过去的技术产业增长速度是 GDP 的 5 倍,而将来的增长速度仅为 GDP 的 2 倍。企业客户需要看到投资之后有切实的回报,而零售商则不得不在同样价格的条件下提供更多的更优质的服务。整个技术领域还将裁员成千上万人;一些科技股的价值将缩水数十亿美元并且许多公司将消亡、破产或者被少数幸存者吞并。

48 岁的卡莉看来,"一些企业逐步增长;另外一些则逐步退出。"对于竞争对手戴尔,卡莉认为,他们将发现"他们以

前获得的成就对将来是否增长并没有多大的预设效果。”而SUN微系统公司的麦克尼利“将成为少数几个坚持下来的家伙之一”,但他的“商业模式无效”。在卡莉看来,那些不能开拓新市场或者从竞争对手那里获得市场份额的企业与老旧的洗衣机制造商没什么两样。今后将不可能再有如微软一样能够无处不在的企业出现。

这也正是惠普希望企业界能够认识到的地方：你不得不采取调整,你不得不削减成本,而惠普可以帮助你完成这些工作,因为我们自己已经实现了这些目标。惠普通过调整其数据处理业务以及供应链已经成功削减成本数十亿美元。惠普与康柏合并后在企业内部建立了一个连接近25万部个人电脑和掌上设备的单一通信网络;惠普将自己的软件应用产品由7000个减少到5000个，购买的部件也从25万个减少到2.5万个。惠普现在希望自己成为企业界的指挥楷模，指引其他企业的发展。惠普希望自己的服务业务在新的市场环境下创造新的生机。

裁员	cái yuán	reduce the staff; lay off 減員する　冗員を整理する 감원하다
订单	dìngdān	order form 注文状 주문서
步履蹒跚	bùlǚ pánshān	teeter ひょろひょろ歩く 다리를 질질 끌다, 절뚝거리며 걷다
闪电战	shǎndiànzhàn	lightening war 電撃戦 속결전
懈怠	xièdài	keep a slack hand だらける　なまける 게으르다. 태만하다

吞并	tūnbìng	Swallow up 併呑する(多くは多土をさす) 삼키다
市场份额	shìchǎng fèn'é	market share 市場分け前 시장분액
掌上设备	zhǎngshàngshèbèi	palmtop device 掌中ハンドポン 손안에 들어가는 핸드폰, 워크맨등의 기계

7. 卡莉原打算节省成本多少美元?
8. 将来的技术产业增长速度将是GDP的多少倍?
9. 惠普面临的主要挑战来自于谁?
10. 惠普将自己的软件应用产品减少了多少个?
11. 惠普现在希望自己成为企业界的什么楷模?

三

如果NCsoft公司想知道它最新的网游作品在韩国境外受欢迎的程度如何,二月份的台北电玩展则给了它一个圆满的答复。在那里,数以千计的游戏迷们涌到它展位的大屏幕前争相一睹《天堂Ⅱ》——这款最新的三维角色扮演网络游戏的惊人效果。目前大约有七万五千名台湾玩家在玩《天堂Ⅱ》,这是继该系列游戏的第一作大获成功之后推出的第二代继任。看到台湾地区的热烈反应,NCsoft公司国际商务部经理金龙昆表示:“我想现在是我们进军全球市场的时候了。”

的确,在几家试图挺进全球化数字游戏市场的韩国公司中,NCsoft正扮演着身先士卒的角色。这个市场当前正受索尼、微软和电子艺界等来自日本和美国的游戏巨头所垄断。不过,这些大公司主要

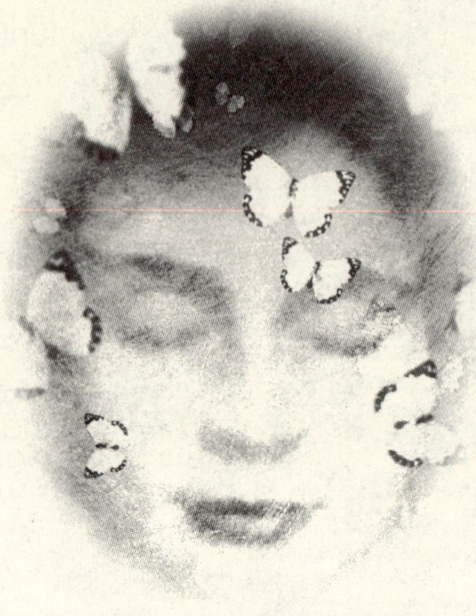

销售的是对应于专用平台和存储介质的游戏产品，但韩国公司则将赌注押在高速宽带网的日益普及而随之带来对网络游戏的需求上。“网络游戏很有可能将成为韩国最具革新意义的脑力产品。”

在韩国，网络游戏的流行程度要远远比普通游戏机高，这与韩国家庭 75%以上的宽带普及率不无关系。各家网游公司去年的收益总额为 6.4 亿美元，比 2001 年的 2.33 亿美元的收入整整翻了两番。这些费用大都来自于玩家每月 25 美元的会费。网游的影响有如此之大，以至在今年一月份《天堂Ⅱ》中史无前例地出现了一条威力超强的龙时，“在玩家中造成的震动并不亚于卢武铉总统的政治丑闻。”

继任	jìrèn	succeed 後釜にすわる 연임하다.직무를 이어받다
身先士卒	shēn xiān shì zú	lead one's men in an act (前任者の)職務を引き継ぐ 指導者が大衆の先頭に立ってリードする 솔선수범하다. 앞장서서 구중을 이끌다

12. NCsoft 公司最新网游作品是什么？
13. 目前有多少台湾玩家在玩文中所提的游戏？
14. 什么将成为韩国最有革新意义的脑力产品？
15. 网游公司的收益主要来自于哪儿？

第二部分

一

“骆家香”微波烘烤炒货坊连锁总部根据加盟者成功范例及对市场的全面分析调查,制定出多种投资方案供您选择。

经济型:5 平方米以上的店面即可以经营。

可生产品种有各种瓜子、糖炒板栗、花生、豆类、松子、白果、榛子等。

A. 投资额 6800 元:总部提供 WB—60 型炒货机一台,服装一套,挂旗一套,包装袋、手提袋各 30 只,授权书、开店资格证各一份。

B. 投资额 9800 元:总部提供 WB—60 型(或 WB—30 型)、CH—25 型炒货机各一台,服装二套,挂旗一套,包装袋、手提袋各 50 只,授权书、开店资格证各一份。

标准型: 10 平方米以上的店面即可经营,非常适合中小投资者开店。

可生产品种有:除 A 类全部品种外,还可生产保健瓜子、麻辣花生、奶油五香花生、兰花豆、怪味豆、回味蚕豆、五香豆等油炸类。

C.投资额 18800 元:总部提供 WB—60 型、CH—25 型炒货机各一台,ZZ—A 型炸煮机一台,TY—A 型糖衣机一台,LX 型离心式脱油机一台,服装 5 套,挂旗三套,包装袋、手提袋各 100 只,授权书、开店资格证各一份。

办厂型:需 30 平方米以上的场地,大、中规模的投资者办厂。

投资额 3.5 万元以上:具体由总部专业技术人员会同投资者视当地市场条件、生产规模、生产品种等确定规范的投资可行性方案,且由总部派专人上门建厂。

连锁	liánsuǒ	**chain** れんさ 체인
糖炒板栗	tángchǎo bǎnlì	**sugar-roasted chestnuts** 甘栗 중국의 군밤
松子	sōngzǐ	**pine nut** まつの実 잣
白果	báiguǒ	**ginkgo nut** ぎんなん 은행
榛子	zhēnzi	**filbert** はしばみの実 옥수수
授权书	shòuquánshū	**letter of authorization** 権限授け証書 권한을 부여하는 증서
蚕豆	cándòu	**horse bean** そう豆 볶은 콩의 이름

16. "骆家香"总部制建的多种投资方案的依据是_______。
   A. 专家论证
   B. 独家时常调查
   C. 加盟者成功范例及对市场的全面分析调查
   D. 各加盟者的意见反馈

17. 文章中制建出_______种投资类型的方案。
   A. 2　　B. 3　　C. 4　　D. 5

18. 5平方米以上的店面可以生产_______。
   A. 保健瓜子　　B. 麻辣花生
   C. 花生　　D. A+B

19. 总部提供的设备当中，包括“离心式脱油机”的需投资________。

A. 6800 元　B. 9800 元　C. 18800 元　D. 35000 元以上

20. 假如你仅有一个 7 平方米的店面和 8000 元，你唯一可选的投资方案是________。

A. 经济型 A　B. 经济型 B　C. 标准型 A　D. 标准型

三

由于欧洲杯及世界杯等大型足球盛会均是每四年一届，因此我们认识国际足坛动向的途径基本上是通过欧洲的五大联赛。值得一提的是，由于博斯曼法则颁布产生的巨大影响，欧洲足坛也经历了一次前所未有的巨大震荡，一些中等国家足球联赛受到了致命打击，众多中小型俱乐部的人才资源也严重流失，这从某种程度上挫伤了一些俱乐部培养足球人才的热情。而以意大利、西班牙及英格兰为代表的欧洲五大联赛，吸引了来自世界各地的足球精英，在博斯曼法则的庇护之下，五大联赛可以用优厚的条件和宽松的转会制度自由吸纳人才，从而也导致了五大联赛的人才过于集中，竞争激烈。也导致了现在欧锦赛 8 强中仅有 2 强，而英格兰、法国都被非五大联赛国家队淘汰。

小组赛结束后，伴随着意大利、德国和西班牙三大强国的出局，一批我们熟悉的球星暂时离开了我们的视野，劳尔、维埃里、皮耶罗、巴拉克、托蒂等等等球员提前结束欧锦赛，使欧锦赛的吸引力在一定程度上有所削弱。但效力五大联赛的球员依然是 8 强的中坚力量。希腊队之所以能够一路走到现在，效力于欧洲五大联赛球员功不可没，德拉斯、查里斯特亚斯、尼古拉迪斯和卡拉古尼斯等几名球员起着非常重要的作用。打入法国队致胜一球的就是效力于德甲不来梅队的查里斯特亚斯。

在还活着的6支球队中，葡萄牙队的中坚力量几乎全部都在五大联赛效力，菲戈、科斯塔加上葡甲联赛奉献的一批年轻新星，使这支球队已经具有了王者的成色。希腊的几大绝对主力都是五大联赛俱乐部的主力球员。丹麦、瑞典球员的组成也和希腊一样，但是他们在欧洲五大联赛效力的人数还比希腊多。捷克和荷兰两支球队的绝大部分主力都来自欧洲五大联赛，可以说，欧洲五大连赛培养的球员控制了最后的冠军奖杯。

欧洲五大联赛的迅猛发展，真正受益的是一些超级俱乐部和足球水平中等的国家队。而五大联赛的本土球员却受到了排挤和挑战，大批外籍球员的涌入，把一些年富力强的本土球员挤上了替补席，年轻球员的成长和培养体系也受到了这种急功近利思想的冲击。五大联赛国家队被淘汰后，这种思路更是清晰。

在经历了本届欧锦赛的失败挫折之后，欧洲五大国联赛不可能再坐视联赛里出现的众多不良苗头，他们开始研究解决联赛问题的好方法，比如限制在联赛中引进外籍球员的人数，控制外籍球员的上场人数，重视年轻球员的培养问题，这也许是本届欧洲杯带给五大联赛的新命题吧。但是不管怎么样，本届欧锦赛仍然是欧洲五大联赛的胜利，因为，他们培养出来的球员控制着比赛，控制着奖杯，这就是一个最大问题。

致命打击	zhìmìng dǎjī	death warrant 致命的な打撃 치명적인 공격
庇护	bìhù	shelter; shield かばう、えこひいきする 비호하다. 감싸주다
吸纳人才	xīnà réncái	recruit people with ability 人才を引き入れる 인재를 흡수하다
中坚力量	zhōngjiān lìliàng	hard-core/ elite force 中堅的な勢力 중견역량

替补席	tìbǔxí	substitute; alternate 替りにして補充する 人員座席 후보석

21. 博斯曼法则的颁布使______国家足球联赛受到致命打击。
A. 发达　B. 发展中　C. 中等　D. 不发达

22. 文章中希腊队球员查里斯特亚斯效力于______的联赛球队。
A. 法国　B. 希腊　C. 德国　D. 西班牙

23. 小组赛结束后，伴随三大强国的出局______提前离开欧锦赛赛场。
A. 菲戈　B. 科斯塔
C. 托蒂　D. 卡拉古尼斯

24. 文章中提到的希腊队能走到现在的原因之一是______。
A. 本国联赛中的年轻中坚力量
B. 效力于欧洲五大联赛的球员的重要作用
C. 效力于德甲的查里斯特亚斯的致胜一球
D. 法国队整体水平较弱

25. 五大联赛的本土球员在比赛时与外籍球员相比他们______。
A. 受到欢迎　B. 重点培养
C. 非常高兴　D. 受到忽视

26. 欧洲五大联赛培养出来的球员控制着______。
A. 外籍球员　B. 欧洲足球比赛的最终结果
C. 年轻球员的培养　D. 足球俱乐部

27. 欧洲五大联赛是指______五国的联赛。
A. 英国、法国、德国、葡萄牙和意大利
B. 英国、法国、德国、荷兰和意大利
C. 英国、法国、德国、西班牙和意大利
D. 英国、法国、德国、瑞典和西班牙

三

2004年6月25日第一届中国的MDC即将在北京隆重召开,届时将会有超过500名来自全国各地的软件优秀人才亲临大会感受MDC给我们带来的一种新的理念上的震撼。微软移动开发者大会(Mobile Developer Conference)是微软在全球范围举办的针对移动应用程序开发旨在进行学术交流的大型学术会议。在美国MDC成功地举办了3届,并成为业内人士共同瞩目的移动应用开发者的盛会。

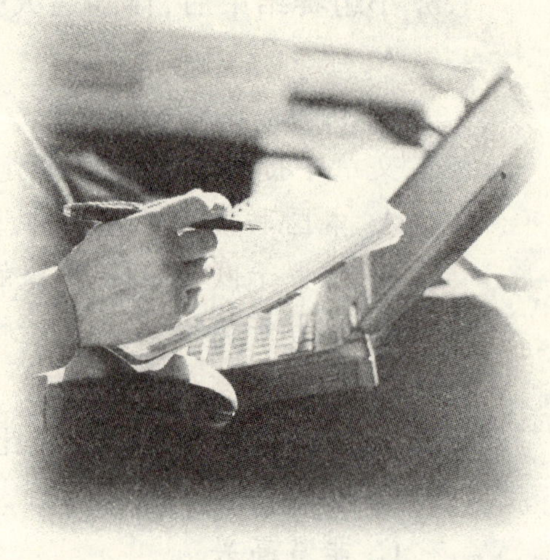

大会中,与会者将通过主题演讲、会议期间的十个有针对性的讲座和微软商业合作伙伴展台的展示,尽情地了解windows mobile最前沿的技术成果以及商业合作推广计划。软件开发人员、专业IT从业者、系统及软件设计师,通过参加MDC能获得专业培训,学习如何充分利用先进的技术手段去解决当今移动技术领域中的课题。学习那些在Windows Mobile-based Pocket PCs and Smartphones, the Microsoft. NET Compact移动应用程序开发过程中出现的典型案例。微软将借此机会隆重推出Mobile2Market计划——一个综合全面的徽标认证和市场交付计划,将独立软件开发商与移动服务运营商和零售商紧密地联系在一起,Mobile2Market将帮助基于Windows Mobile Platforms开发的移动应用软件推向市场、服务市场并获得令人满意的成绩。

前沿技术	qiányán jìshù	frontier technology 最前方の技術 선진기술

28. MDC 在中国成功地举办了________届。

A. 0　　B. 一　　C. 两　　D. 三

29. 在中国参加 MDC 的优秀软件人才________。

A. 有 500 人　B. 超过 500 人　C. 没有超过 500 人　D. 正好 500 人

30. Mobie2Mardet 计划是________。

A. 微软在全球范围举办大型学术会议

B. 在美国成为业内人士共同瞩目的移动应用开发者的计划

C. 是一个综合全面的徽标认证和市场交付计划

D. A+B

四

被称为开辟了中国另类喜剧风格的《自娱自乐》导演李欣昨日接受记者采访时，除了谈到了对尊龙和李玟的表演，还谈到了被内地电影界一直称为电影“商业霸王”的冯小刚，他说自己除了佩服冯小刚以外，同时也认为中国喜剧电影如果只有冯小刚是不正常的。因为《自娱自乐》是一部喜剧，而且外界评论它是国内首部“癫狂喜剧”，那么与冯小刚的喜剧有什么不一样呢？李欣表示，冯小刚采取的是以语言为主的喜剧方式，而真正的喜剧应该是发自内心的快乐，是肌肉的自然释放，而这种发自内心的快乐往往来自于身体娱乐。他说，《自娱自乐》被称为“癫狂喜剧”的原因也是因为这样的喜剧是发自内心的娱乐。说到对冯小刚的评价，他说其实自己是非常佩服冯小刚的商业地位，觉得冯小刚在导演业确实做得非常成功。但他依然表达了自己的观点，“如果内地喜剧仅仅是一个人把持着，那肯定是不正常的，长此以往，中国电影也是没有前途的。”李欣谈起冯小刚似乎兴趣很浓，他还说，“内地可能需要很多的冯小刚，但冯小刚不是全部。”不过李欣表示其实自己不愿意被人评价成为另一个流派，也不愿意说是和冯小刚抗衡。

谈到这一次主演中的两位国际大牌演员尊龙和李玟，李欣认为两个演员首先是给自己的印象不像是大牌演员，而是非常努力。他向记者透露，剧组当时在山区拍摄两个月，而尊龙和李玟都是和剧组住在一个简陋的招待所，和剧组的人同"吃苦"。对于这一次演员的突破，李欣表示，尊龙出演一个农民的大胆的尝试非常成功。而说到了李玟的表演，李欣用"可以被称为女周星驰"这样高的评价来形容。

另类	lìnglèi	alien; heretical; different 別の類 매우 특별한
癫狂	diānkuáng	crackers; crazy 気ちがいになる (ふるまいが)軽ちょうなこと (말. 행동거지가)경박하다. 경솔하다
大牌演员	dàpái yǎnyuán	big-name actors とても人気がある俳優 거물급 배우

31. 开辟了中国另类喜剧风格的导演是______。
A. 尊龙 B. 冯小刚 C. 周星驰 D. 李欣

32. 冯小刚在电影界被称为______。
A. 癫狂喜剧之王 B. 商业霸王 C. 著名导演 D. 著名演员

33. ______的喜剧被外界评论为国内首部"癫狂喜剧"?
A. 冯小刚 B. 李玟 C. 李欣 D. 尊龙

34. 冯小刚的喜剧采取的是______喜剧方式?
A. 幽默 B. 滑稽 C. 以语言为主 D. 强烈反差

35. 下列哪一项与文章不相符?______
A. 尊龙在此之前没有演过农民
B. 尊龙和李汶给导演的印象不是大牌演员
C. 真正的喜剧应该是发自内心的快乐，是肌肉的自然释放
D. 冯小刚打算与李欣抗衡

36.《自娱自乐》的导演觉得表演风格像周星驰的演员是______。
A. 周星驰 B. 冯小刚
C. 李欣 D. 李玟

37. 通过阅读文章我们知道了《自娱自乐》是一个________。

A. 电影　　B. 娱乐节目　　C. 体育节目　　D. 小品

五

我校主要培养从事国际经济贸易或其他涉外经济活动所需的专业知识和基本技能的专门人才。英语达到成人三级或大学英语四级水平。主要课程有经济学原理、大学英语、国际贸易、国际贸易实务、国际金融、电子商务、技术贸易、跨国公司与跨国经营等。

高中起点本科(本科毕业证,经济学学士,150 学分):

培养具备从事国际经济贸易或其他涉外经济活动的经营与管理和政策研究所需基本技能的专门人才。英语达到成人三级或大学英语四级水平。主要课程有经济学原理、大学英语、国际贸易、国际贸易实务、国际金融、电子商务、技术贸易、跨国公司与跨国经营等。

高中起点专科、专科二学历(专科毕业证,80 学分):

培养从事一般的国际贸易或其他经济活动所需的专业知识和基本技能的实用型人才。英语达到教育部规定的大学英语三级水平。主要课程有政治经济学原理、国际贸易、国际贸易实务、营销学原理、国际金融、国际商法、大学英语等。

电子商务	diànzǐ shāngwù	**e-commerce** 電子商業の事務を処理する 전자상무, 전자상거래
营销学	yíngxiāoxué	**marketing** 経営学 경영학

38. 我校主要培养的专业是________。

A. 国际贸易　　B. 经济贸易　　C. 涉外经济　　D. 国际经济贸易

39. 高中起点本科主要课程有________。

A. 8门　　B. 9门　　C. 7门　　D. 6门

40. 一个学生毕业时的学分是140分。,他应拿________。

A. 本科毕业证　　B. 专科毕业证　　C. 高中毕业证　　D. 以上都不是

第十一套

第一部分

一

网易公司今天宣布：公司已收到 Nasdaq 证券市场关于打算开市时对公司在 Nasdaq 国家市场上的美国存托股交易予以停牌的通知。由于公司未能以表格 20—F 的形式向 Nasdaq 和美国证券交易委员会呈报年度报表，因此违反了 Nasdaq 市场规则第 4310(c)(14)条的规定。这是网易在 2001 年 7 月 23 日披露的信息。此后，网易一直在媒体关注的"生存还是死亡"的话题之中。网易先后 4 次被停牌警告，先后传言有 i—Cable 等数家公司要收购网易。及至 2001 年 9 月，网易终因误报 2000 年收入，违反美国证券法而涉嫌财务欺诈，险被摘牌，其股价也跌至 1 美元以下，最低 65 美分，也被暂时停牌过。

那时，丁磊曾对媒体说："不以物喜，不以己悲。"而实际上，没有悲伤是不可能的，但重要的是能不能挺住。在那个"非典型时期"，丁磊的"非典型行为"迭出。那是个困难时期，但丁磊坚持不裁员、不减薪（但福利待遇有所下降）；与此同时，丁磊"血洗空降兵"——网易原 CEO 黎景辉和 COO 陈素贞——相继离职；但最为核心的是公司主导方向的移位。站在今天网易股价的沸点上，丁磊有些不以为然："现在有人来捧网易股价如何好，为什么不想一想，在网易股价最低的时候，没有人会看到这一点？为什么不想一想，那时候我们就想到网易会有今天？"这样说，隐含了丁磊的先知先觉，其实

不然，在那个时候，作为一个企业家，必须认准一个方向，当然风险是不可避免的。

后来，网易将工作的重点转移到了无线互联和在线娱乐方面。丁磊辞去董事长之职，躲到广州，那是他的发祥之地，一躲就是一年有余。此时的丁磊带领一班兄弟卧薪尝胆，终于推出了 online《大话西游》。不仅如此，网易还宣布引入韩国全 3D 的 Q 版网络角色扮演游戏《精灵》。

网易代理 CEO 孙德棣说，现在《大话西游》盈利了，怎么说都是对的，平淡无奇的。但在当时，在线游戏在中国没有一家是成功的。这是因为，当时已经有无数类似的免费 MUD 供网络在线游戏爱好者使用，要做收费在线游戏，无疑会头撞南山。但是，丁磊却成功了。2002 年 8 月，网易率先宣布盈利，2003 年第一季度实现盈利 6380 万元。而据消息，网易来自于短信方面的收入占到了总收入的一半，在线游戏占到了 35%。

停牌	tíng pái	Stop doing business; close down 取り引きをちょっと停止する 교역을 잠시 중단하다
涉嫌	shèxián	be a suspect 嫌疑がかかる 혐의를 받다
财务欺诈	cáiwù qīzhà	financial cheat ざいむ詐欺 재무사기
摘牌	zhāi pái	stop doing business 取り引きを停止する 교역을 중단하다
非典型时期	fēidiǎnxíng shíqī	untypical time 非典型的な時期 비전형적이는 시기

裁员	cái yuán	lay off 減員する 감원하다
减薪	jiǎn xīn	reduce salary 給料の引き下げ 임금을 삭감하다
空降兵	kōngjiàngbīng	airborne force パラシュート兵 낙하산식 인사
头撞南山	tóu zhuàng nánshān	bump one's head against the Nan mountain 窮地から脱け出す道がない 막다른 골목에 다다르다

1. 网易先后几次被停牌警告?
2. 在"非典型时期",丁磊有哪两项"非典型行为"?
3. 丁磊辞去董事长之职后躲到什么地方去了?
4. 后来,网易将工作重点转移到了什么方面?
5. 文中"头撞南山"是指什么?

三

尽管受到"非典"、伊拉克战争以及自然灾害等不利因素影响,上半年中国经济继续保持了快速增长的良好势头。权威经济部门预计,上半年经济增长速度将达到 8%以上,比去年同期有所加快。新一轮增长周期并未因"非典"被打破。

预测表明,上半年,中国投资和出口的增长速度双双超过 30%,实际利用外商直接投资也接近 30%,增幅均比去年同期有较大的提高。工业生产增长 16.2%,实现利润超常规增长。

国家发展和改革委员会宏观经济研究院专家陈东琪认为,目前,中国经济增长从需求方面看主要是投资和出口拉动，从供给方面看主要是工业拉动。而这三项指标均没有出现滑坡，国民经济“快速增长”的势头不会逆转。

从投资方面看，一季度增长31.6%，4、5月份分别增长28.9%、34.5%，几乎没有什么影响。这主要是因为社会投资已经全面启动，投资的内生增长机制正在形成。今年下半年国债投资项目逐步落实计划，政府直接投资增长还会快于上半年；从出口方面看，一季度增长33.5%，4、5月份分别增长33.3%和37.3%，反而有加速迹象。如果将进口考虑进来，外贸形势可以谨慎乐观；从工业方面看，一季度增长17.2%，4月份增长14.9%，5月份增长13.7%，6月份增长16.9%，出现回升势头。这样看来，投资、出口和工业经济形势依然向好，经济总量增长上的问题并不突出。

专家预计，全年经济增长可能出现“V”字型，中间低，两头高，全年经济实现“保七争八”目标不会有太大的问题。

不过，他们也提醒，由于“非典”的影响，就业矛盾更趋突出、农民收入增长下滑，经济生活中的一些深层次矛盾愈发突出。同时，随着经济的发展，出现了高耗能工业重新抬头、金融信贷增长过猛等新问题。这些矛盾和问题需要在下半年的工作中抓紧加以解决。

良好势头	liánghǎo shìtóu	good momentum 形勢がよろしい 양호한 추세
金融信贷	jīnróng xìndài	financial credit きんゆう貸付け 금융대리

6. 从文中可以看出，中国上半年经济的增长受到不利因素的影响了吗？
7. 中国投资和出口的增长速度怎么样？
8. 第三段中，“这三项指标均没有出现滑坡”指的是哪三项？

9. 从工业方面看，一季度增长17.2%，那么，二季度的三个月分别增长了多少？
10. 这些矛盾和问题要什么时候解决？

三

中国自古以来就有“衣冠王国”的美誉。当原始人类告别了“衣毛帽皮”之后，服装便在漫长的奴隶社会和封建社会中充当了区分等级差别的角色之一。帝王后妃、达官贵人、以至黎民百姓，衣冠服饰均有严格区别，以此来分尊卑、别贵贱、严内外、辨亲疏。而在民间，不同民族服装相互影响、相互借鉴，取长补短，其饰物也是千姿百态，变化无穷，显示了中国服饰文化丰厚精湛的一面。

在这不断的变化中，服装形成了其特有的基本规律，在式样上，上衣下裳和衣裳连属制是两种基本的形制。这两种形制交相使用，相容并蓄。在装饰纹样上，采用最美的动物纹样、植物纹样和几何纹样。图案的表现方式，大致经历了原始的抽象、唐宋的规范、明清的写实几个阶段。

在服装的色彩上，青、红、黑、白、黄五色被视为“正色”，有些朝代规定只有帝王官员可用，黎民百姓则只能穿着由这些颜色调配出来的“间色”。隋唐以后，黄色成为皇帝的专用色。在用料上，由原始的兽皮、羽毛、树叶等，发展到麻、葛、毛、丝、棉等织物。在中国古代，服装成为统治阶级的思想、感情、愿望的反映和体现。

不同的时代，人们对服装的审美要求也不尽相同。在中国，汉代以赵飞燕的苗条、清瘦为美，唐代以杨玉环的圆润、丰满为美，“燕瘦环肥”说的就是两个朝代女性服装的差异，因此汉代女服上长下短，给人们以修长轻盈之美；唐代女服则宽衣大袖，袒胸露臂，给人们以丰满华丽之美。真可谓"短长肥瘠各有态，玉环飞燕谁敢憎"，风度各异，各显其美。到了宋代，一改唐代的宽博、暴露为窄、瘦、长、奇，形成一种严谨、含蓄的风格。清代女服则反映了满族服饰的特点：头梳大拉翅，身穿旗袍，脚着花盆底鞋。不同朝代服装的变化，突出了一种装饰美，而掩饰了曲线美。

直到近代，由于受到西欧女装的影响，女服才开始收紧腰身，显露女性的身姿，以展现其婀娜窈窕的曲线美。

达官贵人	dáguān guìrén	high officials; VIPs 高官や身分の尊い人 고관대작, 지위가 높은 사람
黎民百姓	límín bǎixìng	ordinary people 庶民　平民 이민자(이민인구)
袒胸露臂	tǎnxiōng lòubì	Expose one's neck and shoulders (胸などを)はだける 단정하지 못한 차림새
婀娜窈窕	ēnuó yǎotiǎo	graceful and sylphlike 美貌でしとやかである 유연하고 아름다운 요조숙녀

11. 中国自古以来有什么样的美誉?
12. 图案的表现方式经历了哪几个阶段?
13. "间色"只能谁穿?
14. 直到何时中国女服才开始展现女性曲线美?
15. "燕瘦环肥",其中"燕"和"环"分别指谁?

第二部分

一

进口轿车价格的构成:进口轿车价格包括到岸价、关税、增值税、消费税、海关费用、许可证费用、运杂费、营销利润等部分。其中关税和许可证费用与加入 WTO 直接相关,将会大幅下调,而 7%的增值税、3%—8%的消费税以及海关费用等则与 WTO 间接相关,变化不会太大。至于进口车营销利润则很难预料其变化情况,利润的多少将由市场的认购情况来决定。

到岸价	dàoànjià	C.I.F 運賃保険料込み値段 운임, 보험료 포함가격

16. 根据文章,进口轿车的价格构成不包括________。
    A. 到岸价　B. 营销利润　C. 离岸价　D. 消费税
17. 车价构成中,与加入 WTO 直接相关的将会________。
    A. 上涨　B. 下调 7%　C. 变化不会太大　D. 大幅下调
18. 进口车营销利润的情况是________。
    A. 大幅下降　B. 增长 7%　C. 大幅上涨　D. 很难预料

二

中国进入世界贸易组织,使得世界上这个最为重要的贸易国家之一进入了这个以规范为基础的多边贸易体系。世界贸易组织成员国的地位,为 13 亿人口的中国提供了确有保障的、能够预测的和没

有歧视的通道，以通往这个有着 142 个贸易伙伴的国际市场。它使中国承担起相应的义务，实施合乎法律的及合乎国内政策的改革。对于其他 WTO 成员国而言，中国的入世将巩固和加快在过去 20 多年里中国已着手进行的令人瞩目的放宽限制所带来的利益。在实现其所有的承诺后，就农产品而言，中国的平均限制性关税水平将减少至 15%；就工业产品而言，其关税水平将减少至 8.9%。一些关税将被取消，其他关税将得到削减。既然中国在世界贸易组织中有了自己的席位，那么，世界贸易组织可以更加名正言顺地称自己为一个真正的全球性的组织了。当然，中国仍须制定更自由的经济政策。

多边贸易体系	duōbiān màoyì tǐxì	multila teral trade system 多角貿易たいけい 다방면의 무역체계
名正言顺	míngzhèng yánshùn	fit and proper 名分も言葉も正当な 명분이 정당하면 말도 이치에 맞는다

19. 世界贸易组织成员国的地位为中国人提供了________。
A. 国际市场　　B. 贸易体系
C. 没有歧视的通道　　D. 国际地位

20. 中国入世，对于其他 WTO 成员国而言________。
A. 无关紧要　　B. 没有利益　　C. 将带来利益　　D. 文中没有说明

21. 中国入世后，________的平均限制性关税水平将减少至 15%。
A. 农产品　　B. 工业产品　　C. 汽车产品　　D. 其他产品

22. 就工业产品而言一些关税将被________。
A. 取消或削减　　B. 降低　　C. 增加　　D. 不变

三

中日韩三国之中，日本人最喜欢礼物。从年初的压岁钱开始，入学、毕业、就业、退休、岁暮、结婚、生日、生育、探病、搬家等等，日本人一年当中无时无刻不互送礼物。日语中的“礼物”，写做“土产”。一个人从别的地方回来以后，通过把那个地方的土特产送给家人或自己所属的集体，从而与他们共同分享自己在他地的见闻或体验。韩国的“礼物”写做汉字词“膳物”，主要指吃的食品、食物类。比起礼物本身来，日本人更注重礼物的外包装。而对中国人而言，送礼的意义与礼物本身成正比，即认为越是大而贵重的礼物，其真情度也越高。韩国人也喜欢大的东西。

打个比方，如果中国人的礼物有西瓜那么大，那么韩国人的礼物就会有苹果那么大，而日本人的礼物则成了樱桃粒。日本经理N与中国经理B谈完商务后一起吃饭。饭后N对B说：“送您微薄小礼，敬请笑纳。”回到酒店后，B小心翼翼地打开精美的包装一看，里面只是可怜巴巴地放了一块毛巾。韩国人和日本人喜欢单数，送礼也送单数，但中国人却相反。讲求阴阳、上下、左右、男女等的“成双成对”式的中国文化，自古就认为双数是吉利的，所以送礼物也一定是两瓶酒、两袋点心等双数的形式。

岁暮	suìmù	multi-lateral trading system さいぼ　としのくれ 노년, 만년
樱桃	yīngtáo	be perfectly justifiable さくらんぼ 앵두

23. 文中提到日本人至少在________情况下送礼物。

A. 10 种　　B. 11 种　　C. 8 种　　D. 9 种

24. 日语“土产”相当于韩语的________。

A. 礼物　　B. 家乡的产品　　C. 膳物　　D. 食品

25. 依照短文，韩国人送的“礼物”主要是________。

A. 土产　　B. 膳物　　C. 钱　　D. 食物

26. 本文认为中国人喜欢________。

A. 包装好的礼物　　B. 贵重的礼物

C. 大礼物　　D. B 和 C 都有

27. 最喜欢精美包装礼物的是________。

A. 日本人　　B. 中国人　　C. 韩国人　　D. 东方人

28. 下列不符合原文意思的一项是________。

A. 中日韩三国中，日本人最喜欢礼物

B. 韩国人送礼物喜欢送单数

C. 中国人喜欢送的礼物是西瓜

D. 中国人送礼物讲求阴阳，讲求吉利

29. 日本人________。

A. 喜欢双数　　B. 送礼送单数

C. 讲求“成双成对”　　D. 送点心要送双数

四

QFII 是指合格的外国投资者制度。中国台湾、韩国、印度、巴西等国家和地区在 20 世纪 90 年代初就设立和实施了这种制度。QFII 制度是许多国家和地区，特别是新兴市场经济体普遍实施的在货币没有完全可自由兑换、资本项目尚未开放的情况下有限度地引进外资，开放资本市场的一项过渡性制度。它允许经核准的合格外国机构投资者(QFII)在一定的规定和限制下汇入一定额度的外汇资金，并转换为当地货币，通过严格监督管理的专门账户投资当地证券市场，其资本利得、股息等经审核后可转换为外汇汇出的一种市场开放模式。QFII 制度本质上就是对进入本国证券市场的外资进行一定的限制。

自由兑换	zìyóu duìhuàn	free exchange 自由両替する 자유관세
过渡性制度	guòdùxìng zhìdù	transitional system 過渡的せいど 과도성 제도

30. 本文的主要内容是_______。
A. 介绍合格的外国投资者制度
B. 介绍中国台湾,韩国,印度等国家和地区的制度
C. QFII 制度是什么时候设立的
D. 外国投资者怎样转账

31. QFII 制度是许多国家和地区在_______情况下实施的一项过渡性制度。
A. 货币没有完全可自由兑换
B. 资本项目尚未开放
C. 要有限度的引进外资,开放资本市场
D. 以上都有

32. 经核准的合格外国机构投资者在规定和限制下_______。
A. 不可以转换当地货币
B. 不可以投资当地证券市场
C. 可以自由兑换货币
D. 汇入一定额度的外汇资金

33. QFII 制度至少有_______地区和国家设立和实施这个制度。
A. 3 个　　B. 4 个　　C. 5 个　　D. 6 个

五

中国人的左右观或许可以从中国历代官制中略见一斑，因为中国的官制常常是同一官职却分左官与右官的。以此观之,唐代宋代都是左比右高一等的。唐宋时的左右仆射、左右丞相、左右丞,皆以左官

为上。到了元代蒙古人统治时却反了过来，不但左右丞相和左右丞都是以右官居上，而且元代考科取士也分右榜、左榜，蒙古人列入右榜，汉人则在左榜，左榜自然低于右榜，因为在元代汉人是二等臣民。到了大明朝代，又回到了唐宋时代的尚左传统：明代六部的左右侍郎、左右都御史、左右给事中、左右布政使，都是以左官居上。

略见一斑	lüè jiàn yì bān	catch a glimpse of; get a rough idea of 全体の一部分が見える 일면을 엿보다

34. 关于元代的说法，错误的是______。
A. 由蒙古人统治　　B. 汉人是二等公民
C. 左丞相低于右丞相　　D. 考科取士，汉人在右榜

35. ______不属于明代六部。
A. 左右丞相　B. 左右侍郎　C. 左右给事中　D. 左右布政使

36. 下列与原文相符的一项是______。
A. 唐代宋代元代的官职都是左比右高一等
B. 中国官职不分左右
C. 大明朝回到了尚左传统
D. 明代六部左右侍郎中右侍郎居上

六

传统是什么？按哈耶克的观点："传统是本能与理智之桥"(《致命的自负》)，即人类只有在尊重由进化过程积淀的传统的前提下才能行动。正如卢周来先生所说："无论传统是什么样的，无论我们的好恶如何，也无论我们主观上如何想抛弃它，……但事实上它却是我们无法摆脱的传统，我们一切的一切，仍是在传统的影子下渐进，也是在

传统的基础上积累的。"(卢周来《旁观新自由主义经济学》)所以说，从理学的层面讲传统是一种理性、传统也是一种惯性。中国的传统是什么？概而言之，就是思想文化方面的儒家伦理传统和政治制度方面的集权专制传统，关于儒家文化和专制制度的形成及内涵，诸多思想家和学者已有精辟的论述，无须我再赘言，我更感兴趣的是儒家文化传统和政治专制传统对当今中国人思想行为的潜意识影响和惯性作用。

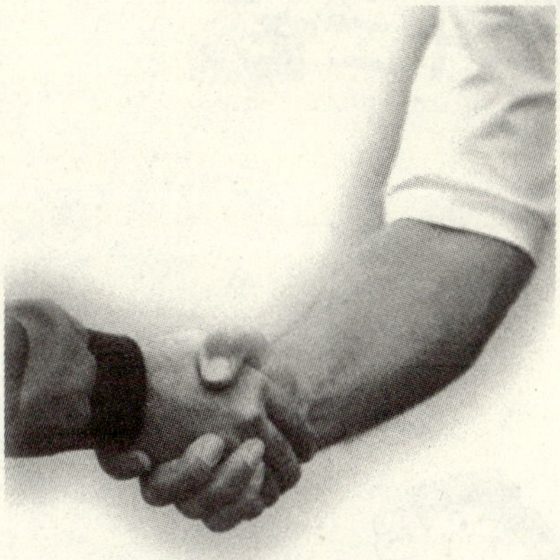

赘言	zhuìyán	verbosity ぜんげんする　むだな言葉(を遣う) 비방하다. 비판하다

37. 卢周来先生认为传统能摆脱吗？________
    A. 不能摆脱　　B. 能摆脱
    C. 有时能摆脱　　D. 以上都对

38. 从理学的层面讲，传统是________。
    A. 一种惯性　　B. 如影子的东西
    C. 一种理性，惯性　　D. 左右着人们的言行

39. 中国的传统主要指什么________。
    A. 儒家理论传统　　B. 集权专制传统
    C. 儒家理论传统和集权专制传统　　D. 温、良、恭、检、让

40. 对当今中国人有潜意识影响的是________。
    A. 儒家文化传统　　B. 传统的本能与理智
    C. 儒家文化专制制度　　D. 思想家和学者的论述

第十二套

第一部分

一

中国已成为WTO的正式成员，关税与进口配额是影响中国汽车价格的重要因素。

一是关税。根据中美双方达成的协议，到2006年7月，轿车和客车的关税将降到25%，货车关税降到20%~30%。根据2001年关税税则，轿车进口税率为70%~80%，客车为45%~65%，货车为30%~50%。反映到价格上，降低幅度为每年3%左右。可以看出，轿车受降低关税带来的冲击程度最大，货车受入世降低关税的冲击程度最小；高档车受冲击较大，低档车受冲击较小。

二是进口配额。中国承诺入世第一年汽车产品的进口配额为60亿美元，每年递增15%，5年后完全取消配额。2000年中国进口汽车整车4.22万辆，进口金额11.55亿美元，如果要达到60亿美元大约要增加5倍，大约到25万辆~30万辆，相当于2000年产量的13%~15%。如果国内产量增长快，可以保持在10%左右，问题还不是十分严重。但进口汽车中一半为轿车，2000年为2.16万辆，相当于国内产量的3.6%，增加5倍，为13万辆~15万辆，大约占目前产量的20%~25%，可见配额的取消对轿车的影响比较严重。

从大的市场环境来说，入世后中高档轿车所受到的降价压力将会逐渐加大，尤其在5年后关税下调到

一定幅度，进口配额取消，到时国产轿车的价格优势减少，同档次的进口轿车将开始全方位地与国产车竞争，加上进口车在国内建立起来的营销网络和服务，其优异的质量、完善的服务加上品牌效应，会给购买心理成熟的消费者更多的选择余地，而10万元以下的轿车则仍是国产车的天下。

进口配额	jìnkǒu pèi'é	**import quota** 輸入分配定額 수입할당액
营销网络	yíngxiāo wǎngluò	**marketing network** 売りあげ商業組織もう 영업조직망

1. 什么车和什么车受降低关税带来的冲击程度小？
2. 中国承诺什么时候完全取消进口配额？
3. 作者认为取消配额对什么车影响比较严重？
4. “国产车的天下”指什么？

三

生于70年代的这拨人，最大的32，最小的23。作为最早出生于70年代的人，应该随手间记下从小到大的一些事情。要不，再过几年，恐怕会忘记。用过粮票布票油票豆腐票，拎着瓶子打过酱油。收藏有20本以上的小人书，看过5遍以上《少林寺》。记得《大西洋底来的人》、《尼尔斯骑鹅旅行记》，唱过“十万马力七大神力啦啦啦铁臂阿童木”。70年代末期出生的小时候记得的是花仙子、蓝精灵。

睡过抗震棚。帮老爸买过冬储菜，在地上挖过坑埋过萝卜。作文里用得最多的词是“改革大潮席卷神州”。后来多改成“拾金不昧”、“助人为乐”类。男孩玩对拐、打山救火，女孩子跳皮筋、抓羊拐（各地略有差异)，男孩女孩一般不在一起玩儿。喜欢过程琳的《酒干倘卖无》、张行的《迟到》、朱晓琳《那一年我十七岁》。后来是费翔和齐秦。看港台录像、玩电子游戏、跳霹雳舞、听摇滚音乐，都痴迷过。腰里别随身听，西装和太阳镜上留着商标。听过对越自卫反击战英模报告，热泪盈眶、热血沸腾(70 年代末的大多听的是劳模的报告)。不管是否传阅过，至少知道手抄本的《少女之心》、《曼娜回忆录》。在学校被老师或同学搜过书包，查有没有手抄本。用铁锹或板砖打过架，后来改用匕首和马刀，最不济也要装着家里的旧菜刀。打架以恫吓为主，人数上占优时是非打不可的。谁要进过看守所或审查站，彻底成了没人敢惹的主儿。

在课桌上刻“三八线”及书法(个别人擅长彩绘)。学过女排的“拼搏精神”，在笔记本上写过：“走自己的路，让别人说去吧！”帮父母排队抢购过冰箱彩电洗衣机包括日常生活用品，因为怕涨价。看过《寡妇村》，学会了说“少儿不宜”。让港台和日本电视连续剧迷住过，喜欢过翁美玲、山口百惠、霍元甲和许文强。读过金庸古龙三毛席慕容北岛汪国真王朔钱钟书张爱玲，最后还是发现小时候的连环画印象最深。

抗震棚	kàngzhènpéng	aseismatic shed 震災を防ぐごや 지진에 대비한 가건물
冬储菜	dōngchǔcài	store vegetables for the winter 越冬にたくわえる食糧 월동을 위해 저장한 식량
对拐	duìguǎi	a kind of game ひざでげんかな子供の遊びの一種 닭싸움

跳皮筋	tiàopíjīn	skipping and dancing over a chain of rubber bands 輪ゴムを長くつなぎ合わせたものを二人の子供が引っぱり、別の子供がいろいろな飛び方で飛ぶ 고무줄 놀이
抓羊拐	zhuā yángguǎi	children game （おんなのふがする）ゲームの－種 술래잡기
霹雳舞	pīlì wǔ	break dance 踊りの一種 판토마임
随身听	suíshēntīng	walkman 携帯カセット・テープ 워크맨
铁锹	tiěqiāo	shovel シャベル　スコップ 삽, 가래
霍元甲	Huò Yuánjiǎ	Huo Yuanjia (a famous sowordsmen film hero) 中国ぶじゅつか（人名） 중국 무술가
金庸	Jīnyōng	Jing Yong(male , a famous sowordsmen book writer) 武侠小説家（人名） 김용(중국의 무협소설가)
古龙	Gǔlóng	Gu Long(a famous male writer) 武侠小説家（人名） 홍콩의 무협소설가
三毛	Sānmáo	San Mao(a famous female writer) 台湾有名な女作家（さっか） 대만의 유명한 여류작가

席慕容	Xí Mùróng	Xi Murong(a famous female writer) 台湾有名な散文作家 대만의 유명한 산문작가
北岛	Běi Dǎo	Bei Dao(a famous male writer) 中国有名な現代詩人 중국의 유명한 현대시인
汪国真	Wāng Guózhēn	Wang Guozhen (a famous male writer) 中国有名な現代詩人 중국의 유명한 현대시인
王朔	Wáng Shuò	Wang Shuo(a famous male writer) 中国当代小説家 중국의 당대 소설가
钱钟书	Qián Zhōngshū	Qian Zhongshu(a famous male writer) 中国有名な現代小説家 중국의 유명한 현대소설가
张爱玲	Zhāng Àilíng	Zhang Ailing(a famous female writer) 中国女小説家 중국의 여류소설가

5. 生于70年代的这拨人用过什么票据？
6. 生于70年代的人，小的时候，男孩玩什么？
7. 文中，作者提到的喜欢过的歌手有几个？
8. 文中的“三八线”是刻在哪儿的？
9. 通过文章最后一句话可以找出几位作家？

三

从市场普遍的反应看，长江电力的市场表现显然超出多数人的预料。在申银万国、山东神光等23家研究机构所作的上市定价预测中，预测长江电力定价超过6元的只有7家。这些现象似乎说明，长江电力的首日定价好像是高了。不过要判断长江电力的定价是否高

估，还得从长江电力本身的盈利情况作分析。据中金公司研究机构预测，2004年三峡加权平均上网电价可能要达到0.26元/千瓦时，对应的长江电力每股收益应该约为0.34元。也就是说，现在长江电力的市盈率约为18倍。比较申能股份、深能源、粤电力、华能国际、国电电力、内蒙华电等6家独立发电类上市公司，长江电力的市盈率还是有相当的投资价值的，长江电力的当前定价比较合理。

市盈率	shìyínglǜ	Earnings per Share しょうけんしゅえきりつ 증권수익율(EPS)

10. 有多少家研究机构参加上市定价预测？
11. 要判断长江电力的定价是否高估，得从什么分析？
12. 作者认为长江电力的定价怎么样？

四

西方印象画着力渲染了画面色彩，给人强烈的视觉冲击感觉，用流畅的线条，朦胧的意象来揭示主题。而中国的水墨画则给人清新明朗的感觉，团团点点之间，时而迂回，时而陡转，黑白竟也层峦迭嶂，让人领悟其中的意境。如果把李碧华和张爱玲的爱情小说比做一幅画的话，那么李碧华的小说便是一幅西方的印象画，可以取名为“奇情”，而张爱玲的小说则是一幅东方的水墨画，可以取名为“浮情”。李碧华的爱情小说之奇在于她善于把古代女子的故事新编，以一种崭新的视角来诠释女性主义，而且有所突破。这是通过对女性的爱情心理的刻画来表现的。在她笔下，一群女性或者反叛爱情压迫，或者对

爱情矢志不渝，或者赴汤蹈火，或者垂死挣扎，她们都是为了追求自由的爱情。而这些女子或是背上千古骂名，或是出身卑微，或是惨遭蹂躏，或是命如草芥。在沉寂的历史中许多声音被湮灭了，但是她们需要呐喊，需要斗争，需要解放。于是李碧华的奇思迭出，这些被历史遗弃的女子喊出了自己的声音，冲破了热闹与繁华，响彻云霄。李碧华的奇就在于她的奇思妙想上，给人“山穷水尽疑无路，柳暗花明又一村”之感。

渲染	xuànrǎn	wash (a piece of drawing paper) with watercolors 大げさに表現する 과장하다
水墨画	shuǐmòhuà	wash painting すいぼくが 수묵화
迂回	yūhuí	circuitous; tortuous うかいする　遠回りする 빙빙돌아서 가다
层峦迭嶂	céngluán diézhàng	never-ending mountains 山岳ちゅうじょう　幾重にに重なっている山山 산이 겹겹이 겹쳐져 있는 모양
诠释	quánshì	annotation 説明する　解釈する 설명하다 해석하다

矢志不渝	shǐzhì bù yú	vow to adhere unswervingly to one's chosen cause 志を変えないてとを誓う 의지가 굳다、의지를 굽히지 않다
赴汤蹈火	fùtāng dǎohuǒ	go through fire and wate 火の中水の中も辞さないこと艱苦、危険を恐れないたとえ 어떤 일을 하기위해 많은 대가를 지불하다
垂死挣扎	chuísǐ zhēngzhá	death struggle 瀕死のあがき 최후의 저항을 하다
蹂躏	róulìn	trample on じゅうりんする　ふみにじる 유린하다
命如草芥	mìngrúcǎojiè	be treated like dirt/trash いのちはちりあくたのようだ 사람의 목숨이 한낮 잡풀과 같다
湮灭	yānmiè	annihilate 隠滅する　消えてなくなる 멸망하다 없애다

13. 文章中怎么比喻李碧华的小说？
14. 作者是怎样命名张爱玲的小说的？
15. 李碧华的“奇”在于哪？

第二部分

一

旗袍，原为满洲旗人妇女服装。辛亥革命后，汉族妇女也普遍采用。经过不断改进，旗袍一般式样为：直领，右开大襟，紧腰身，衣长至膝下，两侧开叉，并有长短袖之分，旗袍上装饰最精巧的要算花边。清初镶边较狭，颜色较素。至清末衣缘越来越阔，花边也越滚越多，从三镶三滚、五镶五滚，发展到“十八镶滚”。还有在衣襟及下摆处用不同的珠宝，盘制成各种花样。或挖空花边，镶上各种图案。这类衣服，由于服饰太盛，穿在外边几乎看不清原来的质地。清代妇女穿旗袍时，还要穿花盆底鞋，高四五寸，形状上宽下圆，形似花盆，故俗称“花盆底”。又因其底的中间凿成马蹄式，踏地时印痕像马蹄，所以又叫“马蹄底”。

现代旗袍在满族旗装的基础上进行了改良，并成为中国女性传统的服装。它选料精良，剪裁得体，讲究沿边、盘扣精美。穿上它，能较好地体现东方女性窈窕的身段和典雅端庄的风度。因此不少外国服装设计师说它集中表现了中国服装设计的传统审美意识，称它为中国服装设计的智慧和结晶。旗袍作为宴会及其他庄重场合的礼服，尤显风姿绰约，因而，旗袍的美又富有另一含义：既有对出席场合和主人表示尊重之意，又包含了对民族服装的喜爱之心，同时还显示了与众不同、超凡脱俗的个性特点。

开叉	kāichà	**kick pleat** （スカート）またがひらいた （치마의 옆 또는 앞이） 트이다

花边	huābiān	lace 縁の飾り　レース (옷깃의) 레이스
镶边	xiāngbiān	embroider へりをとる 레이스를 붙이다
衣襟	yī jīn	one or two pieces waking up the front of a Chinese jacket 衣服の前おくみ 옷섶 옷깃
下摆	xiàbǎi	lap; skirt 長衣・スカートなどのすそ、またその幅 (중국옷의) 앞자락의 폭
剪裁得体	jiǎncái détǐ	tailored 体に合って服を裁断する 몸에 잘 맞게 재단하다
盘扣	pánkòu	a kind of traditional button made of cloth 中国女性服のボタン様子 (중국 전통 여성옷의) 단추 모양
风姿绰约	fēngzī chuòyuē	of (a woman) carry oneself in a graceful manner 容姿がしなやかなさま 풍채가 좋은

16. 旗袍的样式不包括________。
A. 直领　　B. 紧腰身　　C. 左开大襟　　D. 两侧开叉

17. 旗袍上装饰最精巧的是________。
A. 衣缘　　B. 花边　　C. 衣襟　　D. 下摆处

18. 从清初到清末旗袍的花边________。
A. 越来越阔　　B. 越来越多　　C. 越来越大　　D. 越滚越多

19. “花盆底”是________。
A. 旗袍上的装饰　　B. 花盆的底部
C. 与“马蹄底”不同的　　D. 一种清代妇女穿的鞋

20. 现代旗袍________。
A. 选料要精良，但沿边不必讲究　　B. 花边越素越漂亮
C. 剪裁得体，盘口并不重要　　D. 体现东方以女性窈窕的身段

21. 根据本文，穿中国旗袍不是为了体现________。
A. 独特的审美观
B. 对出席场合和主人的尊重
C. 设计师的才华
D. 对民族服装的喜爱

22. 下列与原文不符的一项是________。
A. 辛亥革命后，汉族妇女也普遍穿旗袍
B. 旗袍上都装饰着华丽的花边
C. 清代妇女穿旗袍时，要穿花盆底鞋
D. 外国设计师称旗袍为中国服装设计的智慧和结晶

三

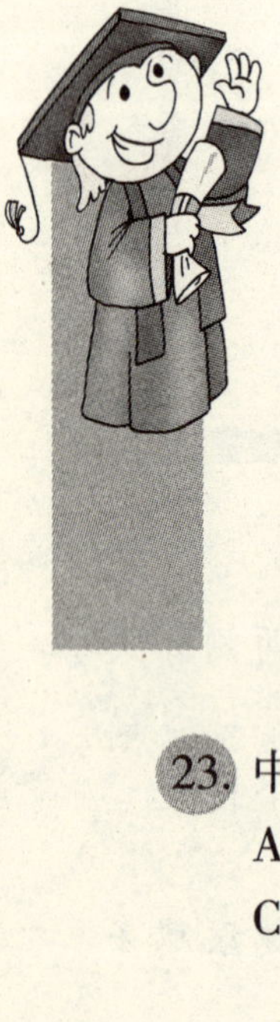

作为 WTO 的一个成员，中国完全保持其决策自由，有权制定其自己的经济政策。有关经济政策问题，WTO 的规则并没有包括任何“规定和命令”。例如：预算的制定和货币政策，这些东西超出了我们的工作范畴，是各主权国政府自己的责任。成为世界贸易组织的成员，相对于外国的商品和服务来说，意味着你必须稳定本国的贸易结构；你必须约束自己保持在某种开放的水平上；并且还意味着，你必须以非歧视的方式对待 WTO 其他的成员。

23. 中国作为 WTO 的一个成员国有权________。
A. 保持贸易自由　　B. 保持其政治自由
C. 制定自己的国策　　D. 制定自己的经济政策

24. 预算的制定和货币政策________。

A. WTO 对此有规定　　B. 在 WTO 规则的工作范畴内

C. 是主权国政府自己的责任　　D. 是各成员国之间协调产生的

25. 作为世界贸易组织的成员，你必须________。

A. 严格遵守 WTO 的规则和命令

B. 改变本国的贸易结构

C. 约束自己保持在某种开放的水平上

D. 不能以非歧视的方式对待 WTO 其他成员

三

儒学本质上是一个社会伦理哲学，经过长期的发展，儒学逐渐形成了一个完整的伦理思想体系，建立了一系列的政治伦理原则和道德规范，其中最根本的原则就是“三纲”。所谓“三纲”是指君为臣纲，父为子纲，夫为妻纲，这里提出了处理君臣关系、父子关系和夫妻关系的原则，儒家强调在处理君臣、父子、夫妇关系时，君、父、夫始终是起主导和决定的作用，即臣对君的绝对服从，子对父的绝对服从，妻对夫的绝对服从，儒家把这种尊卑从属关系视为道德的根本，任何不符合这种尊卑从属关系的观念和行为都会受到严厉的道德谴责。儒家学说在这一点上与中国历史上一直实行专制统治的君主有了共通之处。正是这种共通，使儒学因此而获得了官方哲学的地位。

谴责	qiǎnzé	condemn; denounce けんせきする　非難する (양심의)가책을 느끼다

26. 儒学的本质是________。

A. 一个社会伦理哲学　　B. 夫为妻纲

C. 君为臣纲　　D. 父为子纲

27. 儒学最根本的原则是________。

A. 君为臣纲　　B. 夫为妻纲　　C. 父为子纲　　D.“三纲”

28. “三纲”中指夫妻关系的是________。

A. 父为子纲　　B. 君为臣纲

C. 夫为妻纲　　D. 以上都不是

29. 儒学获得官方哲学的地位是因为________。

A. 它与中国历史上一直实行专制统治的君主有共通之处

B. 人们尊敬孔子

C. 它是一个完整的伦理思想体系

D. 这种学说很有道理

四

杜拉克对家族企业管理有其独到的见解。他认为，就企业的所有功能性工作来讲，一般企业与家族企业之间没有任何不同，但在管理方面家族企业却要严格遵守特别的原则：一是家族成员一般不宜在本企业工作；二是非家族企业成员出任高级职位；三是非家族专业人士身居要职；四是让外聘管理人享有“主人感”；五是找好仲裁者。前三点一目了然，无须多解释。第四点，让外人享有主人感，是指家族企业通过实行优先认股制度和赠予企业股票期权等激励措施，使外聘的管理人员，特别是高层专业人士能与家族成员同享金钱上的认可和地位上的认同。这对于家族企业中的外聘人员具有非常重要的意义。第五点，找好仲裁者，是指将企业管理的继承问题，交给一个既非家族成员也不是企业一员的外来者来解决，以此避免管理层在继承问题上遇到的麻烦——甚至是导致分裂的后果。

外聘	wàipìn	recruit from outside the company 外部から招聘（しょうへい）する (외부에서) 스카웃하다

30. 一般企业与家族企业之间在管理上________。

A. 相同　B. 存在不同　C. 完全相同　D. 没有可比性

31. 能叫人一目了然的家族管理原则至少有________。

A. 一点　B. 两点　C. 三点　D. 四点

32. 实行优先认股制度，赠与企业股票期权，在金钱上给予认可，可以________。

A. 使外人享有主人感　B. 搞好家族成员关系

C. 增强企业市场竞争性　D. 对于各种企业都有重要意义

33. 文中所谓“找好仲裁者”是指________。

A. 找一个学历高的仲裁者

B. 找一个能力强的仲裁者

C. 找一个即非家族成员也非企业一员的外来仲裁者

D. 一定要找自己人

五

中国传统文化是以“周易”文化为中心发展出来的儒、道、阴阳、法、名、墨、纵横、杂、农文化。更实际地说，中国的传统文化应当说是以“道释儒三教为中心的十多种文化”。原来的中国传统文化是不包括佛教文化的，佛家文化是汉以后融入中国传统文化的，因为佛家的文化与中国的传统文化极为相似，所以它是很容易与中国的传统文化融合的。春秋战国之后，名、墨、纵横、杂家的社会存在环境都不存在了，或者说它们不能适应社会的发展需要，就各自烟消云散了。汉代以后，儒、释、道、武、医、阴阳、农、科、文学都有所发展，墨家的社会地位为佛教所代替。

虽然墨家与佛教有一些相似之处，但是因为墨家哲学思想不够深刻，在哲学上只是在形式逻辑上有所造诣，不能上升到修持自我，进而认识宇宙本质的高度，因此它不能胜任整合中国社会和中国文化的任务。墨家与儒家文化是一种对立的文化，也是一种入世的思想，即经世致用的文化思想。墨家思想是有很极积的一面，如“兼相爱”，“交相利”，“非攻”“非兵”“节用”、“节葬”、“赖其力者生”、“不赖其力者不生”、“尚贤”、“尚同”的政治主张，认为“官无常贵，民无常贱”，反对贵族的世袭制。“使饥者得其食，寒者得其衣，劳者得息，乱则得治”都有现实的积极意义的。

烟消云散	yānxiāo yúnsàn	Completely vanish 雲散霧消する　霧散する 완전히 소멸되다 없어지다

34. 中国传统文化是________。

A. 以周易文化为中心的　　B. 儒家文化

C. 佛教文化　　D. 佛家文化与汉文化融合以后的文化

35. 以“周易”文化为中心发展出来的文化有________。

A. 7 种　　B. 8 种

C. 9 种　　D. 10 种

36. ________的文化与中国传统文化极为相似。

A. 儒家　　B. 道家　　C. 法家　　D. 佛家

37. 能够很容易与中国文化融合的是________。

A. 周易　　B. 佛家文化　　C. 墨家文化　　D. 道家文化

38. 关于墨家，下列说法不对的是________。

A. 与佛教相似

B. 思想不够深刻

C. 只是在形式上逻辑上有所造诣

D. 能上升到修持自我

39. 墨家文化是________。

A. 儒家文化　　B. 抽象的宇宙观

C. 佛家文化　　D. 经世致用的文化思想

40. “官无常贵，民无常贱”是________的主张。

A. 儒家　　B. 墨家　　C. 佛家　　D. 道家

第十三套

第一部分

一

今天，创新已成为我们这个社会最流行的一个词汇，大的方面有知识创新、制度创新、文化创新、教育创新等，具体的有观念创新、技术创新、管理创新、方式方法创新等，各种各样的创新工程更是层出不穷，创新已经成为一种社会共识。似乎中国人传统的守旧和封闭意识已了无痕迹，完全为开放的创新意识所取代。其实不然，传统的封闭意识在当今社会仍有着巨大的惯性影响力：

第一，表现为国人深厚的权力崇拜意识，对权力，当权者爱不释手，无权者向而往之。中国是一个有着几千年专制历史的国家，失去制约的权力曾被统治者滥用到极致，国人深切体会到了有权者的威严和无权者的无奈，拥有权力就意味着拥有财富，当官是最好的致富之路，“当官发财”已是中国人一种近乎本能的理性常识。拥有权力还意味着拥有名誉、地位和尊严，晋升官阶一直被中国人视为功成名就的标志。

第二，表现为国人权利意识的缺失。经过儒家文化几千年来的熏陶和浸淫，顺从被誉为一种美德，中国人——从官员到平民、从人子到人妇都形成一种顺从的惯性意识：妇顺从于夫，子顺从于父，臣顺从于君，全体人民最终顺从于君主。面对专制者的淫威，普通平民和下级官员也只有顺从，而不敢有丝毫的质疑和违抗，更不用说主张自己的权利。所以，服从或顺从不仅是一种高尚的道德选

择，也是官员和民众维护自身利益的理性选择。这同部分西欧国家(如英国)民众强烈的自治观念和权利意识形成明显的反差。

第三，表现为普遍的唯上意识。这与中国的专制传统密切相关，专制君主高居权力顶峰，视天下为其私家财产，其意志就是国家的法律，臣民只有顺从君主的权威和意志，才能保全其性命，才能维护其利益，所以只唯上、不唯事、不唯下就成为官员的自然选择，久而久之就成为一种惯性意识。同理，普通民众只有顺从各级各类官员的权威和意志，才能维护其利益，保全其性命。唯上成为一种普遍的理性选择。

第四，表现为国人责任心淡漠。唯上的结果就是国人责任心的普遍缺失，官员不对自己的决策后果负责，平民不对自己的行为后果负责，任何后果自然是上级承担责任，民间谚语"天塌下来自有高个子顶着"就是这种心态的反映 。虽然儒家也强调责任心，提出了"修身、齐家、治国、平天下"，"以天下为己任"，"天下兴亡，匹夫有责"等主张，但责任与权利一贯是相辅相成的，在专制制度下，无任何权利可言的中国人所表现出的责任心如 "爱国""平天下" 等也只能是空洞的、不负任何责任的责任心。在处理具体的事情时，官员们习惯于看上级或君主的意志行事，普通民众则习惯于看官员的意志行事，而很少考虑可能产生的社会后果或自己应承担的社会责任， 为了谋求自身的眼前利益，人们可能会轻易地放弃自己的政治责任、社会责任，侵害他人利益或社会利益。

唯上意识	wéishàng yìshí	put the superiors before everything; ake the superiors only into consideration 少しも反対せず、ただ上役(うわやく)の言うままに従う (옳고 그름에 상관없이) 오직 상관의 명령만 듣다
修身	xiūshēn	cultivate one's morality (体と心を)きのうようする　休む (자신의 몸과 마음을) 수양하다

齐家	qíjiā	Manage home well (家業または事業を)やりはじめる、つくりあげる 자신의 가족으로 하여금 흥망하게 하다
以天下为己任	yǐ tiānxià wéi jǐrèn	Feel full responsible for the fate of the country 国の大事を自分のせきにんとする 국가의 큰일을 자신의 책임으로 삼다.
天下兴亡，匹夫有责	Tiānxià xīngwáng, pǐfū yǒu zé	Every man has a duty towards his country 天下の興亡(こうぼう)は匹夫にまで責任がある 천하의 흥망성쇠에는 개개인에게도 책임이 있다.

1. 作者认为什么一直是中国人视为功成名就的标志？
2. 儒家文化认为什么是一种美德？
3. 中国人的唯上意识与什么密切相关？
4. “天塌下来自有高个子顶着”反映的是哪种心态？

二

新世界百货宣布，在 CEPA 新形势下，新世界百货将力争未来 5 年每年在内地新增两家分店。怡和中国主席彭耀佳透露，希望能借 CEPA 获得内地汽车销售资格。佐丹奴和屈臣氏集团甚至考虑以独资形式在内地开设零售店……

现在，香港已经有 25 家零售企业（包括百货、超级市场、便利店、

电器店、专门连锁店等)符合在内地设立独资公司的条件。

其实，对内地开业抱有热情的远不止零售“大鳄”们。“目前已有数百港人在网上向广东有关部门提交了资料。餐饮、珠宝、服装、玩具、家装等行业都成了热门,”有关负责人说,“到广东创业,成为了港人的新选择。”

目前,符合条件的8家香港银行中已有永隆银行、大新银行、中信嘉华银行、上海商业银行4家向银监会递交了在深圳开设分行的申请。而资产规模较大的星展银行已借收购道亨银行进驻深圳,现已取得人民币业务牌照。

业内预计，未来三年香港注册银行将会在内地新设约20家分行。

CEPA为香港银行业带来内外兼得的利益。1个多月前,央行的一纸公告为人民币登陆香港打开了通道。就在今天,香港银行将可以开办人民币存款、兑换、汇款、信用卡等四个范畴的个人业务。

内地的银联卡也即将通行香港。一位银行界人士算了一笔账:以2002年683万人次每人次年均在港ATM机刷卡3次计，仅此一项，香港收单机构一年即可获利1.6亿元。

更大的利润将来自在港人民币巨大的现金流。业内低调估计,单是吸收存款一项即可为香港银行业带来3亿元的利润。目前,集结在港的人民币高达700亿元,2005年将攀升至1500亿元以上。

便利店	biànlì diàn	convenience shop 便利店(屋) 편의점
连锁店	liánsuǒ diàn	chain store (同一資本による)姉妹商店 체인점

攀升　　pānshēng　　soar; rise
よじのぼる
(나선형으로) 올라가다　상승하다

5. 新世界百货宣布，将在未来五年内增加多少家分店？
6. 文中第三段提到的对内地开业抱有热情的有哪两种人？
7. 有几家符合条件的香港银行递交了申请？
8. 今天，香港银行将可以开办哪几个范畴的个人业务？
9. 吸收存款可为香港银行业带来多少利润？

三

“明前龙井”又叫“女儿红”，最早的时候“明前茶”的采摘必须由未婚女孩子来完成，而且不能用手，而是用双唇采下，因为用手指掐下来的茶叶，其掐痕在制成茶叶后仍去不掉。现在虽然已改用手来采茶，但规矩还是不少，诸如：必须小心轻柔地摘下叶片，摘一片就要马上放一片入茶篮等，据说叶片如果在手上停留片刻，那么手的温度就会令叶片由绿变红。龙井的采制，春季分四次，品质因采摘鲜叶的早晚而定，以早为贵。惊蛰初过，是茶农采制首批春茶的最佳时机，至清明前采头茶，称为“明前茶”，嫩芽初迸状似莲心，故称“莲心”。一个熟练的采茶姑娘，每天最多只能采摘嫩芽十二两，故极为珍贵，称得上珍品中的绝品。再加上采摘的辛苦，还没成茶就已先让采茶女们付出了几多劳苦。

而过了清明后采摘的茶叶就大不如“明前茶”那么珍贵了，谷雨前采摘的二春茶称“雨前茶”，量比较多，已有一叶一芽，其形似旗，茶芽稍长，其形如枪，故又称之为“旗枪”；立夏之前采三春茶，茶芽旁有附叶两瓣，两叶一芽，形似雀舌，称为雀舌；

四春茶则在三春茶后一月开始采摘，这时茶已成片，并附带有茶梗，称之为“梗片”，在过去是供茶农的后代练技术用的。龙井茶多种植于靠山近水，晴能受到充分日照、雨又易于排水的酸性丘陵坡地上。春采、夏锄、秋剪、冬肥，一点都耽误不得，古语就有“人误茶一季，茶误人一年”之说。

10. 最早“明前茶”须由未婚女子用什么采下？
11. 龙井的品质因什么而定？
12. 谷雨前采摘的“雨前茶”，又称什么？

四

2003年的春天，在广州街头漫步的大学毕业生孙志刚，无端被派出所民警抓走，关进了流浪乞讨人员收容遣送站，当孙志刚所在的工作单位闻讯匆匆赶来，要求保释的时候，被警察告知别人可以保释，他不能保释。

道理很简单，因为孙志刚懂法，他知道他不是流浪乞讨人员，他有工作，有收入，有固定居所，他不应该被收容，更不应该被遣送。所以，他敢据理力争，于是，警察说，他不能保释。几天后，他在流浪乞讨人员收容遣送站被活活打死。

孙志刚案因《南方都市报》的介入，在全国引起巨大的震动。中央政法委等部门派出联合调查组进行调查，对此案的涉案案犯进行了大案重判。正义得以伸张。不仅如此，由于一批法制方面的专家学者的介入，发生了“流浪乞讨人员收容遣送站”的换牌，改成了“流浪乞讨人员救助站”。

我们之所以如此看重孙志刚案，是因为孙志刚案成为推动中国民主与法制进步的一个经典案例。

收容遣送站	shōuróngqiǎnsòngzhàn	Collecting post ; asylum しゅうよう送還の所 거리의 부랑자나 거지를 보내는 국가수용소
伸张正义	shēnzhāng zhèngyì	uphold justice 正義を高揚する 정의를 진작하다 정의를 널리 퍼뜨리다
流浪乞讨	liúlàng qǐtǎo	lead a vagrant life cadging ものもらいをしてるろうする(さすらう) 떠돌며 구걸하다

13. 孙志刚被关进了什么地方?
14. 孙志刚认为自己不应该被遣送的原因有几个?
15. 孙志刚被关的地方后来改名为什么?

第二部分

一

长期以来,由于中国汽车工业发展水平比较低,需要各种保护政策,包括高关税保护。中国汽车进口关税曾经高达230%。在进口车的售价中,近三分之一是关税。按照中国入世协议,到2006年7月,轿车和客车的关税将降到25%,货车关税降到20%~25%,其中总载量5吨以下的为30%,各类专用车关税水平在9%~12%之间,汽车零部件的平均关税将从目前的25%降低到10%左右(简单算术平均值)。关税的降低不是等幅的,第一年幅度最大,以后各年幅度很小。从2002年元月开始执行关税调整, 排量3升以下轿车由目前的税率70%降到43.8%;3升以上轿车由目前的税率80%降到50.7%。

16. 中国在进口车的售价中关锐占了______。
A. 三分之一　　B. 不到三分之一
C. 三分之二　　D. 超过三分之一

17. 汽车零部件的平均关税降低了______。
A. 25%　　B. 10%　　C. 15%　　D. 43.8%

三

2003排名	2002排名	人名	年龄	2003净资产（亿美元）	2002净资产（亿美元）	公司	地区	资产来源
1	–	丁磊	32	10.76	–	网易	北京	互联网门户网站、在线游戏
2	1	荣智健(及家族)	61	9.34	8.5	中信泰富	香港	基础设施、房地产、市场与分销
3	2	许荣茂	53	8	7.8	世茂集团	上海	房地产
4	4	鲁冠球	58	6.87	5.7	万向集团	浙江	汽车配件、金融
5	6	刘永好	52	5.5	5.4	新希望集团	四川	饲料、金融、房地产
6	–	陈天桥	30	4.9	–	盛大网络	上海	在线游戏
7	8	刘永行	55	4.8	4.8	东方希望集团	上海	饲料、铝业
8	6	叶立培(及家族)	59	4.21	5.4	仲盛集团	上海	房地产
9	9	郭广昌	36	3.74	3.6	复兴高科技集团	上海	房地产、药品、零售、钢铁
10	5	陈丽华	62	3.61	5.6	富华国际集团	香港	房地产、紫檀博物馆

互联网	hùliánwǎng	the internet インターネット 인터넷
在线游戏	zàixiàn yóuxì	online games インターネット ゲーム 인터넷 게임

18. 2003年财富排名中，第一名______。
    A. 是年龄最大的人　　B. 是净资产最多的人
    C. 净资产有8.5亿美元　　D. 净资产有10.76亿人民币
19. 这前十名中，资产来源有房地产的是______。
    A. 丁磊　B. 陈天桥　C. 刘永行　D. 叶立培
20. 2002年净资产排名第二的是______。
    A. 中信泰富　B. 世茂集团　C. 万向集团　D. 网易
21. 从表中可以看出，这十名资产过亿的人大多来自______地区。
    A. 北京　B. 上海　C. 四川　D. 香港
22. 从表中的财富排名中可以找出年龄最小的一个人是______。
    A. 丁磊　B. 郭广昌　C. 许荣茂　D. 以上都不是
23. 财富排名在前十名的人中，做房地产生意的有______。
    A. 4个人　B. 5个人　C. 6个人　D. 7个人

三

最新一期《瞭望》周刊发表文章称，新的改革实践呼唤新的理论。在改革的关键时期，党的十六届三中全会以完善中国社会主义市场经济体制为目标，提出了一系列新思路、新观点，这些理论上的新突破必将对中国的经济体制改革产生极大的推动作用。

文章指出，全会提出了"五统筹"市场化改革的新要求，指出"要按照统筹城乡发展、统筹区域发展、统筹经济社会发展、统筹人与自然和谐发展、统筹国内发展和对外开放的要求，更大程度地发挥市场在资源配置中的基础性作用，为全面建设小康社会提供强有力的体制保障”。“五统筹”的改革要求体现了全面、协调、可持续发展,改革、发展、稳定紧密结合、相互统一的新的改革思维,反映了我们党对社会主义市场经济规律认识的不断深化,廓清了完善中国社会主义市场经济体制的大思路。

文章写到,全会提出了“使股份制成为公有制主要实现形式”的新观点,指出“大力发展国有资本、集体资本和非公有资本等参股的混合所有制经济,实现投资主体多元化,使股份制成为公有制的主要实现形式。需要由国有资本控股的企业,应区别不同情况实行绝对控股或相对控股”。

文章还写到,全会突破了把公有制主要实现形式定位于国有经济和集体经济的传统观点,提出要通过发展公有资本参股的混合所有制经济,使股份制成为公有制的主要实现形式。理论上的突破必然带来中国混合经济的大发展,使公有制实现形式进一步多样化,从而增强公有资本特别是国有资本的渗透力和影响力。

统筹	tǒngchóu	**plan as a whole** 一括して計画案配する 전면적으로 계획하다
参股	cāngǔ	**share** 株式に参与する 주식에 참여하다
渗透力	shèntòulì	**penetrating force** 浸透力 침투력

24. 对中国经济体制改革产生推动作用的理论是________。

A. 新思想　　B. 新发展

C. 新市场　　D. 十六届三中全会提出的新观点

25. 全会提出的“五统筹”市场化改革的新要求不包括________。

A. 按照统筹城乡发展　　B. 统筹区域发展

C. 统筹经济社会发展　　D. 统筹政治社会发展

26. 哪一项不是“五统筹”的改革要求所体现的________。

A. 体现了全面，协调的改革思维

B. 反映了我们党对社会主义市场经济体制的认识

C. 廓清了完善中国社会主义计划经济体制的大思路

D. 是全面建设小康社会的体制保障

27. “使股份制成为公有制主要实现形式”的新观点，指出要________。

A. 大力发展国有资本　　B. 大力发展集体资本

C. 适当发展非公有资本　　D. 实现投资主体多元化

28. ________使股份制成为公有制的主要表现形式。

A. 所有制经济

B. 混合所有制经济

C. 公有资本参股的所有制经济

D. 公有资本参股的混合所有制形式

四

秦末，刘邦与项羽各自攻打秦王朝的部队，刘邦先破咸阳(秦始皇的都城)，但刘邦兵力不及项羽，项羽大怒，派当阳君击关，项羽入咸阳后，到达戏西，而刘邦则在霸上驻军。刘邦的左司马曹无伤派人在项羽面前说刘邦打算在关中称王，项羽听后更加愤怒，下令次日一早让兵士饱餐一顿，击败刘邦的军队。一场恶战在即。刘邦从项羽的季父项伯口中得知此事后，大吃一惊，刘邦两手恭恭敬敬地给项伯捧上一杯酒，祝项伯身体健康长寿，并约为亲家，刘邦的感情拉拢，说服了项伯，项伯答应为之在项羽面前说情，并让刘邦次日前来谢项羽。鸿门宴上，虽不乏美酒佳肴，但却暗藏杀机，项羽的亚父范增，一直主张杀掉刘邦，在酒宴上，一再示意项羽发令，但项羽却犹豫不决，默然不应。范增召项庄

舞剑为酒宴助兴，趁机杀掉刘邦，项伯为保护刘邦，也拨剑起舞，掩护了刘邦，在危急关头，刘邦部下樊哙带剑拥盾闯入军门，怒目直视项羽，项羽见此人气度不凡，只好问来者为何人，当得知为刘邦的参乘时，即命赐酒，樊哙立而饮之，项羽命赐猪腿后，又问能再饮酒吗，樊哙说，臣死且不避，一杯酒还有什么值得推辞的。樊哙还乘机说了一通刘邦的好话，项羽无言以对，刘邦乘机一走了之。刘邦部下张良入门为刘邦推脱，说刘邦不胜饮酒，无法前来道别，现向大王献上白壁一双，并向大将军（亚父范增）献上玉斗一双，请收下。不知深浅的项羽收下了白壁，气得范增却拨剑将玉斗撞碎。后人将鸿门宴喻指暗藏杀机。

鸿门宴	Hóngményàn	banquet at Hongmen- a feast or meeting set up as a trap for the invited 客に危害を与えるように設ける宴会 손님을 해치기 위해 마련한 연회
暗藏杀机	àncáng shājī	hidden danger 殺意を隠れる 살기를 감추다

29. 本文主要讲的是________。
A. 刘邦和项羽攻打秦王朝的部队的故事
B. 项羽和樊哙一起吃饭的故事
C. 项庄舞剑的故事
D. 鸿门宴的故事

30. 刘邦和项羽谁的兵力少？________
A. 刘邦比项羽兵力多　　B. 项羽兵力很多
C. 刘邦和项羽兵力一样多　　D. 两个人的兵力不分上下

31. 试从文中找出，在两军中分别充当“间谍”的人物________。
A. 项伯和曹无伤　　B. 曹无伤和左司马
C. 项伯和范增　　D. 范增和樊哙

32. 刘邦怎样使项伯为他说情的________。

A. 送上金银财宝　　B. 使用美人计

C. 约为亲家　　D. 为他提升官职

33. 是________保护刘邦没有被杀掉。

A. 项庄　　B. 项伯　　C. 范增　　D. 张良

34. 范增收下刘邦送的玉斗了吗？________

A. 收下了　　B. 可能收下了

C. 没收下　　D. 可能没收下

五

今年,国内外经济走势依然各自不同。国际上,美伊战争曾被视为影响今年世界经济运行的最大不确定因素。此前,大家较为一致的看法是:速战速决对世界经济有利,战争延长化则会使经济进一步下跌。不过,现在我们却尴尬地发现,"人算不如天算",这种几乎未战而速决的结果让人感到不踏实。连美国股市也对战后的经济复苏缺乏信心,在美英联军进入巴格达市中心之后,依然保持了一贯的颓弱与低调。

近一年多来,虽然中国经济保持了稳步增长态势(在 2002 年的 4 个季度里中国 GDP 的增速分别为 7.6%、7.8%、7.9%和 8%,始终保持了小幅加速上扬势头),经济学家们却一直对新一轮经济上升周期是否启动存在着争议,因为谁也不能肯定,当时经济的上升行情是反弹,还是反转?然而,急剧升温的经济指标给争议划上句号!

根据国家统计局公布的数据,一季度,全国规模以上企业实现工业增加值同比增长了 17.2%。这一水平不仅比去年同期提高了 6.3 个百分点,而且也为 1994 年以来的同期最高点。目前中国经济构成中工业还占主导地位,工业升,则经济升。反之亦然。而如果第一、三产业不出现突然的大幅滑坡,按过去的工业与 GDP 增长的弹性比测算的话,今年一季度的 GDP 增长幅度至少应该在 10%以上,比一些所谓的大胆预测水平(在 9%~9.5%之间)还要高出。

速战速决	sùzhàn sùjué	fight a battle of quick decision 速戦即決 속전속결
人算不如天算	rénsuàn bù rú tiānsuàn	man makes plans but heavens decides their outcomes; man proposes, God disposes 人の計画の成功は天が決める 사람이 어떤한 계획을 세우든 일의 성공은 하늘의 운에 달렸다
反弹	fǎntán	rebound もとになる 밑바닥까지 내려갔다 다시 튀어오르다 (반탄작용)
大幅滑坡	dàfú huápō	decline rapidly おお幅さがる 대폭 하락하다

35. 文中"人算不如天算"指______。

A. 人总是算不过天

B. 上天支配一切

C. 伊拉克战争对经济的影响与大家的一致看法不符合

D. 美国股市竟然下跌

36. 经济学家们最后对新一轮经济上升周期是否启动的争议,结果是______。

A. 启动　　B. 不启动

C. 不确定　　D. 以上都不是

37. 目前中国经济构成中,工业还占主导地位,工业降,则经济______。

A. 升　B. 降　C. 不变　D. 不变或是下降

六

饮酒作为一种食文化，在远古时代就形成了一些大家必须遵守的礼节。有时这种礼节还非常繁琐。但如果在一些重要的场合下不遵守，就有犯上作乱的嫌疑。又因为饮酒过量，便不能自制，容易生乱，制定饮酒礼节就很重要。明代的袁宏道，看到酒徒在饮酒时不遵守酒礼，深感长辈有责任，于是从古代的书籍中采集了大量的资料，专门写了一篇《觞政》。这虽然是为饮酒行令者写的，但对于一般的饮酒者也有一定的意义。中国古代饮酒有以下一些礼节：

主人和宾客一起饮酒时，要相互跪拜。晚辈在长辈面前饮酒，叫侍饮，通常要先行跪拜礼，然后坐入次席。长辈命晚辈饮酒，晚辈才可举杯；长辈酒杯中的酒尚未饮完，晚辈也不能先饮尽。古代饮酒的礼仪约有四步：拜、祭、啐、卒爵，就是先作出拜的动作，表示敬意，接着把酒倒出一点在地上，祭谢大地生养之德；然后尝尝酒味，并加以赞扬令主人高兴；最后仰杯而尽。

在酒宴上，主人要向客人敬酒（叫酬），客人要回敬主人（叫酢），敬酒时还要说上几句敬酒辞。客人之间相互也可敬酒（叫旅酬）。有时还要依次向人敬酒（叫行酒）。敬酒时，敬酒的人和被敬酒的人都要“避席”，起立。普通敬酒以三杯为度。中华民族的大家庭中的五十六个民族中，除了信奉伊斯兰教的回族一般不饮酒外，其他民族都是饮酒的。饮酒的习俗各民族都有独特的风格。

繁琐	fánsuǒ	fussy; cockamamie はんさである 번거로운

犯上作乱	fànshàng zuòluàn	go against one's superiors and make troubles 上(かみ)をおかし、乱を起こす (윗사람을) 거역하여 반란을 저지르다

38. 关于“饮酒的礼节”，正确的一项是______。
    A. 在近代开始形成
    B. 所有礼节都很繁琐
    C. 在饮酒时遵守一定的礼节很重要
    D. 由明代袁宏道第一个提出

39. 古代饮酒的礼仪有四步，正确的顺序是______。
    ①. 仰杯而尽　　②. 作出拜的动作
    ③. 把酒倒出一点在地上　　④. 先尝酒味，加以赞扬
    A. ①②③④　B. ②③④①　C. ②①④③　D. ③①②④

40. 在酒宴上，普通的敬酒数是______。
    A. 至少三杯酒　B. 至少四杯酒　C. 三杯酒　D. 四杯酒

第十四套

第一部分

一

“物流”是一个许多人听说过但很少人能够准确加以定义的术语。它与军事领域密切相关。在军事里,物流用于支持战时的部署,并保证一国军事力量的持续支撑。事实上,物流对于军事运动最后成功的重要性已很好地为人所知,并被记载下来。

早在公元前500年,孙武在《孙子兵法》一书中便指出了物流的功能,并阐述了这些功能与策略和战略之间的关系。亚历山大也许是第一个发展实际物流系统以支持他的军队的军事领导者。罗马人携带了大量的装备和供给,靠行李车运载了数以百计的动物和士兵。他们还在整个帝国之内使用了增强供给部署的系统, 即每隔30千米(军队每天的行程)就存储有食品和饲料。拿破仑从本质上讲也是一个物流主义者, 他对供给因素的事先安排和考虑都是能够发挥作用的,其方式就是移动和操作速度比他的对手更加快捷。

但是,最终拿破仑及其以后的希特勒都饱尝了物流的沉重教训:供应线越长,断裂的机会越大。他们都试图侵入俄国,但最终都失败了,其部分原因是恶劣的冬季气候阻碍了重新供给。当然,还有许多更为现代的物流案例,其最终决定军事努力的成功或失败。在此,我们可以清楚地看到,物流已经深深地根植于战争的历史论之中。

物流	wùliú	logistics 物質の交流 물류

供给	gònggěi	supply きょうきゅうする 공급하다

1. 物流在军事里能保证什么的持续支撑?
2.《孙子兵法》一书中,阐述了什么与策略和战略之间的关系?
3. 第一个发展实际物流系统的人是谁?
4. 拿破仑和希特勒应饱尝的物流的沉重教训是什么?
5. 物流已经深深地植根于什么之中?

三

现在的啤酒种类很多,有生啤酒、熟啤酒、低醇啤酒、果味啤酒等。啤酒的成分不同,人们的体质也不尽相同,所以喝啤酒也要因人而异。韩教授为我们列举了我们生活中一些常见的啤酒。

生啤酒:又叫鲜啤酒,这种啤酒不经过杀菌,具有独特的啤酒风味,但是不容易保存。在生啤酒的基础上又有一种纯生啤酒,纯生啤酒不经过杀菌,但是在加工过程中需要进行严格的过滤程序,把微生物、杂质除掉,存放几个月也不会变质,受到了广大消费者的青睐。由于酒中活酵母菌在灌装后,甚至在人体内仍可以继续进行生化反应,因而这种啤酒喝了很容易使人发胖,比较适于瘦人饮用。

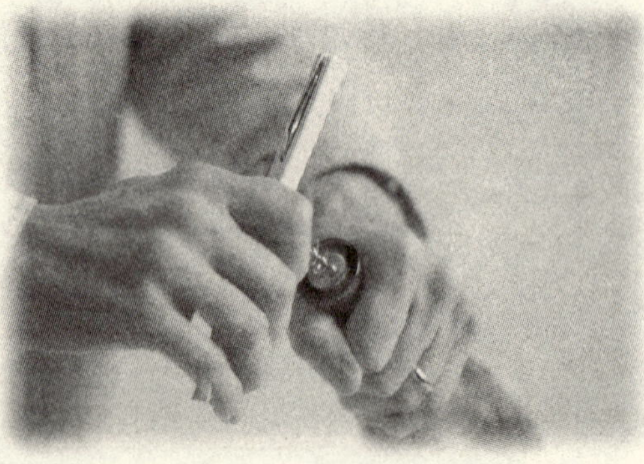

熟啤酒:一般的普通啤酒都是要杀菌的,杀了菌之后叫熟啤酒。因为酒中的酵母已被加温杀死,不会继续发酵,稳定性较好,所以胖人饮用较为适宜。

干啤酒:这种啤酒源于葡萄酒,酒中所含的糖的浓度不同,普通的啤酒还会有一定糖分的残留,干啤酒使用特殊的酵母使剩余的糖继续发酵，把糖降到一定的浓度之下，就叫干啤酒。适合怕发胖和有糖尿病的病人饮用。当然对有糖尿病的人还是不主张饮酒。

低醇和无醇啤酒：利用特制的工艺令酵母不发酵糖，只产生香气物质，除了酒精，啤酒的各种特性都具备，滋味、口感都很好。普通的啤酒酒精度是3.5%左右，无醇啤酒一般酒精度控制在1%以下，不是说一点酒精含量都没有。这类啤酒属于低度啤酒，只是它的糖化麦汁的浓度和酒精度比低醇啤酒还要低，所以很适于妇女、儿童和老弱病残者饮用。

运动啤酒：普通人喝水补充水分，运动员除了失水，还失去身体里很多微量元素，根据运动员自身情况，在啤酒里面加入运动员需要的微量元素和营养物质，比赛结束后可以喝运动啤酒来恢复体力。适合做完体育运动之后的人们来补充失去的养分。

酵母菌	jiàomǔjūn	microzyme こうぼきん 발효균
发酵	fājiào	ferment はっこうする 발효하다
糖尿病	tángniàobìng	diabetes mellitus とうにょうびょう 당뇨병
低醇	dīchún	low in alcohol アルコール分が低い 알코올도수가 낮다

6. 哪些啤酒喝了使人发胖？
7. 什么源于葡萄酒？
8. 对有糖尿病的人，韩教授认为最好怎样？
9. 无醇啤酒酒精度控制在多少？

10. 做完运动后最适合喝什么啤酒？

三

五岁，或者六岁，我上了幼儿园。有一天母亲跟奶奶说："这孩子还是得上幼儿园，要不将来上小学会不适应。"说罢她就跑出去打听，看看哪个幼儿园还招生。用奶奶的话说，她从来就这样，想起一出是一出。很快母亲就打听到了一所幼儿园，刚开办不久，离家也近。母亲跟奶奶说时，有句话让我纳闷儿：那是两个老姑娘办的。

母亲带我去报名时天色已晚，幼儿园的大门已闭。母亲敲门时，我从门缝朝里望：一个安静的院子，某一处屋檐下放着两只崭新的木马。两只木马令我心花怒放。母亲问我："想不想来？"我坚定地点头。开门的是个老太太，她把我们引进一间小屋，小屋里还有一个老太太正在做晚饭。小屋里除两张床之外只放得下一张桌子和一个火炉。母亲让我管胖些并且戴眼镜的那个叫孙老师，管另一个瘦些的叫苏老师。

我很久都弄不懂，为什么单要把这两个老太太叫老姑娘？我问母亲："奶奶为什么不是老姑娘？" 母亲说："没结过婚的女人才是老姑娘，奶奶结过婚。"可我心里并不接受这样的解释。结婚嘛，不过发几块糖给众人吃吃，就能有什么特别的作用吗？在我想来，女人年轻时都是姑娘，老了就都是老太太，怎么会有"老姑娘" 这不伦不类的称呼？我又问母亲："你给大伙买过糖了吗？"母亲说："为什么？我为什么要给大伙买糖？""那你结过婚吗？"母亲大笑，揪揪我的耳朵："我没结过婚就敢有你了吗？"我越糊涂了，怎么又扯上我了呢？

这幼儿园远不如我的期待。四间北屋甚至还住着一户人家，是房东。南屋空着。

只东、西两面是教室，教室里除去一块黑板连桌椅也没有，孩子们每天来时都要自带小板凳。小板凳高高低低，二十几个孩子也是高高低低，大的七岁，小的三岁。上课时大的喊小的哭，老师喝斥了这个哄那个，基本乱套。上课则永远是讲故事。"上回讲到哪儿啦？"孩子们齐声回答："大—灰—狼—要—吃—小—山—羊—啦！"通常此刻必有人举手，憋不住尿了，或者其实已经尿完。一个故事断断续续要讲上好几天。"上回讲到哪儿啦？""不—听—话—的—小—山—羊—被—吃—掉—啦！"

下了课一窝蜂都去抢那两只木马，你推我搡，没有谁能真正骑上去。大些的孩子于是发明出另一种游戏，"骑马打仗"：一个背上一个，冲呀杀呀喊声震天，人仰马翻者为败。两个老太太——还是按我的理解叫她们吧——心惊胆战满院子里追着喊："不兴这样，可不兴这样啊，看摔坏了！看把刘奶奶的花踩了！"

心花怒放	xīnhuānùfàng	Be wild with joy 嬉しくてたまらぬ 喜びにこころが弾む 굉장히 기뻐하다
憋不住	biēbuzhù	can not suppress; can not help doing something がまんできない 참을 수 없다
一窝蜂	yìwōfēng	like a swarm of bees 一群の蜂のようだ群をなして 벌떼처럼 모여들다

11. 谁是"想一出是一出"的人？
12. 我喜欢那两只木马吗？
13. 什么样的人才是"老姑娘"？
14. 幼儿园的教室里有什么？
15. "骑马打仗"时，怎么样算失败？

第二部分

一

加入世贸将给中国带来什么影响？主要看“入世”的条件，而这些条款又非常具体，一般官员学者不清楚，更非企业家和平民百姓知晓。这就使我们的谈论变得比较困难。人们关心“入世”无非是“入世”将会给自己带来什么。但这一问题又非常复杂，因为中国既有走上市场的竞争性企业，又有仍然处在国家保护下的垄断企业；既有做好准备的行业和企业，也有没做好准备的行业与企业；既有受户籍保护的城市人，也有被户籍分割的农村人。“入世”对中国各种人的影响是肯定不一样的，这导致人们对“入世”的态度迥异。但在这些人的表现中，我们可以把握住一些基本线索：什么人反对“入世”？传统的国家保护行业和垄断行业，以及一些思想方法和心理习惯仍然停留在传统中的人们。什么人最拥护“入世”？那些已经具有了国际市场竞争力的企业，那些最早走入市场、已经完全适应价格竞争的中国优秀企业，以及一些在思想方法上倾向于按国际规则办事的人们。

条款	tiáokuǎn	article; clause じょうかん　条項 조항
垄断行业	lǒngduàn hángyè	monopolized industry 職業を独占する 독점업종

16. “入世”的条款非常具体，中国的平民百姓______。

A. 能看懂　　B. 不能看懂

C. 差不多能看懂　　D. 以上都不是

17. 中国________。
A. 有走上市场的竞争性企业
B. 没有没做好准备的行业与企业
C. 没有处在国家保护下的垄断企业
D. 没有受户籍保护的城市人

18. 什么人反对"入世"？________
A. 受户籍保护的城市人
B. 被户籍分割的农村人
C. 思想方法和心里习惯仍然停留在传统中的人们
D. 最早走入市场的人

19. 适应价格竞争的中国企业拥护入世吗？________
A. 不拥护　　B. 拥护
C. 既不拥护也不反对　　D. 不太拥护

二

俗话说:"唱戏的腔,厨师的汤"。餐桌上的汤是饮食文化的重要内容之一。喝汤的习惯也因人随地而异,如广东人喜爱饭前喝汤,而北方人则习惯于饭后进汤。

其实,无论是饭前还是饭后进汤。皆可随人所好,不必求同,但对于喝酒的人来说,饭前喝汤对身体很有好处。

汤营养丰富,易于被人体吸收,具有保健功能。无论是荤菜还是素菜都可烹制成各式各样、风味各异的汤,但在做汤时有两点值得注意:一是制作汤的原料一定要新鲜,制作时应与冷水一起下锅,烧煮中途不宜加水,一般以旺火或中火为好。

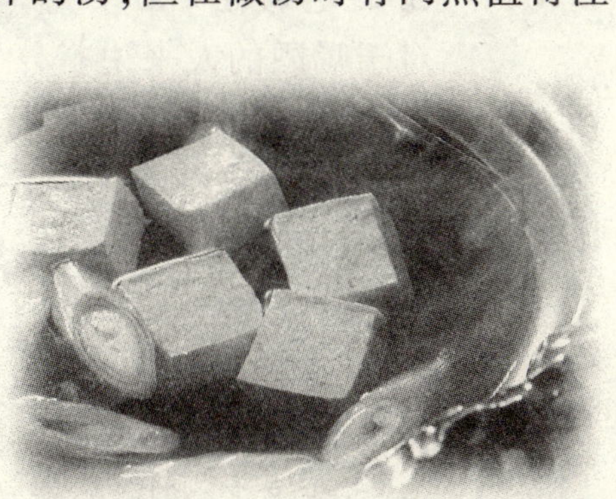

煮汤不宜先放盐,因为盐有渗透作用,会使汤原料中的水分排出、蛋白质凝固,这样汤汁的鲜味就不足。

同时，在汤中加入适量的味精、香葱、胡椒和姜、蒜等调味品，可使汤更可口。二是在饮汤时，一般人都认为，营养物质都溶在汤里，因此专喝汤，而不吃汤中的菜，实际上这是一种不正确的做法。

因为鸡汤、肉汤、鱼汤等汤里的营养成分很低，主要的营养成分还在肉里，如蛋白质在汤里所含的只相当于肉中蛋白质的百分之七左右，其他如脂肪、维生素等含量也都不多，所以汤的主要作用只是以其鲜美的味道刺激胃液分泌，提高食欲，滋润肠胃，帮助消化。

汤还有一定的食疗作用。脱肛患者可喝羊肉黄芪汤、鲫鱼黄芪汤；利水消肿可喝青菜萝卜汤；便秘可喝黄精生地鸡蛋汤、山楂萝卜汤、猪肠核桃汤、蜂蜜香油汤；感冒鼻塞可喝姜汤；小便涩黄可服用甘草生姜黑米汤；清热解暑可喝冬瓜玉米仁汤等。可见，汤也是保健的一味良药。

荤菜	hūncài	meat dishes なまぐさ料理 고기와 야채가 섞인 요리
旺火	wànghuǒ	roaring fire さかんに燃える火 왕성하다

20. 广东人喝汤时喜欢______喝。
A. 饭前　　B. 饭后
C. 边吃饭边喝汤　　D. 以上都不是

21. 对于喝酒的人来说______。
A. 饭前喝汤对身体有好处　　B. 饭后喝汤对身体有好处
C. 随人所好　　D. 不必喝汤

22. 做汤时，不能______。
A. 原料新鲜　　B. 原料、冷水一起下锅
C. 中途不加水　　D. 用小火

23. 做汤时，汤汁鲜味不足，这是因为______。
A. 盐放多了　B. 先放的盐　C. 后放的盐　D. 没有放盐

24. 鸡汤,肉汤和鱼汤________。

A. 汤里有丰富的营养　　B. 油太多,平常应少吃

C. 对胃有刺激　　D. 可以提高饮食,帮助消化

25. 清热解暑可喝________。

A. 山楂罗卜汤　　B. 姜汤

C. 黑米汤　　D. 冬瓜玉米仁汤

三

近日国家经贸委贸易市场局局长黄海指出，中国现行的国内零售市场在地域的开放程度上已经超出中国加入世贸组织所做承诺，提前开放对中国经济会造成不利影响。

据黄海局长介绍，中国的零售市场在地域上的开放程度实际上已经走在了世贸协定的前面。据对全国27个省会市、计划单列市的调查,在目前营业面积8000平方米以上的大型超市中,外商投资企业的比重已经达到了23%。上半年新批的28个店铺中,24个都是营业面积超过8000平方米以上的大型综合或专业超市。从国际经验来看,一个分销领域被外国公司控制的国家,很难再有民族工业的品牌产品。

黄海说,中国以发展中国家的身份加入世贸组织,有计划地逐步开放零售市场,是十几年的艰苦谈判争取到的正当权利,短暂的过渡期应该尽可能留给国内的分销企业,没必要采取提前开放的措施。

零售	língshòu	retail 小売り(する) 소매하다

26. 我国现行的国内零售市场________。

A. 在地域的开放程度已超出中国加入GATT时所做承诺

B. 在地域的开放程度并没有超出中国加入世贸时所做承诺

C. 提前开放对中国经济会造成不利影响

D. 提前开放对中国政治会造成不利影响

27. 上半年新批的28个店铺中，________。

A. 都是营业面积超过8000平方米以上的大型超市

B. 外商投资占23%

C. 有24个是大型综合或者专业超市

D. 都是外商投资

28. 一个国家的分销领域被外国公司控制，________。

A. 公有民族工业的品牌产品

B. 也许会有民族工业的品牌产品

C. 很难再有民族工业的品牌产品

D. 不知道会不会再有民族工业的品牌产品

四

"有个年轻人告诉我，他同事的爱人是位'绝代佳人'。我见到真人，并不是特别漂亮。看出我的疑惑，那位年轻人解释：所谓'绝代佳人'，是不要小孩没有后代的家人。"

今天(27日)，在教育部语言文字应用管理司召开的语言社会应用热点问题座谈会上，全国政协委员、中国社会科学院原副院长刘吉，向与会者讲述这个例子。

在他看来，目前中国文字的混乱已经到了不能容忍的地步：克隆，纳米等大量非规范的外来语进入；WTO，APEC等大量应用英语缩写被直接使用；菜鸟、大虾、灌水等网络语言进入；"新人类"制造与传播的"新人类文字"，如刚才所说的"绝代佳人"等。

据国家语委语言文字应用研究所的调查，当代汉语中每年出现1000个左右的语文性新词语。在词汇更加丰富、表现手法更加多样化的今天，不少人担忧：汉语中大量使用"酷""秀"这种与汉语中原有词义和用法不一致的英语音译词和字母词，会影响汉语的纯洁和发展，也会影响词汇的表意效果。"我们从不反对外来语，需要时还会为它们造字。但有个前提，就是必须规范。"全国政协委员、中国艺术研究

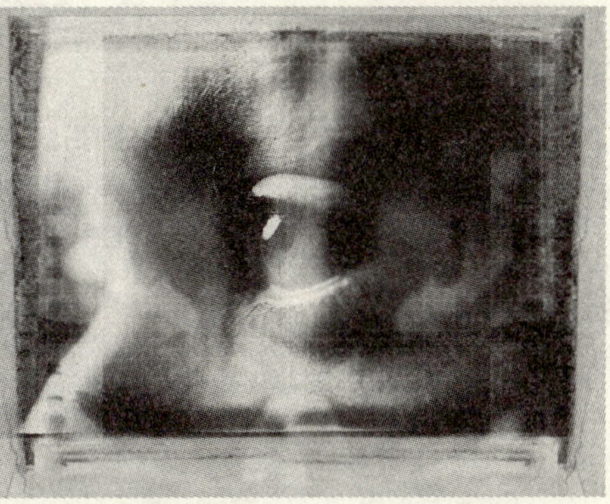

院美术研究所理论研究室主任陈醉严肃地说。

面对着一桌子语言专家，张晓凌不停地问“你们知道吗？”她说：“你们知道吗？在网络中‘青蛙’和‘恐龙’各自代表男女。最近一个电视剧里面有这样的情节：男主角在新浪找到一份工作，问女朋友，你知道新浪吧？女朋友回答：你以为我是恐龙啊！恐龙在这里就又变化了一个意思。”“地球人都知道啊！”张晓凌套用了一句著名的广告词，接着反问：“这样有意思的词汇为什么不接受？”“我女儿经常对我说，妈妈，这个问题你都说过N次了！这是多么生动的语言！”著名节目主持人敬一丹感慨，正是社会变化带来了生动的语言。

克隆	kèlóng	**clone** 複製した人また動物 복제인간 또는 동물
纳米	nàmǐ	**(micron)nanometre** ナノメーター 도량의 단위 (micron 보다 작은 단위)
菜鸟	càiniǎo	**green hand** インターネットの始めて習う人 (인터넷상의) 초보자
大虾	dàxiā	**experienced people** インターネットの上手にする人 (인터넷에)아주 숙달된 사람
灌水	guàn shuǐ	**post messages** インターネットに自分の意見を発表する 인터넷 게시판 또는 논단에 자신의 의견을 발표하다
酷	kù	**cool** ひどくきれいである/粋(いき)である 멋있는

秀	xiù	show ショー　ひいでている 쇼(show)
青蛙	qīngwā	not handsome boys 見にくい男 청개구리, 못생긴 남자(채팅용어)
恐龙	kǒnglóng	dinosaur; plain girls 見にくい女 공룡, 못생긴 여자(채팅용어)
N 次	Ncì	for N times 何度も 여러번

29. “绝代佳人”文中指______。
    A. 特别漂亮的人　　B. 以后再也没人比她漂亮的
    C. 不喜欢小孩的漂亮的人　　D. 不要小孩没有后代的家人
30. 下列哪些是非规范的外来语？______
    A. WTO　　B. APEC　　C. 克隆　　D. 大虾
31. 文中“秀”是什么意思______。
    A. 秀气　　B. 可爱
    C. 英语 show 的音译词　　D. 漂亮
32. 会影响汉语词汇表达效果的是______。
    A. 英语　　B. 英语音译词　　C. 非规范外来语　　D. 英语译词
33. 网络中的“青蛙”代表______。
    A. 一种动物　　B. 爱说话的人　　C. 男性　　D. 一种现象
34. 文中第二次出现的“恐龙”是指______。
    A. 不漂亮的女生　　B. 一种动物
    C. 稀有　　D. 落后
35. “地球人都知道啊！”的意思是______。
    A. 一部分人知道　　B. 一大部分人知道
    C. 很多人都知道　　D. 所有的人都知道

五

早餐吃饱了就行，不论吃什么都一样耐饿吗？

有些孩子上午在学校上到第二、三节课时就饿了，可早餐吃得也不少。到中午吃饭时就像小恶狼似的往食堂跑。

饿了就是肚子空了，上一顿吃的食物已经在胃肠道内消化殆尽，不能再为人体各项活动提供充足的能量了。能为人体提供能量的营养素有三种，一是肉、蛋类中富含的蛋白质；二是油脂类食物中富含的脂肪；三是中国人吃得较多的谷类食物中所含大量的碳水化合物。蛋白质、脂肪和碳水化合物三种营养素都可以在人体内转化为热能，为我们的各种体力和脑力活动提供能量。蛋白质在人体内的主要功能并不是提供能量，而是为人体各器官提供生长和消耗的补充。以蛋白质作为能量的主要供给营养素就有点太不经济了；脂肪可以为人体提供大量的能量，但是大量地摄取油脂类食物又会对人体产生不良的其他影响；最好的选择是我们最常食用的谷类食物中的碳水化合物作为早餐中能量的主要供给成分。

谷类食物在人体胃肠道内消化后是以淀粉等糖类的形式进入到血液中为人体提供能量的，人饿了就是血液中的糖分比较少了，就会产生乏力、头晕等“低血糖”现象。不同种等量的谷类食物虽然所含的碳水化合物的数量相差不多，但在体内消化吸收的速度是不一样的，消化慢的食物就可以更耐饿，这些食物可以使能量缓慢地进入血液，持续较长的时间提供能量。

淀粉	diànfěn	**farina** でんぷん 전분

耐饿	nài'è	Hunger-resistant; not easy to feel hungry ひもじさに耐える 배고픔을 참다

36. 根据文章，关于早餐，下列哪项正确______。
    A. 吃饱了就行　　B. 要多吃点
    C. 吃什么都一样耐饿　　D. 吃什么是不一样耐饿的
37. 中国人吃得较多的是______。
    A. 肉，蛋类食物　　B. 谷类食物　　C. 脂肪　　D. 蛋白质
38. ______在人体内的主要功能是提供生长和消耗的补充。
    A. 蛋白质　　B. 脂肪　　C. 碳水化合物　　D. 谷类食物
39. 早餐的最佳选择是______。
    A. 蛋白质食物　　B. 油脂食物
    C. 谷类食物　　D. 肉类食物
40. "低血糖"现象是由______引起的。
    A. 乏力　　B. 头晕
    C. 缺乏蛋白质　　D. 血液中的糖分减少

第十五套

第一部分

一

高考结束后，不少家长又开始盘算着等子女大学毕业后送他们出国深造，眼下的任务就是为此筹备足够的资金。什么样的投资理财方式最适合这样的家庭？本报特别邀请了几位有着独特投资理财方式的市民，讲述他们自己的理财故事。

王红梅是成都一家医院的护士长。6月8日是女儿参加高考的最后一天，她早早离开了办公室。在学校门口，王红梅看见了女儿脸上的笑容，心口的石头终于落了下来。可就在这时，一丝忧虑又慢慢爬上了王红梅心头——现在大学本科毕业生竞争力已经非常有限。为了让女儿将来能找到一份合适的工作，王红梅与丈夫商量，等女儿本科毕业后，送她到国外去深造几年。王红梅的月收入在2500元左右，她丈夫在一家IT公司担任部门经理，月薪5500元。一年前，丈夫与几个朋友合伙开了一家快餐店，平均每月有2000元的纯收入。夫妻俩除了拥有一套90平方米的住房外，还有25万元的银行存款和目前市值约20万元的股票。女儿每个月的支出差不多1000元，全家人一个月的水、电、气费和吃、穿、住、行，又要花去2000元。拉通算，王红梅夫妇每个月还有7000元的结余。

据了解，在成都，与王红梅类似的家庭不在少数，记者近日邀请了几位有独特理财方式的市民，讲述他们的理财故事，供为子女将来深造筹措资金而准备投资的家庭参考。

童女士，退休教师，女儿、女婿在国外。她对记者说：

孩子们每年会给老两口留下一笔生活费，光是女儿留下的美元已有两万多元。我跟老伴儿都有自己的退休金，除了一些基本的生活开支外，平时也没多少需要花钱的地方，钱都存在银行里。

几天前，我和老伴儿无意中发现银行推出了一种专门针对美元的委托理财产品，据说一年的收益率最高可达近 7%。当时我们不相信，但出于好奇，还是拿了一张该产品的宣传册回家。我给在外地的儿子打电话，让他向银行具体咨询一下，儿子后来告诉我，这实际上是银行的一种全新理财模式。最低只需交纳 100 美元，跟银行签署一份理财协议，银行就会根据期限、品种的不同，定期给我支付收益。儿子说，既有一年、两年期的，也有三年和五年期的，只不过前两个品种每年的收益是固定的，但收益率相对较低，一年期的年收益只有 2.15%；而后两个品种的收益是一个预期值，收益率偏高，最高的有可能达到 6.8%。

在儿子引导之下，我到银行去买了 1 万美元 1 年期的和 2000 美元 5 年期的。目前，无论是美元、港币还是人民币，定期存款的收益率都非常低。采用外汇委托理财方式，不仅投资门槛较低，没有资金风险，收益也比同期银行存款高得多。由于只有银行有权终止协议，如果美元存款利率在理财期间内发生较大上涨时，老百姓也可能损失一些收益。这种方式适合手中有一些闲置外汇的家庭。

盘算	pánsuàn	**calculate; plan** 胸算用する　思案する 정확히 계산하다
投资理财	tóuzī lǐcái	**investment and financing** とうしして財務を管理する 투자자산 관리
收益率	shōuyìlǜ	**yield** しゅうえきりつ 수익률

门槛	ménkǎn	threshold (門や入り口の)しきい 문지방

1. 王红梅家的月收共有哪几项?
2. 王红梅家每月支出有多少钱?
3. 几天前,童女士和老伴儿无意中发现了什么?
4. 这种全新的理财模式,最低需交纳多少钱?
5. 这种方式适合什么样的家庭?

二

留日学子为什么不如留美学子，这是华人社会经常议论的一个话题。确实,在就职、收入、学术等方面,留美学子都优于留日的,即使是回中国当“海龟”(归),国人也是重“西洋龟”,轻“东洋龟”。

为什么同样是中国人,同样到海外留学,会有那么明显的差距?是留日学子能力不如对方呢,还是选错了留学的国家?或者说是……中国留学生到先进国家留学,大多数人想留下来就职,长期居住在所在国。实际上,中国人到日本留学的人多,能够就上职的并不多。在2000 年前,日本每年接受留学生就职的总数都不超过 3000 人。2002年,留学生就职总数只有 3209 人,其中,中国留学生 1933 人,占留学生就职总数的 60.2%,而当年的留学生总数 9.555 万人,中国留学生占 61.3%。

在美国,中国留学生就职情况要好于日本。美国的就职签证称为H1B,主要是发给本科以上学历、有专业技术特长的外国人。2000 年是美国高科技产业繁荣时期，美国各大公司和研究机构出现技术人才短缺,美国国会把每年 H1B 签证的限额提高到 19.5 万。今年,因受劳动力市场及 9.11 恐怖袭击的影响,国会把 H1B 签证的限额恢复到6.5 万。而在 2003 年,美国的外国留学生人数达到 58.6323 万人,中国留学生占 9%左右。即便如此,也比日本的留学生就职率高。虽说中国

人来日本留学，或去美国留学，从形式上看都是海外留学，没什么多大区别，但实际上是有很大区别的：那就是中国人来日本留学，大多数人选学文科；到美国留学，大多数人选学理工科。

据日本法务省入管局的统计数字，去年，在日本的外国留学生总数为10.9508万人，其中选学社会科学的有3.6245万人，人文科学的2.699万人，两者占留学生总数的56.7%，如果加上选学师范的话，留学生60%是选学文科的；选学工学的1.4472万人，理学的1433人，两者只占14.7%。前不久，美国国际教育协会在“2003国际教育年度报告”指出，2003年，在美国的外国留学生人数达到58.6323万人；其中选学商业、工程的，分别为20%和17%；选择数学计算机的12%。

另据统计，2001至2002学年，全美留学生有58.5万人，其中选学商业管理专业的11.4885万人，列学科第一；工程专业8.8181万人，列学科第二；数学计算机专业7.6736万人，列学科第三；社会科学专业4.4667万人，人文科学专业1.8367万人，两者为学科第四；人体、生命科学专业4.1417万人，列学科第五。这里要指出的是，在美国考商业管理专业，大多数大学是要考学生数学的；而在日本，考经营管理专业，大多数大学是不考学生数学的，属于文科领域。

“西洋龟”	xīyángguī	returned students from the west 西洋で留学してから帰った人 서양에서 유학을 마치고 온 사람
“东洋龟”	dōngyángguī	returned students from the east 日本で留学してから国に帰った人 동양(주로 일본)에서 유학을 마치고 온 사람

就职签证	jiùzhí qiānzhèng	accession visa 就任パスポートの査証 입사합격통지서
恐怖袭击	kǒngbù xíjī	Terrorist attack きょうふしゅうげきする 습격하다

6. 文中的"东洋龟"指什么?
7. 2002年在日本中国留学生就职的占总数的多少?
8. 人才短缺时,美国国会把每年H1B签证的限额提高到多少?
9. 在日本,选学文科的学生占留学生的多少?
10. 在美国,列学科第五的是什么专业?

三

难以找到工作的青年，一般有三种情况：一是缺少求职技巧的人;二是缺乏就业竞争力的人;第三种人我觉得最糟糕——他们认为"仅为生存工作是可耻的",认为"大学生去当家政,扫厕所,去卖肉……是丢人的行为。"这种丢人的感觉,恰恰是最丢人的!

我有个亲戚,大学刚毕业,去搬电脑,我说祝贺你了,就从搬运工做起。哪个旅馆的总裁不是从端盘子、打扫房间开始的？沃尔玛特的创始人，就从一个小杂货店起家。美国著名影星史泰龙、施瓦辛格,在成名之前都曾做过裸体模特，李嘉诚14岁就肩负养家糊口的重大责任,天天琢磨下一顿吃什么……当年我这个北大教师,一心想成为音乐家或者哲学家,但到了美国,也感到生存的艰难。我洗碗扫地,给必胜客

送外卖，就差流浪街头了。把滚烫的比萨在没有变冷变硬之前送到客户手上，成了我惟一的艺术追求——同事笑我：送个比萨也这么激情！可是我感到自豪，激情不是浮躁，不是幻想，激情是执著当下，全身心投入，激情是做好眼前事的一种素质。

我承认浮躁是一种时代必然。同样教育背景的人，有人月薪几万人民币，有人1000元人民币，人心不可能不浮躁，但是，你必须把手头的工作做好，才可能真正进入一个成功者的境界。所谓成功者，并不单纯指百万富翁，也包括那些完美地完成一件工作，进而完成每件工作的人。

任何人都必须有敬业精神，能把小事干好的人，成功的几率更大。永远不要抱怨工作有多么无聊、渺小，只要开始工作，就有改进、提升和扩充自己的机会。譬如背英语单词，一天背1000个单词，你肯定背不下来，会精神崩溃，但如果一天背几十个单词，就能轻松做到，以少积多。反过来，假如你一开始就想做比尔·盖茨，学哲学的一上来就想超过黑格尔，忽略手头的工作，最终可能会一事无成。

我在新书里提出一个重要的思想：如果简单地以学历为准绳设计未来，人生的路就变得很窄；如果用市场需求来考虑、来测量自己，机会就会很多。这个思想，是针对中国社会依然盲目地追求高学历、追求留学、追求名校的风气而提出的。

为了符合社会公认的许多"神圣"但已经过时的人才标准，很多人也宁可把自己拉长或锯短。比如英语学习者，不把能否进行英语交流当作标准，而把四级六级当作标准。事实是，成功并没有公式化的标准和模式。设想一下，假如姚明的父母是个学历迷，强迫他学士、硕士、博士读到底才打职业篮球的话，相当于要他接受"普洛克路斯忒斯之床"的标准，那么今天就没有NBA的姚明了。

养家糊口	yǎngjiā húkǒu	**support a family** 一家を支える 가정을 보살피다
外卖	wàimài	**take-out** 外部へ売る 배달

11. 作者认为，难以找到工作的人有几种情况？
12. 什么是做眼前事的一种素质？
13. 作者认为，什么样的人是成功者？
14. 如果用市场需求来考虑，来测量自己就会怎样？
15. 根据文章，英语学习者应把什么当作标准？

第二部分

一

“美和事”总部特别引进的意大利风味冰淇淋是把各种大豆、玉米、花生、瓜果、蔬菜等不同农作物利用特殊工艺专用设备制成营养更丰富、味道更奇妙的不同冰淇淋，使这些农作物瞬间增值几十倍，它分蛋白奶冰淇淋系列、果蔬鲜汁冰淇淋系列、果豆蛋白奶双色多味冰淇淋系列、油炸冰淇淋系列等，成本在0.5元左右，售价2至4元，冰淇淋机全部为正规厂家制造，实行三包，上门维修，售价以标价为准。台湾珍珠奶茶、饮料系列使你经营更具特色，锦上添花，做别人做不了的事，赚别人赚不到的钱。

农作物	nóngzuòwù	**crop** 農作物 농작물
实行三包	shíxíng sānbāo	**apply the tree guarantee system** 金を払い戻す、修理を保証する、こうかんする、をじっこうする 환불, 수리보수, 교환제을 책임지고 실행하다

锦上添花	jǐnshàngtiānhuā	be blessed with a double portion of good fortune 錦上(きんじょう)さらに花を添える 美しいものの上にさらに美しいものを加えること 금상첨화

16. 营养丰富的冰淇淋是________被运用了特殊工艺用专用设备制成的。
    A. 珍珠　　B. 花生　　C. 瓜果　　D. 农作物

17. “美和事”总部特别引进的冰淇淋至少分________个系列?
    A. 2 个　　B. 3 个　　C. 4 个　　D. 5 个

18. 新引进的冰淇淋是用________种农作物?
    A. 2　　B. 3　　C. 5　　D. 6

三

英格兰队在英国当地时间周五的下午已经回到了伦敦，在球队解散之前，队长贝克汉姆和主教练埃里克森代表球队参加了最后一次 2004 年欧锦赛的发布会。

由于在本届的欧锦赛上，英格兰的队长贝克汉姆在三场比赛中射失了两个点球，因此在今天的发布会上媒体的矛头直接指向了贝克汉姆,提出的问题更是尖锐无比,英国独立电视台的记者问“昨天你在比赛中将第一个点球就射失了，你认为你还适合继续担任英格兰队的队长吗?”

贝克汉姆在听到这个问题之后，冷静的脸上除了镇静外没有任何的表情，他反问这位记者:“你的意识是我应该辞去队长的职务吗? ”贝克汉姆将自己的这个反问非常有力地重复了两遍,而后语气坚定地说:“我是英格兰队的队长,而且我现在还是英格兰的队长;我不认为有任何的理由我应该辞去队长的职务。今天早上当我在镜子中看到自己的时候，我还清晰地记得昨天所发生的一切，我在比赛中做到了我能够做到的一切，我问心无愧。如果有任何人希望得到这个队长的位置我认为这很公平也很正常，但是我要告诉你现在我还是英格兰队的队长。”

在小贝离开后，主教练埃里克森又成为了记者们‘围攻’的另外一个对象，一位英国记者开门见山地说：“我们在昨天和今天采访了大批的英格兰球迷，很多人说是你让大家失望，是你的过失让英格兰过早地离开了欧锦赛，你应该承担自己的责任？离开英格兰。”

尽管这个问题有些无理，不过身经百战的埃里克森没有丝毫的愤怒，他平静地说：“我不认为是这样的，我们每个人都在比赛中做出了自己最大的努力。我没有任何计划离开英格兰，我也没有计划到别的地方去，这没有道理。我没有这样的计划。”最后埃里克森还坚定地表示：“贝克汉姆仍旧是英格兰的队长，这一点在自己的头脑中从来没有动摇过。”

尖锐无比	jiānruì wúbǐ	**extremely pungent** とても鋭い、(言論などが)はげしい 날카로움이 비할 때가 없다. 매우 날카로운
问心无愧	wènxīn wúkuì	**have a clear conscience** 良心に聞いて恥じるところがない心にやましいことはない 한점 부끄러움이 없는

19. 在发布会上，媒体的矛头首先指向了________。
A. 埃里克森　B. 贝克汉姆　C. 英格兰队队员　D. B+C

20. 贝克汉姆认为自己适合继续担任英格兰队的队长吗？________
A. 适合　B. 不适合　C. 不太适合　D. 以上都不是

21. 在本篇文章中一共出现________人物？
A. 五个　B. 四个　C. 三个　D. 两个

22. 主教练埃里克森对这个有些无理的问题的反映是________。

A. 愤怒　　B. 不平静

C. 转身离去　　D. 没有丝毫的愤怒而且平静地回答问题

23. 英格兰队回到伦敦的具体时间是________。

A. 下午　　B. 周五下午

C. 当地时间周五　　D. 英国当地时间周五的下午

三

随着小灵通用户的不断增多,使用的方便性却越来越糟。记者昨天从有关渠道获悉,针对目前大规模促销将给网络带来的巨大压力,同时为解决网络覆盖问题,北京市通信公司将进一步加强基站建设,对现有网络进行“补网”。不少“小灵通”用户可以感觉到,今年以来北京城区不少地段的“小灵通”信号越来越差,就连以前可顺利通话的地区近来也常常出现“掉话”、“丢话”现象;而“小灵通”在行驶的汽车上“掉话”更是屡试不爽。虽然从5月17日起,北京通信为所有非包月制“小灵通”用户免费开通了“随身呼”服务,但频繁的无法接通和“掉话”使得相当一批用户开始考虑放弃使用“小灵通”。

一消息人士告诉记者，造成这种现象的原因之一是北京“小灵通”用户增长过快，目前用户总数已接近80万,其中还有十几万包月制用户。相比较下,“小灵通”的网络建设速度没有跟上,这就使得用户感觉到“小灵通”越来越不好使。据了解,目前北京“小灵通”在地下商业区、高速公路以及一些大型旅游景点的覆盖还十分薄弱,在北京城区范围也存在大量的网络“黑洞”。按照移动通信服务的惯例，在网络建设初期网络容量与用户数量的比例应该达到10:7，也就是说用户总数占网络容量的70%左右。目前北京城区“小灵通”基站数量虽已有10000多个,但由于辐射信号较弱(这也是

"小灵通"辐射低的原因),且市区楼宇较多,所以"小灵通"在城区的网络"黑洞"也较多。

小灵通	xiǎolíngtōng	(Cityphone) small smart 中国携帯電話の一種 중국 이동전화의 한 종류. (Cityphone)
掉话	diàohuà	interruption during conversation 通話中信号がなくなる、切れる 통화중에 신호가 끊어지다
丢话	diūhuà	lose some words 通話中信号が悪くて言葉がと切れと切れに聞こえる 통화중 갑자기 신호가 좋지않아 말이 자꾸 끊겨 들리다
屡试不爽	lǚshìbùshuǎng	time-tested いくど試験をくりかえしても確実だ 방법이 매번 성공하다
网络容量	wǎngluò róngliàng	network capacity インターネット容量 인터넷 용량
黑洞	hēidòng	black hole いんりょくじょうがきわめて大きいこうせいかたよっている 블랙 홀

24. "小灵通"在高速公路上网络覆盖________。

A. 不太好　　B. 很好　　C. 十分薄弱　　D. 一般

25. 按照移动通信服务的惯例,在网络建设初期网络容量与用户数量的比例应该是________。

A. 70:10　　B. 10:7　　C. 17:10　　D. 80:70

26. 从5月17日起，北京通信为所有非包月制“小灵通”用户免费开通了________服务。

A. 补网　　B. 小秘书　　C. 随身呼　　D. 呼叫转移

27. 北京________地区“小灵通”信号越来越差。

A. 一些　　B. 不少　　C. 一小部分　　D. 商业

28. “小灵通”使用的方便性________。

A. 越来越好　　B. 越来越差　　C. 越来越多　　D. A+C

四

眼下，独生子们偏食现象十分普遍。据有关部门调查，偏食儿童在农村占35%左右，在各大城市中高达50%。吃饭时挑挑拣拣，喜欢吃的尽情吃，不喜欢吃的就一口不吃。那么孩子不爱吃的可以不吃吗？

在已经解决了温饱问题的今天，仍有许多人患有营养不良。这种营养不良并不是由于食物短缺所致　，而是由于偏食、挑食所致的营养素摄入不足引起。另外，除母乳可以为6个月以内的婴儿提供全部的营养需要外，其他任何单一的食物都不能满足人体正常生理的全部需要。孩子们正处在生长发育的旺盛阶段，身体所需的各种营养素要比成人多，长期偏食不仅会直接影响其生长发育，而且还会使其体内免疫力降低，易患多种疾病。

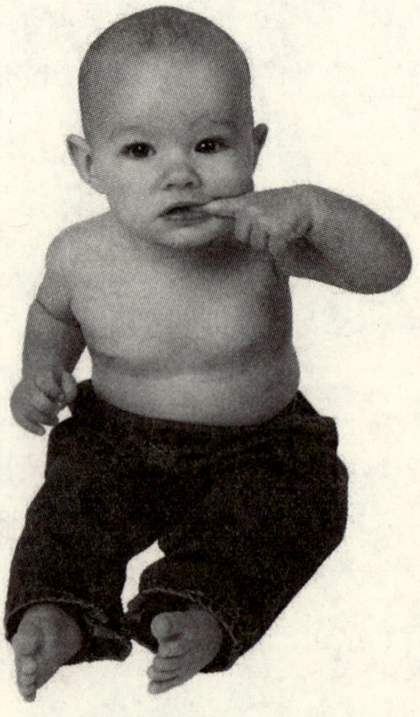

A：除母乳可以为6个月以内的婴儿提供全部的营养需要外，其他任何单一的食物都不能满足人体正常生理的全部需要。

B：孩子挑食易导致营养缺乏，还会影响生长发育。

一般来说，孩子1岁以后都会挑食，今天光吃这个，明天光吃那个。这餐某种食品多吃一点，那餐另一种食品多吃一点。很多情况下，当孩子表现出不喜欢某种食品时，家长并不是劝说或讲道理，而是一味地迁就；当孩子表现出喜欢吃某种食品时，父母马上又会让孩子多吃。久而久之，导致形成孩子挑食的习惯。实际上，家长的纵容促成孩子吃饭挑食的坏习惯。吃自己喜爱和可口的食物是人的天性，家长一味地满足孩子这种"天性"，就可能使孩子吃不到平衡的膳食，从而导致在您孩子身上发生食物富足型的营养不良。

偏食	piānshí	partiality for a particular kind of food へんしょくする　食物に対して好みがかたよっている 편식하다
营养不良	yíngyǎng bù liáng	undernourishment えいよう状態がよくない 영양불량
挑食	tiāoshí	be fastidiou about one's food 食物に好ききらいがある 편식하다
免疫力	miǎnyìlì	immunity (immunization) from disease めんえきりょく 면역력
纵容	zòngróng	connive (悪事を)なすがままにまかせておく　放任する 종용하다　부추기다
平衡膳食	pínghéng shànshí	be balanced in meal つりあう食事 균평잡힌 식사

29. 独生子女偏食现象在________最高。

A. 农村　B. 城镇　C. 城市　D. 大城市

30. 在已解决了温饱问题的今天，仍有许多孩子有营养不良的主要原因是________。

A. 食物短缺

B. 由于偏食、挑食所致的营养素摄入不足引起的

C. 营养素摄入过量

D. 体内免疫力降低

31. 母乳可以为________月以内的婴儿提供全部营养。

A. 三个月　B. 五个月　C. 六个月　D. 八个月

32. 很多情况下，当孩子表现出不喜欢某种食品时，家长是如何处理的？________。

A. 劝说　B. 讲道理　C. 劝说或讲道理　D. 一味地迁就

33. 下列哪些情况是孩子偏食的原因之一？________。

A. 生活好　B. 家庭环境好

C. 有钱　D. 父母的纵容促成的坏习惯

五

AT&T 昨天表示将停止向 7 个州的居民推销电信服务。此前 AT & T 等运营商与各地方的贝尔电话公司就使用后者的网络付费问题产生争执，但布什政府决定不介入其间。

AT&T 还降低了全年度的收入和运营利润预测数字，称政府的决定和业界环境的压力迫使其降低价格。联邦法庭此前推翻了美国通讯委员会要求各地方的贝尔电话公司开放网络给竞争对手的规章，6 月 9 日，政府决定不对此判决提起上诉。

AT&T 的律师 James W. Cicconi 在信中表示："对消费者和经济而言，结局会是可怕的。如果竞争对手被排斥在地区电话业务之外，结果将是高昂的价格、消费者更少的选择范围、就业减少、创新受压制和行业投资下滑。"

行业分析师认为，AT&T 的这一做法是从 6 月 9 日至今对政府决

议最激进的反应，预料其他的一些租用各地区贝尔电话公司网络的业者也会采取类似步骤。这 7 个州的 AT&T 原有客户仍将被提供服务，但他们可能面临更高的收费。

上诉	shàngsù	appeal じょうそする 상소하다
投资下滑	tóuzī xiàhuá	decrease in investment とうしが下がる(減る) 투자가 감소하다

34. AT&T 运营商与各地方贝尔电话公司就使用网络付费产生争执________政府决定不介入。

A. 克林顿　　B. 布什　　C. 肯尼迪　　D. 老布什

35. AT&T 降低全年度的收入和运营利润预测数字的理由是_______。

A. 政府决定不介入期间

B. AT&T 等运营商与贝尔电话公司就网络付费问题产生争执

C. 政府的决定和业界环境的压力

D. 联邦法庭此前推翻了美国通讯委员会要求各地方的贝尔电话公司开放网络给竞争对手的规章。

36. James W. cicconi_______表示对消费者而言结局不好。

A. 政府大会上　　B. 联邦法庭上

C. AT &T 的律师大会上　　D. 在信中

37. 如果竞争对手被排斥在地区电话业务之外，结果将是______。

A. 高昂的价格，消费者更少的选择范围

B. 就业减少

C. 创新受压制和行业投资下滑

D. A+B+C

38. 行业分析师认为，AT & T 的这一做法是从________至今对政府决议最激进的反应。

A. 6 月 6 日　　B. 7 月 9 日　　C. 6 月 9 日　　D. 6 月 7 日

39. 行业分析师认为,这7个州的AT&T原有客户面临的问题是________。
A. 取消服务
B. 仍将被提供服务,但可能面临更高的收费
C. 仍将提供服务、收费不变
D. 以上都不是

40. 下列与原文不符的一项是________。
A. AT&T表示将停止向7个州的居民推销电信服务
B. AT&T的总裁在一封信中表示了对前景的担忧
C. 6月9日,政府决定不对此判决提起上诉
D. 对消费者和经济而言,结局是可怕的

第十六套

第一部分

一

就在中国的影视文化一度失去生机和活力的同时，位于中国北方的韩国，迅速崛起于亚洲乃至世界的影坛。

以在韩国本土票房成绩超过好莱坞大片《泰坦尼克号》的《生死谍变》为例，我看到了一群活生生的、有感情、也有缺点的“人”——无论是南韩的特工英雄，还是北韩的恐怖杀手，都被还原为现实生活中的“普通人”。一方面，他们为“国家、民族和阶级利益”所驱使、所束缚；另一方面，他们又向往着从“重大使命”中脱身出来，过上平安稳定的寻常生活。爱情取代了政治，成为故事中最核心的元素。因此，与其说它是一部动作片，不如说它是一部爱情片。两个分别来自于敌对阵营的青年男女相爱了，他们梦想着离开都市回到乡村，过自给自足的生活。爱情几乎改变一个由北方精心训练的冷血女杀手的生命，使之由一台杀人机器还原为一个温柔贤惠的妻子。很快，他们的梦想就在现实的挤压之下像肥皂泡一样破灭了。当怀有身孕的女杀手缓缓倒在爱人的枪口下时，我相信每一位观众都被悲怆的结局所震撼。尽管这个故事有一个凄婉哀痛的结局，但人们正是在斑斑血泪之中体味到了和平、真诚与爱的可贵。

今天，中国的文化和中国人的心灵已经贫困到了一种极致的状态。在当代的文学作品和影视作品中，我看到了道德的沦丧、心灵的荒芜和精神的异化。作为文化的一维，电影也在以贫困复制着贫困、以变态渲染着变态、以贫乏夸耀着贫乏。我们的社会主导者和文化工作者浑然不知：爱可以呼唤爱、怜悯可以复苏怜悯、尊严可以捍卫尊严。而在韩国电影中，我却发现了中国电影中少有的对人性和对爱情的信心，这种信心虽然经过千回百转，却依然没有被摧折和毁灭。这种信心使我相信，寒冷的韩国其实是一个温馨的地方。

在《爱情蹦极跳》中，一对大学恋人相约去新西兰蹦极，没有料到美丽的女孩却命丧于飞驰的卡车下。时光流转，男孩成为一名中学语文老师。有一天，语文老师在黑板上画了一条横线，说这代表着地平线；又在横线上垂直画一条竖线，说这是一根针；他继续在竖线上画了一条短的横线，说这是一粒麦穗。对于自己的画，语文老师解释道："大地上被插了一根针，风吹过，一粒麦穗刚好滑过并钉在了针尖上。我就是麦穗，而同学们就是那根针。我们的相遇并不容易，这就是缘分。"讲台下一位男生听得入神，于是师生之间发生了奇妙的感情，他们被指责为同性恋。偶然一个瞬间，学生看到自己的前生，他就是老师多年前的女友。于是，两个相恋的人执手一起跳下山崖，做了最后一次没有安全保护的蹦极。蹦极前，这对穿越时空的恋人有如下的一番对话——"从人生的绝壁上跳下去不是终结，只是开始。""下辈子我一定投生成女人来找你。""可是我也成了女人怎么办？""那就再等下辈子。""我和你跳下去不是因为我爱你，是因为我只能够爱你一个人。"

这样的爱情，从《诗经》以后在中国就不多见了。这种绝望的爱情，却从反面证实了人性的伟大。爱情尽管是绝望的，主人公却没有停止对这种绝望的爱情的求索。也许，人类生存的价值也正在于此吧。

崛起	juéqǐ	grow up; rise abruptly （峰などが）きりたつ　そばだつ 궐기하다
票房成绩	piàofáng chéngjì	box office （証券映画などの）切符売り場 증권거래지수

心灵荒芜	xīnlíng huāngwú	deserted soul/ heart 心が荒れはてる 정신이 황폐하다
变态	biàntài	abnormal へんたい 변태
浑然不知	húnrán bù zhī	be entirely unaware ぜんぜん分からない 전혀 모르다
蹦极	bèngjí	bungee jumping 腰につなをむすんで高い所(山・橋)からとびこむ 遊びの一種 번지점프
麦穗	màisuì	ear 麦のほ 밀, 보리의 이삭 더부룩하게 긴 양가죽

1. 在《生死课变》中,什么成了故事中最核心的元素?
2. 影片《生死课变》让人们在斑斑血泪之中体味到了什么?
3. 作者在当代的文学作品和影视作品中,看到了什么?
4. 韩国电影体现了什么样的信心是虽然经过千回百转也没有被摧折和毁灭的呢?
5. 作者认为,人类生存的价值在于什么?

二

对人体最有益的香味,有以下十种

1. 葡萄柚:最具制怒作用,并可提高适当的紧张度。

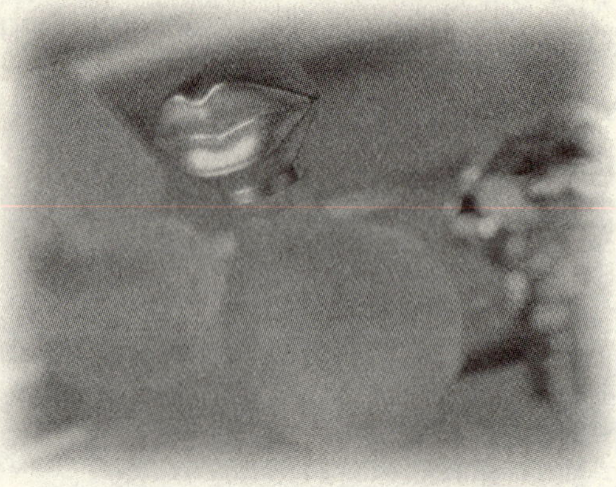

2. 茉莉：它的幽香可增强机体应付复杂环境的能力，消除引起精神和躯体方面缺陷的综合症。

3. 橙：最受白领的青睐。橙的香味可以提高工作效率，消除上班族在办公室压抑气氛中产生的紧张、不安。橙的芳香还能加快抑郁思绪的排除，增强对环境的应激能力。

4. 石竹：石竹香可增强记忆力，以利于更好地接受外部信息。

5. 老鹳草：这种天竺葵属性的植物散发的气味能增强人的自信和意志，改变优柔寡断的作风。

6. 姜：浓郁的姜味可提高应激能力，消除疲劳，增强毅力。

7. 肉桂：肉桂迷幻般的香味使人乐观向上，体验无拘无束、轻松愉快的感觉。儿童和孕妇不宜闻此香味。

8. 香柠檬：这种香味可使人免受外部环境造成的心理压力，化解忧思忧虑。

9. 酸柠檬：具有轻微的精神振奋作用，减轻消沉和忧郁。

10. 薰衣草：失眠症患者的“良药”，改善抑郁症状和歇斯底里症，去除紧张，平肝息火，抑制挑衅冲动。

青睐	qīnglài	favor こういをもつ　愛顧を受ける ~로부터 환영을 받다
抑郁	yìyù	blues; dumps ゆううつ 우울하다,우울증
应激能力	yìngjī nénglì	ability to deal with stimulations 臨機応変能力 임기응변능력

肉桂	ròuguì	cinnamon にっけい 계수나무
薰衣草	xūnyīcǎo	lavender 香り草 라벤더
歇斯底里	xiēsīdǐlǐ	hysteria ヒステリー 히스테리, 히스테릭한
挑衅	tiǎoxìn	defy; provoke 挑発する　けんかを売る 도전하다, 도발하다

6. 什么最受白领的青睐？
7. 可增强记忆力的是什么？
8. 什么人不宜闻肉桂香？
9. 哪两种香味可以去除紧张？

三

乾隆帝在位六十年，曾六次南下巡视。他在《御制南巡记》中说："予临御五十年，凡举二大事，一曰西师，二曰南巡。"乾隆帝把南巡作为他生平最重要事功之一。他六下江南，开支浩繁，成为乾隆中叶国势渐衰的原因之一。他如此兴师动众南往北返，其目的为何？

有论者以为，乾隆帝"艳羡江南，乘兴南游"，故游玩享乐是其主要动机。乾隆帝乃太平之君，骄奢靡费，习以为常。当时江宁、扬州、苏州、杭州等城市，人口稠密，物产丰盈，经济繁华，且名胜颇多，景色迷人，他为"眺览山川之佳秀，民物之丰美"而六下江南。

另有传说，雍正帝胤禛曾以女儿与海宁陈氏儿子相换，此男儿即后来之乾隆帝，故乾隆帝实为海宁陈氏之子。他即位后对自己的身世

发生怀疑，所以南巡的重要目的之一，是去浙江海宁陈家访察，搞清自己出身真相。他六下江南，四次亲临陈家，升堂详问家世，临走时还令把中门封闭，并说：以后不是皇帝临幸，此门不得开启，从此这门一直关闭着。不过，此说可信度较低。

还有学者认为，乾隆帝南巡目的决不会如此简单。他六下江南的活动，除游名胜、寻享乐外，还着眼于社会政治、经济之大端。东南地区号称财富富甲于天下，是清政府财政命脉所系，维持这一地区的安定很重要。但明末清初，江浙一带反清斗争相当激烈，以后还发生不少文字狱，而且黄淮水患仍频，浙江海塘告警，南方潜伏着严重的社会危机。面对这样的局面，乾隆帝相信自己的"天子圣明"、"乾纲独断"，希望通过南巡解决上述社会问题。于是，他五次阅视黄淮治理工程，四次亲勘浙江海塘，指示清理杭州西湖，多次到曲阜祭孔，到文庙行礼，到书院临视，奖励文学，优礼高年，眷顾旧属，慰赐各级官员，致祭历代先贤勋臣忠烈祠墓，奖饰豪富商人，颁布体恤民情的法令，检阅军队等等，以达到督促水利，笼络各级官员，维系民心，整饬武备的目的，从而稳固清朝的统治地位。

乾隆帝下江南规模大，次数多，其目的可能不会是单一的，或许前次与后次的目的就有不同的侧重，这有待于今后进一步深入考证。

开支	kāizhī	spending (金銭を)支払う　支出す 지출하다
骄奢靡费	jiāoshē mífèi	extravagant and dissipated (金銭を)支払う　支出する 사치스럽고 낭비가 심하다

人口稠密	rénkǒu chóumì	tensely populated 人口がちゅうみつである 인구밀도
物产丰盈	wùchǎn fēngyíng	abundant resources/products ぶんさん豊かである 물자가 풍부하다
文字狱	wénzìyù	imprisonment or execution of authors for writing sth (often taken out of context) considered offensive by the imperial court もんじのごく 글로 인화한 화
体恤民情	tǐxù mínqíng	show solicitude for the common people 人民の願望や気持ちになって同情する 일반 백성의 입장에서 생각하다
笼络官员	lǒngluò guānyuán	cultivate officials' good will by dispensing favours 役人をろうらくする 관원을 구슬리다
整饬武备	zhěngchì wǔbèi	put defense preparations in order 軍備を整頓する 무기를 정돈하다

10. 文中提到的，乾隆中叶国势渐衰的原因之一是什么？
11. 第一种说法认为，乾隆帝为何而六下江南？
    (引用原文诗句回答)
12. 另有传说，乾隆南巡的重要目的之一是什么？
13. 还有学者认为，乾隆南巡的目的除游名胜等外，还着眼于什么？
14. 文中提到的，南方潜伏着几种严重的社会危机？
15. 作者怎样认为乾隆下江南的目的？

第二部分

一

针对英国打捞专家迈克·哈彻于去年在南中国海附近打捞出中国清代商船“的星号”，并将沉船上发现的三十五万件德化清代青花瓷器悉数拍卖事件，日前中国考古学家作出反应，指责哈彻这一非道义性的行为，要求他遵守一九八二年制订的《联合国海洋公约》，与此批文物的来源国——中国，共同协商处理这批文物。

据此间《海峡都市报》报道，一九九九年五月，英国著名的海难打捞专家迈克·哈彻在南中国海附近发现这艘清朝道光年间沉没的中国客货商船“的星号”，于去年捞获了大量的珍宝，其中包括三十五万件的德化瓷器，而且大部分完好无损。去年十一月十七日至二十五日，哈彻和他的合作伙伴内戈尔拍卖行将其悉数拍卖，总成交额高达二千二百四十万德国马克。这些瓷器的产地——德化县政府获知消息后，也及时前往购回了七十二件珍贵的瓷器，其中包括碗、碟和一些小物件。

几个月过去了，由此引起的争论却在不断升温。日前，中国历史博物馆水下考古研究室主任张威及有关专家向国际组织提出抗议。张威是目前中国水下考古界最具权威的人士之一，他在接受采访时说：“虽然尚不清楚瓷器被打捞的确切地点到底是哪国的领海抑或公海，但是，这一活动的非道义性是不言自明的。”

拍卖	pāimài	auction 競売する/せりうりする 경매

不言自明	bùyánzìmíng	learn without saying 言わなくてもわかる　言わずと知れた 말하지 않아도 저절로 깨닫다

16. 迈克.哈彻在南中国海附近打捞出的“的星号”是________。
A. 中国商代沉船　　B. 中国清代沉船
C. 中国商代商船　　D. 中国清代商船

17. 中国考古学家指责哈彻________。
A. 遵守一九八二年制订的《联合国海洋公约》
B. 应把文物归还中国
C. 拍卖瓷器是违法的
D. 非道义性的行为

18. 下列与原文不符的一项是________。
A. 哈彻和他的合作伙伴内戈尔拍卖行将沉船上的文物悉数拍卖
B. 哈彻拍卖文物所得的成交额高达两千二百四十万美元
C. 德化县政府前往购买文物
D. 中国有关专家向国际组织提出抗议

19. 德化政府购回了________珍贵的瓷器。
A. 七十一条　B. 花瓶等　C. 碗等　D. 七十三件

二

亲代的遗传信息通过一定方式传给子代，使子代表现与亲代相似的性状,称之为遗传。我们常说:“种瓜得瓜,种豆得豆”。“猫生小猫,鼠生小鼠”,“某孩子长得像他爸”,说明亲代将其形态传给子孙。“猫吃鱼腥,要抓老鼠,老鼠生下会打洞”,某孩子与他妈一样脾气等都说明亲代也将其生理特征传给了后代。正因为有遗传性,才保证了世界上各种生物与人类有各自固定形态和生理特征的恒定，并能世代相继繁衍下去。

这种遗传性是通过遗传物质即染色体和基因来实现的。人是由

细胞组成，细胞由细胞膜、细胞质和细胞核组成。细胞核内有一种易被碱性染料着色的物质，称为染色质，染色质由脱氧核糖核酸（DNA）和蛋白质组成。它就是人类的遗传物质。细胞增殖进化过程中，染色质螺旋化形成染色体。每个细胞均含有23对（即46条）染色体，每对染色体中一条来自母亲，一条来自父亲，所以儿女能遗传到父母性状与特征。在染色体上排着基因，人体约有5万多对基因，这些基因决定了人的皮肤颜色、高矮、胖瘦、长相、性格等各种特征，正因为如此，人们之间才有许多差别。

基因具有稳定性，能绝对地复制自已，以使生物种系得以延续。但基因也能发生突变，使生命得以进化和发展。

种瓜得瓜，种豆得豆	zhòngguā déguā, zhòngdòu dédòu	as you sow, so will you reap うりを植えたらうりをとれ、豆を植えたら豆を取る　やったことに相応した結果が得られる 콩심은 데 콩나고, 팥심은 데 팥난다
遗传	yíchuán	inherit 遺伝（いでん）する 유전되다
基因	jīyīn	(DNA)gene 遺伝子 유전인자(DNA)

20. “种瓜得瓜，种豆得豆”是指______。

A. 亲代将其形态传给了子代

B. 子代将其形体传给了亲代

C. 亲代将其生理特征传给了子代

D. 子代将其生理特征传给了亲代

21. 遗传性是通过________来实现的。

A. 染色体　　B. 基因

C. 遗传物质和染色体　　D. 染色体和基因

22. 细胞由________组成。

A. 细胞膜、细胞核、DNA　　B. DNA、蛋白质、染色体

C. 细胞膜、细胞核、细胞质　　D. 染色质、DNA、蛋白质

23. 关于染色体的说法，错误的是________。

A. 由染色质形成　　B. 每个细胞有23对染色体

C. 每个人有五万多对染色体　　D. 染色体上排着基因

24. 下列关于基因的说法，正确的是________。

A. 基因的稳定性，使生命得以进化和发展

B. 基因的稳定性，使生物种系得以延续

C. 基因的突变，使生物种系得以延续

D. 基因的突变，能绝对地复制自己

三

北京大学出版社是受中宣部、新闻出版署表彰的优秀出版社和教育部表彰的先进高校出版社。因事业发展需要，现向全国公开招聘合同制企业编制人员。

一、编辑：法律、经济、德语、韩语、英语、法语、历史、中文、艺术史、新闻传播、基础教育(文教类)等编辑。

招聘条件：相关专业硕士以上学历，35岁以下，英语六级以上，能熟练使用计算机，具备坚实的专业知识、广博的相关学科知识和良好的文字功底，有较强的市场意识、策划能力和良好的人际交往能力。基础教育图书编辑要求，本科以上学历，有良好的文字功底，两年以上运

作中、小学教育类图书经验；善于人际沟通，与教育部门有良好的关系。

二、国际版权贸易人员：

30岁以下，英语专业本科以上学历，通过英语专业八级考试，能熟练运用英文进行口译、笔译及其他工作。有良好的人际交往能力和文字功底，具备一定版权贸易知识。第二外语为德语、法语者优先。

三、出版管理人员：

印刷出版（理科）专业本科以上学历，能熟悉使用计算机，30岁以下。

招聘时间：2003年6月3日—2003年6月20日。

应聘人员请在招聘时间内将应聘岗位、个人简历、学历证明、身份证复印件寄至：北京市海淀区成府路205号 北京大学出版社人力资源部收。凡收到面试通知者请准时参加应试。应聘材料恕不退回。2003年4月已投简历有效，不需再寄材料。

邮编：100871

传真：010—62556201

电子信箱：zpup@pup.pku.edu.cn

表彰	biǎozhāng	commend; honor (偉大な功績を)ほめたたえる 顕彰する 표창하다
文字功底	wénzì gōngdǐ	ability of writing さくぶんなどの基礎的な技能 작문수준, 능력
策划	cèhuà	plan; scheme 画策する　策をたてる 계획,책략(하다)
人际交往	rénjì jiāowǎng	social activities; interpersonal activities 人間交際　つき合い 인간관계를 쌓다

版权	bǎnquán	copy right 出版権　はんけん 판권
应聘	yìngpìn	apply for しょうへいに応じる 인재채용, 모집하다

25. 北京大学出版社共有________部门招聘编辑。
A. 八个　　B. 十个
C. 十一个　　D. 十二个

26. 企业编制人员不包括________。
A. 编辑　　B. 校对人员
C. 国际版权贸易人员　　D. 出版管理人员

27. 北京大学出版社所招聘的人员要求中,学历要求最高的是________。
A. 法律编辑　　B. 基础教育图书编辑
C. 国际版权贸易人员　　D. 出版管理人员

28. 如果你是应聘经济编辑的人员,你不用寄上________。
A. 英语专业四级证书　　B. 个人简历
C. 硕士学历证书　　D. 身份证复印件

29. 如果你是招聘国际版权贸易人员的负责人,你会优先考虑______的人。
A. 学历高的人　　B. 能熟练运用英语进行口译
C. 有国际贸易知识　　D. 第二外语为德语

30. 文章中提到应聘材料________。
A. 不退回　　B. 有的退回　　C. 复印件退回　　D. 全部退回

四

中国文具行业在改革开放后开始迅速发展起来。实用技术的发展和新材料的不断应用使文具行业所包含的产品门类更为广泛。随着人们生活水平的提高,以及对文化教育方面需求的不断增长,人们

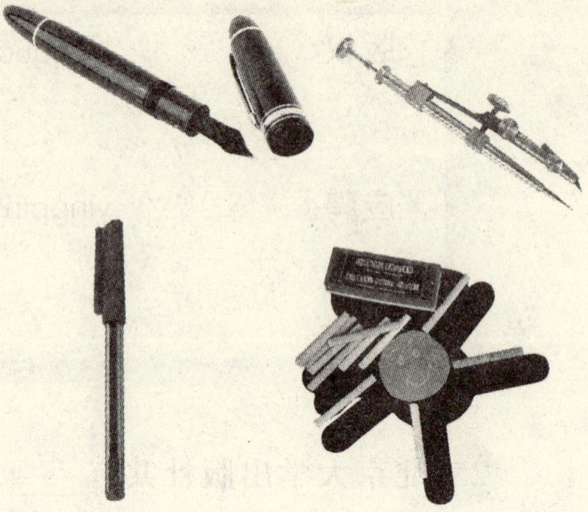

对文具产品的款式和花样方面的选择要求越来越高。需求造就市场。面对不断膨胀的巨大市场，国内文具生产企业不断涌现，在全国范围内还出现了几个明显的文具产业集群。入世以来，国际知名文具企业纷纷寻求与国内企业合资，使得国内日趋激烈的竞争形势变得更为纷繁复杂。对此，国内的文具企业应当如何做出回应？如何抓住潜在的宝贵商机？国内文具企业长久以来在产品技术、品牌建设等方面的劣势应当如何调整以图自身的可持续发展？通读此篇报告后，您将从中找到上述问题的满意答案。

本咨询研究报告依据国家统计局、国家海关总署、国家经贸委、国务院信息发展研究中心、全国商业信息中心、中国文体协会、中国竞争情报网、全国及海外500多种相关报纸杂志的基础信息以及文具行业协会等发布和提供的大量资料，对中国文具行业的总体概况做一介绍，通过对国际文具行业发展情况的介绍揭示了国内企业在开拓国际市场时可能面临的潜在商机。报告的主体部分主要从市场供给与需求、品牌、渠道和区域竞争格局、未来发展趋势和企业经营策略等几个方面进行了分析，并且按照区域产业集群的角度重点选取了几家近年来国内知名文具企业，对其经营状况展开分析。最后，报告在分析该行业未来发展趋势的基础上，对业内企业的经营策略提出了建议。该报告对于文具生产企业、文具销售商、文具行业管理部门以及拟进入该行业的投资者具有重要的参考价值，对于研究中国文具行业的发展规律、提高企业的运营效率、促进企业的发展壮大有学术和实践的双重意义。

31. 人们对文具产品的选择要求______。

A. 不断提高　B. 越来越低　C. 越来越复杂　D. 不断降低

32. 中国文具行业________。
A. 在改革开放前就已开始发展了　B. 生产技术人员不断增加
C. 新材料不断地被应用　D. 目前产品门类还不太多

33. 国际企业在中国________寻求与中国企业合作的机会。
A. 改革以后　B. 开放以后　C. 入世以后　D. 发展以后

34. 咨询研究报告是________。
A. 由国家统计局发表的　B. 各机构的基础信息
C. 提供大量资料　D. 本文所介绍的报告

35. 报告的主体部分从________个方面进行了分析。
A. 7　B. 5　C. 6　D. 4

36. 报告对于________不具有重要的参考价值。
A. 文具生产企业　B. 文具销售者
C. 文具行业管理部门　D. 文具消费者

五

麦金农说，中美双边贸易中，中国的出口一直大于进口，经常性项目处于盈余状态，从多边贸易角度上看并没有贸易不平衡的现象，美国希望中国以及其他东亚国家货币升值，以降低美国的贸易赤字，实际上与事无补。他举例说，1971 年日元对美元是 360 对 1，1995 年是 80 对 1，这是很大的汇率变化，但日本对美国经常性项目盈余一点没有减少。麦金农将高储蓄国家面临指责的现象称为“受挫的美德”。

麦金农认为，现在对于中国来说最重要最合适的一个政策就是维持原来 8.28 的中心汇率不变，在这个中心汇率周围保持一个 1%到 2%的区间。他建议，东亚经济可以考虑在汇率政策方面的联盟，以保持相对之间的汇率稳定，从而使东亚经济远离美国内部大规模通货膨胀的影响。

37. 麦金农认为，在中美双边贸易中________。
   A. 中国一直是进口大于出口
   B. 美国处于盈余状态
   C. 贸易磨擦很严重
   D. 美国希望中国的货币升值以降低赤字

38. 1995 年：美元对日元的汇率是________。
   A. 360 对 1　　B. 80 对 1　　C. 1 对 360　　D. 1 对 80

39. 麦金农认为人民币兑美元的汇率要________。
   A. 可以变　　B. 不变
   C. 维持原来 8.28 的汇率　　D. B+C

40. 让东亚经济远离美国内部大规模通货膨胀的影响，可采取________。
   A. 保持汇率固定的政策
   B. 维持中国 8.28 的汇率
   C. 汇率政策方面的联盟
   D. 以上都不对

第十七套

第一部分

一

那一天,马依达同小朋友在离密林不远处玩捉迷藏,为不让伙伴找到,她躲进密林。“突然,我觉得耳边有奇怪的响声,”马依达说,“响声随着森林被一种强光越照越亮而越来越大。我来到林间空地,发现有一个样子怪怪的仪器正往下降,整个仪器好像被一团火包着。我感到了温暖和眼睛的剧痛。当仪器离地面有 1 米左右时, 天开始黑下来。仪器一落地,响声停了,我眼痛耳鸣的感觉也消失了。”

小姑娘鼓起勇气小心翼翼向仪器走去。按她的话说,不明飞行物类似从电视中看到的“双子星号”载人宇宙飞船,从里面把整个飞行物照得通明,而周围一片黑暗。

“我从许多窗户中的一个往里面看,见有 5 个像电视荧屏的东西在发光。其中一个非常大,前面站着一个有条金色长辫子的女人。她观看屏幕上像平面图似的某种图像。其他屏幕前站着的是个不高,穿银色潜水服的人。女人时而朝他们说些什么。突然,其中一个消失了,又冷不防出现在自动门口,并朝我‘飞来’。我的两腿由于害怕而颤抖起来。”

“当来者离我很近时,我想喊喊不出来,站在那里像瘫了一样动弹不得。他一只手拿着像灯泡似的东西,使我清清楚楚看到他的脸:脸型像人,但上部太宽,下部太窄,眼睛斜长着,嘴唇极薄,像是用刮脸刀片割开的。”

“他向我挥了下手,又‘飞回’飞行物上,在外面调整什么。我的印象是,飞行物宽有 3 米,高比宽少一半,有一个 1 米大小的圆顶,圆顶上面有一个东西在不停转动。”

“很快,飞行物内所有仪器仿佛都动起来,穿潜水服的人都消失在门后，屏幕上现出巨大的‘飞碟’。我出于好奇，小心地伸手去触摸外壳，这时从窗户中部突然射出一束光，我一下子跌倒在地上，脸朝天躺着，看见飞行物逆时针旋转，然后收起像飞机起落架似的3个支架，并慢慢升起，飞行物蓦然放出橙红色的强光，点燃了地面的草和树枝。我的牛仔服也着火了。我脱下牛仔服，扑灭了腿上的火。”

小姑娘回到家中，述说了这一经过，父母立即领她去了医院。医生发现马依达额头有似强太阳光灼伤。检查未发现组织内辐射量增高，但血液中白血球数量增高。可以怀疑马依达奇遇的某些情节，但是否有根据推翻遇见飞碟的事实？更何况，她的叙述得到一位猎人的间接证实。猎人（根据前南斯拉夫特工部门指令，不予披露猎人姓名）那天在克兰郊区打猎时见到几个飞碟，其中一个起飞时在地上留下了很深的银色痕迹。第二天专家调查这个地方时，找到的固体合金，同时含有银和地球上所不知的化学成分。

冷不防	lěngbufáng	by surprise; suddenly 不意に　突然 갑자기, 뜻밖에
蓦然	mòrán	suddenly ちょっと　ふと　なにげなく 갑자기, 뜻밖에
灼伤	zhuóshāng	burn やけど 화상(을 입다)

1. 按小姑娘的话，不明飞行物类似什么？
2. 马依达看见屏幕前站着几个“人”？
3. 马依达看见的“人”脸型是什么样的？
4. 飞行物里的人都穿什么衣服？
5. 除了马依达，还有谁看见了飞碟？

二

红色食品

假如你生来体质较弱，易受感冒病毒的欺侮，或者已经被感冒缠上了，红色食品会助你一臂之力。红色食品天生具有促进人体健康卫士之一的巨噬细胞活力的功能，巨噬细胞乃是感冒病毒等致病微生物的“杀手”，其活力增强了，感冒病毒自然难以在人体内立足，更谈不上生长繁殖了。至于颜色较辣椒稍浅一些的胡萝卜，所含的胡萝卜素可在体内转化为维生素 A，发挥护卫人体上皮组织如呼吸道黏膜的作用，常食之，同样可以增强人体抗御感冒的能力。除了红辣椒、胡萝卜外，苋菜、洋葱、红枣、番茄、红薯、山楂、苹果、草莓、老南瓜、红米等亦具此功。

紫色食品

美国戴维·西伯博士通过近 20 年的潜心研究，发现紫色蔬果中含有花青素，具有强力的抗血管硬化的神奇作用，从而可阻止心脏病发作和血凝块形成引起的脑中风。这类食物有黑草莓、樱桃、茄子、李子、紫葡萄、黑胡椒粉等。如果你患有心脑血管疾患，常与紫色食品“亲密接触”裨益甚大。

黄色食品

黄色果蔬，如胡萝卜、黄豆、花生、杏等的优势在于富含两种维生素：一种是 A；另一种是 D。维生素 A 能保护胃肠黏膜，防止胃炎、胃溃疡等疾患发生；维生素 D 同样有促进钙、磷两种矿物元素吸收的作用，进而收到壮骨强筋之功，对于儿童佝偻病、青少年近视、中老年骨质疏松症等常见病有一定预防之效。故这些人群偏重一点儿黄色食品无疑是明智之举。

绿色食品

假如你是一位“身怀六甲”的女士，要想生一个健康聪慧的孩子，那么请务必亲近绿色蔬果。因为绿色蔬果中含有丰富的叶酸，而叶酸已被英美等国优生学家证实为防止胎儿神经管畸形（如无脑、脊柱分裂等）的“灵丹”之一。同时，大量的叶酸还是心脏病的新杀手——同型半胱氨酸的“克星”，可有效地清除血液中过多的同型半胱氨酸而起到保护心脏的作用。此外，绿色蔬菜也是享有“生命元素”称号的钙元素的最佳来源，其蕴藏量较通常认为的含钙“富矿”牛奶还要多，故吃“绿”被营养学家视为最好的补钙途径。

黑色食品

紫菜、黑米、乌骨鸡等黑色食品走俏日本餐桌，在东瀛掀起了黑色食品热。究其原由，乃因此类食品具有以下优势：一是来自天然，所含有害成分极少；二是营养成分齐全，质优量多；三是可明显减少动脉硬化、冠心病、脑中风等严重疾病的发生几率。此外，各自尚有其独特的防病本领，如黑木耳防治尿路结石，乌骨鸡调理女性月经等。你万不可冷落它们。

白色食品

虽说在总的营养价值方面排名末位，但“末位淘汰制”并不适用于它，因为它也有独到之处，如冬瓜、甜瓜、竹笋、花菜、莴笋等。这些食品给人一种质洁、鲜嫩的感觉，常食之对调节视觉与安定情绪有一定作用。对于高血压、心脏病患者益处也颇多。

儿童佝偻病	értóng gōulóu bìng	**rachitis** 子供くるびょう 어린이 구루병

身怀六甲	shēn huái liùjiǎ	be pregnant 昔婦人の妊娠を"怀六甲"といった 임신하다
乌骨鸡	wūgǔjī	black-boned chicken 黒いにわどり 오골계
莴笋	wōsǔn	lettuce ちしゃ(の根茎) 양상치

6. 假如你被感冒缠上了,什么会助你一臂之力?
7. 紫色蔬果含有什么?
8. 维生素D能促进哪两种矿物元素吸收的作用?
9. "身怀六甲"的女士,亲近的是什么?
10. 在营养价值方面排名末位的是什么?

三

同天葬、水葬一样,悬棺葬是一种古老的丧葬形式。葬址一般选择在临江面水的高崖绝壁上,棺木被放置在距离水面数十至数百米的天然或人工开凿的洞穴中,有些则是直接放在悬空的木桩上面。武夷山九曲溪两岸的峭壁上,至今仍存有悬棺遗迹十余处。

经过碳14测定,白岩和观音岩保存完好的两具船棺距今已有三千多年,随葬的龟形木盘是具有商周青铜文化特征的遗物。

据考证,当年我国南方分布着大大小小许多部落,他们大多具有某些共同的文化特征,因而被今人统称为古越人。船是古越人生活中必不可少的用具，把死者放入船形棺木是对死者的敬重。而出于对高山的崇仰，他们又把逝者安放在最接近“天神”的地方，以使他们不被世人打扰，从而更好地庇佑后人。

重达数百公斤的棺木是如何安放在悬空的绝壁上的呢？从棺木棺盖首尾两端凿有穿绳用的方孔推测为悬索吊下。在放置悬棺的峭壁背后或两旁一般地势较为平缓，人们先将棺木运上山，派工匠凿好洞穴或架好木桩，再将棺木吊装好。有时候，先沿崖壁凿出平行的一条通道，将棺木依次推进，可以集中放置一批棺木以省去许多麻烦。据三国时吴人沈莹的《临海水土志》记载，当时浙江瑞安至福建连江一带的“安家之民”和“台湾土著”、“夷州民”在饮食起居、风俗习惯上非常相近，都有悬棺葬的习俗。而在台湾偏僻的小岛兰屿的雅美人中间，这种葬俗保留至今。

庇佑后人	bìyòu hòurén	**bless / benefit later generations** 後代の人を加護する 후대를 보호하다, 보살피다
台湾土著	Táiwān tǔzhù	**Taiwan aborigines** 台湾(たいわん)原住民 대만본토인

11. 悬棺葬是什么？
12. 在哪儿，至今仍存有悬棺遗迹十余处？
13. 古越人出于什么，把逝者安放在最接近“天神”的地方？
14. 棺木是如何被放上绝壁的，文中介绍了几种方法？
15. 这种葬俗现在还有吗？

第二部分

一

有关胡雪岩其人其事的故事版本非常多，世人对这位富甲一时的风流商人也有所了解。据资料介绍，胡雪岩是杭州人，祖籍安徽绩溪。少年时入杭州一钱庄当伙计，后在浙江巡抚王有龄扶持下，自办阜康钱庄。又因力助左宗棠有功，受朝廷嘉奖，封布政使衔，赐红顶戴，紫禁城骑马，赏穿黄马褂。在其鼎盛时，胡雪岩除经营钱庄外，兼营粮食、房地产、曲当，还进出口军火、生丝等，后又创办胡庆余堂国药号，成为富甲一时的红顶商人。

清同治十一年(1872 年)，胡雪岩共耗资 10 万两白银在现在的元宝街建起巨宅，宅内有十三楼、芝园、亭台楼阁、小桥流水、明廊暗弄，建筑构思巧妙，砖雕、木雕、石雕、灰雕无品不精。其中芝园假山为国内现存最大的人工溶洞。宅内选用了大量的紫檀、酸枝、楠木、银杏、南洋杉、中国榉等高档木材，用材之考究，堪称清末中国巨商第一宅。1903 年胡雪岩子孙以将豪宅抵债给刑部尚书协办大学士文煜，后又转让蒋家，此后日渐破败。后胡氏故居先后被一些工厂单位和居民占用，其内建筑受到严重破坏。

富甲一时	fù jiǎ yìshí	**richest of the moment** 一時金持ちである 어느 일정기간동안만 부유한
朝廷嘉奖	cháotíng jiājiǎng	**recommendation by the royal court** ちょうていの褒賞 정부에서 제공하는 상금

紫檀	zǐtán	rosewood したん 고급가구의 재료로 쓰이는 나무의 일종
楠木	nánmù	nanmu (Phoebe nanmu) くすのき 녹나무(식물의 일종)
抵债	dǐzhài	pay a debt in kind or by labour (物品や労役で)債務をつぐなう 채무를 다른 물건이나 노동력으로 상환하다

16. 红顶商人是指______。

A. 左宗棠　B. 胡雪岩　C. 王有龄　D. 文煜

17. 胡雪岩主营业务是______。

A. 粮食　B. 房地产　C. 进出口军火　D. 钱庄

18. 下列说法正确的是______。

A. 胡雪岩祖籍是浙江杭州

B. 胡家豪宅被称为清末中国巨商第一宅

C. 胡雪岩将豪宅抵债给刑部尚书协办大学士文煜

D. 胡雪岩的子孙创办了胡庆堂国药号

19. 胡家豪宅中的芝园假山为国内现存最大的______。

A. 溶洞　B. 假山　C. 人工溶洞　D. 景观

20. 巨宅中至少用了______高档木材。

A. 5种　B. 6种　C. 7种　D. 8种

三

新加坡医生的一项研究发现，眼泪可以传播SARS病毒，而从泪管抽取样本分析也可及早诊断是否染病。

新加坡国立大学医院的程志伦（音）医生等人从去年怀疑感染

SARS的36名病人的泪腺中抽取样本进行研究，从中发现了SARS病毒。其中8名怀疑染上SARS的病人之中，3人的眼泪内含SARS病毒。他们都是新感染者。程医生在英国的《眼科杂志》发表报告说："这些是首批从泪水中验出SARS冠状病毒的个案，它们对眼科和医学起着重要意义。"

报告指出，病人染病初期，医生可以在病人的泪水中验出SARS病毒并进行隔离，眼泪成为重要的诊断工具，因为分析泪水简单而容易。但这也意味着，除了咳嗽和打喷嚏的分泌物之外，病毒还可以透过泪水传播，表示医护人员和公众受感染的危险性亦较以往所想的为高。

程医生说："处理SARS病人的时候，由于需要实行更严谨的保护方法、恰当的防疫及隔离措施，故此眼科的一贯做法或者需要改变。"

泪腺	lèixiàn	tear duct るいせん 눈물샘
打喷嚏	dǎ pēntì	sneeze くしゃみする 재채기하다
防疫	fángyì	epidemic prevention ぼうえき 방역하다
隔离	gélí	quarantine かくりする　ひきはなす へだてはなす 격리하다

21. 新加坡医生的一项研究发现________。

A. 唾液可以传播SARS病毒　　B. 血液可以传播SARS病毒

C. 眼泪可以传播SARS病毒　　D. 汗液可以传播SARS病毒

22. SARS 病毒是________。

A. 泪腺病毒　　B. 传染病毒　　C. 冠状病毒　　D. B+C

23. 程医生的报告指出、病人染病初期，眼泪成为重要的诊断工具的原因是________。

A. 分析泪水简单而容易　　B. 从泪管抽取样本简单而容易

C. 泪水是 SARS 的主要传播途径　　D. 唾液分析更简单而且更容易

24. 在本篇文章中提到的可以传播 SARS 病毒的途径是________。

A. 泪水　　B. 汗液

C. 咳嗽和打喷嚏的分泌物　　D. A+C

25. 处理 SARS 病人需要严谨的保护，所以眼科________做法需要改变。

A. 防疫的　　B. 隔离的　　C. 原来的　　D. 保护的

三

近年来，各高校出版社依托本校师资力量，出版了大量小语种学习的书籍或手册，像北大出版社的“外语实用口语三百句系列”，上海外语音像出版社的《葡萄牙语三百句》、《越南语三百句》，北京语言文化大学出版社的《意大利语速成》、《西班牙语速成》，外文出版社的《速成意大利语》等，加上在这一领域具有传统地位的外语教学与研究出版社的《德语速成》、《德语速速成》，构成了小语种的速成系列；上海外语教育出版社的《葡萄牙语语法》、《德语语法精要》、《新编德语语法》，商务印书馆的《德语语法》、《西班牙语语法》、《朝鲜语基础语法》和外语教学与研究出版社的《实用德语语法》也受到了来自东南大学出版社《德语语法》的挑战；对外经贸大学出版社的《外贸西班牙语会话》更是先于商务印书馆的《商务法语》、外语教学与研究出版社的《商界德语》出版；与此同时，商务印书馆的法语、德语、西班牙语专业教材其地位仍不可动摇，但外语教学与研究出版社和上海外语教育出版社的新版教材也被越来越多的高校采用，甚至还有很多学校使用自版小语种教材；而小语种工具书市场依然是外研社、外文社和商务印书馆三分天下，尽管译文、北大和清华等多家出版社也有尝试。

师资力量	shīzī lìliàng	teaching staff; faculty 教師力量 학교의 교사와 자금방면의 역량
三分天下	sānfēn tiānxià	split or divide the country into three parts 力同じ三つ以上の企業が市場を分けること 역량이 같은 세개이상의 기업이 시장을 나누어 갖는 것

26. 在本篇文章中共出现了________家出版社。
A. 三家　B. 六家　C. 九家　D. 十一家

27. 北大出版社是指________。
A. 北京语言文化大学出版社　B. 北京外国语大学出版社
C. 北京大学出版社　D. 北京清华大学出版社

28.《葡萄牙语语法》《德语语法精要》是________出版的。
A. 外语教学与研究出版社　B. 商务教学馆
C. 上海外语教育出版社　D. 译文出版社

29.《外贸西班牙语会话》、《商务法语》和《商界德语》分别是由________出版的。
A. 对外经贸大学出版社、商务印书馆、外语教学与研究出版社
B. 外研社、外教社和商务印书馆
C. 译文、北大和清华等出版社
D. 外研社、商务印书馆、东南大学出版社

30. 东南大学出版社《德语语法》挑战了________等出版社。
A. 北京语言文化大学出版社
B. 上海外语教育出版社
C. 商务印书馆和外语教学与研究出版社
D. B+C

31. 小语种工具书是________出版社和其他两个出版社平分市场。
A. 北大　B. 外研　C. 外语教学　D. 东南大学

四

2004年6月18日，中、日、韩三国家庭网络标准化组织——中国闪联(IGRS)标准工作组、日本ECHONET协会及韩国家庭网络论坛在韩国汉城共同召开中日韩三国家庭网络标准化国际研讨会。

作为三个国家的家庭网络标准化机构，三方交换了家庭网络标准推进战略的相关信息，并对家庭网络的发展趋势以及中日韩三国的家庭网络标准的合作进行了深入的探讨。三方共同认识到家庭网络技术标准所需的国际合作重要性，为了在家庭网络标准化研究活动中相互合作和共同发展，三方签署了《韩国家庭网络论坛、日本ECHONET协会及中国IGRS间的谅解备忘录》。三方间的合作领域以信息和人力资源交流为主，在家庭网络领域，促进标准国际化合作。主要包括：定期的信息及人员交流，共同建立标准国际化合作体系，轮流召开家庭网络标准化论坛等方面内容。

三个标准组织的合作联盟，将会加强技术交流和产业合作，有利于发挥各自优势，取长补短，加快发展，旨在共同研究和制定中日韩三国的家庭网络标准。本次中日韩三国家庭网络标准化国际研讨会，是由韩国信息通信部韩国家庭网络产业协会(HNA)、家庭网络论坛(HNF)发起主办的。来自韩国信息通信部的官员认为：“三方标准化论坛是互相合作，共同主导世界家庭网络市场的共享舞台。”同时还指出“三个国家的标准化组织合作会掀起对家庭网络的全球性标准化有利的高潮”。

网络论坛	wǎngluò lùntán	network forum インターネット上ろんだん 인터넷상의 논단

32. 中日韩三国,家庭网络标准化国际研讨会是由________发起主办的。
A. 中国闪联标准工作组、日本 ECHONET 协会、及韩国家庭网络论坛
B. 韩国信息通信部韩国家庭网络产业协会(HNA)、家庭网络论坛(HNF)
C. 中国闪联标准工作组和韩国家庭网络论坛。
D. 日本 ECHONET 协会及中国闪联(IGRS)标准工作组

33. 三方面合作领域以________交流为主。
A. 科学和文化资源　　B. 网络信息和人力资源
C. 军事信息和人力资源　　D. 信息和人力资源

34. 三方签署了________。
A.《韩国家庭网络论坛、日本 ECHONET 协会及中国 IGRS 间的谅解备忘录》
B.《韩国家庭网络论坛、日本 ECHONET 协会及中国 IGRS 间的合作意向书》
C.《韩国家庭网络论坛、日本 ECHONET 协会及中国 IGRS 间的议建书》
D.《韩国家庭网络论坛、日本 ECHONET 协会及中国 IGRS 间的联合声明》

35. "三方标准化论坛是互相合作,共同主导世界家庭网络市场的共享舞台"是由________提出的。
A. 日本信息通信部的官员　　B. 韩国信息通信部的官员
C. 中国信息产业部的官员　　D. 以上都不是

五

记者从有关负责人处获悉,演出公司应允了惠特尼·休斯顿高达55万美元出场费的条件,与欧美演出的出场费大致相当,所以在接待条件方面,这位美国天后做出了相应的让步。

据了解,1998年就有数家国内企业和文化公司竞争邀请惠特尼来中国演出。但那时,她不仅在演出费用上开出了8位天文数字,而且对于各种合作条件的要求也极其苛刻。这并非惠特尼要大牌,而只是欧美大牌艺人演出的国际通行要求,中国自然不能例外。在这种情

况下，邀请的难度可想而知。

1999 年，中国的一家演出公司曾经获得了文化部对于惠特尼来华演出的批准文件，但惠特尼的经纪公司不太相信中国市场的承受能力和演出商的运作实力，最终以赞助商爽约而告吹。此后，不断有国内演出公司联系惠特尼访华演出事宜，但都因种种原因未能成行。主办方透露今年成行的原因在于，惠特尼一方做出让步，演出条件已经接近于目前当红的港台一线红星。

耍大牌	shuǎ dàpái	behave arrogantly because they are famous ゆうめいなはいゆが高い要求条件を持ちだす 유명한 연예인이 높은 조건을 제시하다
爽约	shuǎngyuē	break an appointment 約束に背く　違約する 약속을 어기다
告吹	gàochuī	fail; fizzle out おじゃんになる　だめになる 허사가 되다, 잘못되다
一线红星	yíxiàn hóngxīng	front line stars; very popular stars 有めいでいる/人気があるはいゆ 현재 가장 유명한 연예인

36. 惠特尼·休斯顿的出场费与________演出的出场费大致相当。
A. 欧洲　　B. 美洲　　C. 欧亚　　D. A+B

37. 1998 年邀请惠特尼来中国演出失败的原因是________。
A. 演出费用达 8 位天文数字
B. 合作条件极为苛刻

C. 欧美大牌艺人演出的国际通行要求较高,中国自然不能例外

D. A+B+C

38. 惠特尼的经济公司对中国市场______。

A. 看好　　B. 不相信　　C. 不太相信　　D. 相信

39. 演出公司应允了惠特尼·休斯顿______出场费。

A. 55 万美元　　B. 550000 元　　C. 55000 美元　　D. 550 万美元

40. 下列不符合原文的一项是______。

A. 1998 年因为演出费用开出了 8 位天文数字、各种合作条件要求也极为苛刻,而没有成功

B. 1999 年,中国的一家演出公司曾经获得外交部对惠特尼来华演出的批准文件

C. 1999 年后,不断有国内演出公司联系惠特尼访华演出都因种种原因未能成行

D. 以上都不符合

第十八套

第一部分

一

不要以为只有像上海和深圳这样的城市才是移民城市，其实，北京才是一个永恒的移民城市，先不说男的、老的、少的，每年新“北漂”的单身女性就数以万计。很奇怪，只要在北京“漂”上几年的女性，大都会感染上北京“老牌”女性的性格。

记者在采访北京的单身女性时发现，接触北京的单身女性，犹如蛇斗乌龟，她们不仅很难缠，还很难咬。她们要么不理你，一旦要把自己的秘密告诉你，她们会爽快而干脆得像剥花生，一不小心，噼里啪啦就剥了一大堆。比如，今年36岁的海淀区某中学教师曹小齐，曾经拒绝过几次采访，语言委婉而没有商量的余地，后来在出版社一位编辑的“撮合”下，她主动安排了采访地点，除了不同意拍照外，她把自己过去的经历、之所以选择单身的原因全部抖了出来，毫无掩饰。曹小齐说，她从记忆中开始，父母就吵个不停，影响了她的性格，从小就胆怯、孤僻、害怕婚姻，又因自己长得不漂亮，见过很多男人以貌取人，对帅气的男性一直产生一种反感心理。总之，在她开口后，她把自己的情感隐私都倒了出来，像打开仓库，把久藏的稻谷拿出来晒太阳。

北京的单身女性普遍具有这种性格。很多人认为她们由于生活在首都，有一种无形的优越感，很高傲很清高，其实，这是她们还不开口的时候给人的感觉，一旦开口，她们是中国女性中最干脆的一群。这跟北京的城市风格不谋而合。

都说上海女性最突出的特点是精明，其实，调查发现，最善于隐藏自己，才是她们最突出的性格特点。这一点，在单身女性身上表现得尤其突出。今年34岁的潘艳梅，是上海某企业文员。她是一名台商的情人，至今还跟台商过着没有名分的生活。她在讲述自己的情感经历时，能把每个细节分析得很透彻。

潘艳梅是湖南人，中专毕业后到苏州炒邮票邂逅了上海一名台商，之后到了上海投靠台商，直到现在还被他包养着。台商的老婆有不孕不育症，潘为他生了个女儿。她身材好，脸蛋也漂亮，但她却分析说，身材好有时并不是好事，红颜薄命，反而害了她。就是因为自己长得不错，从小习惯了有人疼爱和呵护，习惯了过优雅的生活，养成了享受型的性格，才会成了被人们说三道四的"金丝鸟"。如果不那么漂亮，现在完全可能过着美满的幸福婚姻生活。她说话的时候，像在指责另一个人，好像故事的主角不是她，而是别人。

上海是一个老牌的商业大都会，商业气氛和商人的性格在这个城市沉淀最深，普通人也受此感染。现代商人并不以精明的性格来表现自己，而是善于隐藏自己，这使得上海城市的女性，尤其是单身女性也体现着这一特征。

北漂	běipiāo	people striving for a good life in Beijing from other places ペキンで流浪（るろう）している地方の人達 북경에서 성공하지 못하고 남아 있는 지방 사람들
不谋而合	bùmóuérhé	happen to have the same view (意見や理解が)はからずも一致する 의논하지 않고 의견이 서로 같다

红颜薄命	hóngyán bómìng	a beautiful girl has an unfortunate life 美人には薄命が多い 미인박명
金丝鸟	jīnsīniǎo	canary bird カナリア 카나리아

1. 哪个城市是永恒的移民城市?
2. 上海女性最突出的性格特点是什么?
3. 接触北京的单身女性,犹如什么?
4. 潘艳梅是哪儿的人?
5. 在上海这个城市沉淀最深的是什么?

二

南京明城墙申报世界文化遗产一事曾一度被炒得沸沸扬扬,众多市民也对此充满信心。然而专家昨天谨慎而理智地提醒:明城墙申报"世遗"期望值不能过高。

研究历史遗产保护的著名专家、东南大学—联合国教科文组织地理信息中心主任董卫,昨天在接受记者采访时说,南京明城墙申报世界文化遗产有点难。这是因为,近年来,联合国教科文组织对文化遗产的选择上有点转向,由原来倾向于选择纪念性的建筑物转变为更注重带有人文情调的遗址。董卫自1995年以来每年都参加联合国教科文组织的历史遗产保护研讨会。董卫说,从近年来申报世界文化遗产并取得成功的例子来看,多数是反映一种传统生

活，一种文化状态的遗址、遗迹，例如平遥古城和漓江等。

南京明城墙虽然在规模上确实可观，但与现今老百姓的生活，即与"人"的关系上显得有点"远"。有民俗专家认为，由于中国传统上的"君本位"思想长期占据统治地位，很多大规模建筑，如宫殿、宗庙、城墙等，除了居住、祭祀、防御等基本功能之外，更多的是一种权威的显示、实力的炫耀。而当这种历史功能结束以后，老百姓很难将它们融入自己的日常生活。以南京明城墙为例，它最初的功能便是防御和实力炫耀，当战争阶段结束以后，城墙在实质上已没有意义，而百姓更是很难把它当成类似一座自然的山或者一条自然的河，进行心理上的亲近。这种情形一直延续到现在。在这种情况下，即使城墙规模再大，结构再完整，也不过是个没有实用价值的建筑物而已。董卫认为，要想改变南京城墙人文精神的缺乏状态，有待于城市的整体规划。重点是把城墙周围的环境处理得跟城墙融为一体，真正让城墙反映当地的民俗风情。而南京明城墙在经历数百年的风雨后，由于多种原因，其完整性、原始状态等都遭受了破坏，这也为其申报成功增加了相当难度。

当然，妨碍明城墙的申报成功还有其他方面的压力，要想取得世界文化遗产的地位，不仅要通过教科文组织的评审，还需要取得国内获得推荐的地位。董卫介绍说，自从平遥古城进入世界文化遗产名单并带来巨大旅游收益以来，国内已有几十个城市准备申报"世遗"。在江苏省，除了南京明城墙外，苏州"周庄"等6个大运河沿岸的江南小镇也准备联合申报"世遗"。南京明城墙要想在国内取得申报资格必须付出极大努力。就目前情况来看，"周庄"申报成功的可能性要大于南京"明城墙"。据了解，自去年3月21日南京成立《南京明城墙申报世界文化遗产可行性调研报告》调研小组以来，至今仍在进行准备工作，尚未进入正式申报程序。

融为一体	róngwéiyìtǐ	Incorporate into one; hypostatic union 一体にとけあう(ゆうごうする) 하나로 융합되다

6. 联合国教科文组织对文化遗址的选择更从属倾向于选择什么样的遗址？
7. 国内已有多少个城市准备申报“世遗”？
8. 中国传统上什么思想长期占据统治地位？
9. 要想改变南京城墙人文精神的缺乏状态，有待于什么？
10. 哪个地方申报“世遗”的可能性要大于南京“明城墙”？

三

胃癌是一种常见的消化道恶性肿瘤，男性比女性容易患上这种癌症。专家指出，消化系统的毛病，如：胃癌、胃炎、胃溃疡、肠癌等，主要是因为吃太多动物性食物和加工食品(所谓“加工食品”就是去除纤维、矿物质、维他命的食品，白糖、白米和白面包等)。

通常肉食动物需要较多的胃液来消化吃下去的肉类，它们的肠道也比较短，以便能够迅速将腐化的肉食排出体外。很多人和肉食动物一样爱吃肉，但是，由于人类没有肉食动物的先天功能——我们的胃液酸度只有肉食动物的一半，无法迅速消化肉食；肠道也比肉食动物的长许多，无法迅速排出腐化的肉食。

从以上分析不难理解：**人的消化系统其实与草食动物比较接近，是比较适合消化高纤维食物的**。因此，专家认为，保健的第一原则是多吃高纤维的植物食品，也就是素食。

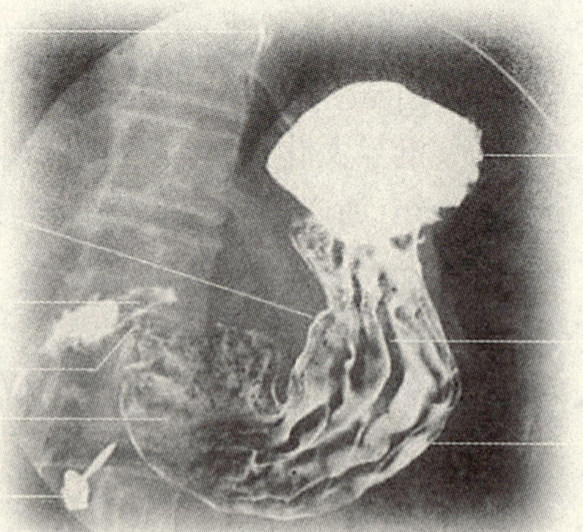

如果无法放弃肉食，饮食也应以清淡为主，每餐的食物种类不要太多。吃的食物太复杂，对胃部和整个消化系统都是负担。例如：消化碳水化合物和蛋白质食物，需要的消化液不同，如果同时食用，两者都不能完整消化，会造成胃功能透支。没有完整消化的食物也容易积存在肠内腐化，提供有害细菌生长的环境，这是致癌的原因之一。所以最好的方法是高蛋白质食物不要和碳水化合物同时吃，例如：肉类不宜和米饭、面包同时吃。蔬菜可和碳水化合物或豆类配搭，但水果则宜单独吃。如果遵守这些原则，就不会对胃部造成太大的负担，导致消化不良，最后引发各种消化系统的疾病。每餐最好进食一些新鲜、没有烹煮过的水果、蔬菜和芽菜。它们的维生素对预防胃癌有帮助。

恶性肿瘤	èxìngzhǒngliú	malignancy 癌腫 악성종양
胃溃疡	wèikuìyáng	gastric ulcer いかいよう 위궤양

11. 造成消化系统的疾病的主要原因是什么？
12. 肉食动物需要什么来消化吃下去的肉类？
13. 人的消化系统比较适合消化什么样的食物？
14. 保健的第一原则是多吃什么样的食物？
15. 水果、蔬菜等食物中含有的什么物质对预防胃癌有帮助？

第二部分

一

汉高祖刘邦死后，吕后之子刘盈登基为汉惠帝。惠帝生性懦弱，优柔寡断，大权渐渐落在吕后手中。汉惠帝病死后吕后独揽朝政把刘氏天下变成了吕氏天下，朝中老臣，刘氏宗室深感愤慨，但都惧怕吕后残暴而敢怒不敢言。

吕后病死后，诸吕惶惶不安害怕遭到伤害和排挤。于是，在上将军吕禄家中秘密集合，共谋作乱之事，以便彻底夺取刘氏江山。此事传至刘氏宗室齐王刘襄耳中，刘襄为保刘氏江山，决定起兵讨伐诸吕随后与开国老臣周勃，陈平取得联系，设计解除了吕禄，“诸吕之乱”终于被彻底平定。平乱之后，众臣拥立刘邦的第二个儿子刘恒登基，称汉文帝。文帝深感太平盛世来之不易，便把平息“诸吕之乱”的正月十五，定为与民同乐日，京城里家家张灯结彩，以示庆祝。从此，正月十五便成了一个普天同庆的民间节日——“闹元宵”。

生性懦弱	shēng xìng nuòruò	coward by nature てんせいが弱弱しい 천성이 유약하다
优柔寡断	yōuróu guǎduàn	Indecision; irresolution; yea and nay 思い切りが悪い 우유부단하다

16. 刘邦死后，大权之所以能落入吕后手中，其主要原因是_______。

A. 汉惠帝病死　　B. 汉惠帝希望其母亲帮助他

C. 汉高祖刘邦去世了　　D. 汉惠帝的软弱无能

17. “诸吕之乱”是被谁平定的？_______。

A 刘氏宋室　B 刘襄、周勃、陈平　C 刘恒　D 陈平

18. 汉高祖死后的准皇帝是_______。

A. 汉文帝　B. 刘襄　C. 吕后　D. 刘盈

19. 哪一项不是闹元宵的历史原因_______。

A. 文帝为庆祝太平盛世的来之不易

B. 这是中国远古时期流传下来的习俗

C. 文帝为了与民同乐

D. 文帝为了庆祝重夺江山

20. 元宵节是指________。

A. 阴历一月十五日　　B. 阳历一月十五日

C. 阴历二月十五日　　D. 阳历二月十五日

二

2001 年，中国企业家宋军先生在内蒙古阿拉善盟斥资五千余万元人民币建设月亮湖生态旅游景区。三年多来，数十位中国知名企业家陆续到访，经过亲身体验，他们发现，阿拉善沙漠系近年来严重威胁中国乃至于亚洲地区的沙尘暴发源地。基于回馈社会与保护中国生态环境的动机，百位中国企业家决定发起成立阿拉善 SEE 生态协会(SEE 基金)，大家承诺：连续十年，每年投资十万元人民币，盼望由一而百，由百而千地唤醒大家，以治理阿拉善沙漠为起点，注重人类与自然环境的和谐发展，生物与文化多样性的保护。

1. PHP 项目，计划投入 8 万元；
2. 退耕还草节水高效设施农业示范项目(百座温室大棚项目)，计划投入 150 万元(地方政府配套 300 万元)；
3. 全盟生态教育扶贫项目，计划投入 10 万元(与“自然之友”合作)；
4. 飞播种草项目，计划投资 30 万元；
5. 月亮湖沙漠湿地保护林项目，植树 800 亩，计划投入 40 万元。

近期将通过专家组介入项目初选，以确定各项目投入的可行性和公信度。

生态旅游景区	shēngtài lǚyóu jǐngqū	ecotypic tourism site せいたい観光地域 생태관광지역
回馈社会	huíkuì shèhuì	rebound upon society; return to society 社会に取り返す 사회에 환원하다

21. “斥资五千余万元”中的“斥资”是指______。
A. 拿出资金　B. 借款　C. 资金循环　D. 资本回收

22. 中国企业家成立阿拉善 SEE 生态协会的目的是______。
A. 发展、旅游事业　B. 治理沙漠
C. 防止沙尘暴发生　D. 回报社会、保护生态环境

23. SEE 基金的计划投入项目中，哪项计划投入的资金最多______。
A. 月亮湖沙漠湿地保护项目
B. 退耕还草节水高效设施农业示范项目
C. PHD 项目
D. 飞播种草项目

24. 下列有关说法正确的是______。
A. 有关各项目的投资计划尚未实施
B. 退耕还草节水高效设施农业示范项目计划投资 300 万元
C. 中国企业投资目的是为了治理阿拉善沙漠
D. 有关投资计划的可行性由中国政府决定

25. 通过文章，我们可以得知亚洲沙尘暴发生的主要原因是______。
A. 自然环境遭到破坏　B. 沙漠化现象
C. 阿拉善沙漠系　D. 污染越来越严重

三

蒙牛公司股票于 2004 年 6 月 10 日星期四在香港联合交易所成功上市，股份代号：2319；面值每股 0.10 港元，发售价每股 3.925 港元，发行新股 2.5 亿股，公司募集资金 9.8125 亿港元（含发行费），蒙牛公司成为中国乳业首家在香港上市的企业，也是内蒙古自治区首家在大陆地区以外的国际化证券交易所上市的企业。

募集	mùjí	collect; raise ぼしゅうする　つのる 모집하다(돈이나 자금)

26. 蒙牛公司是中国乳业第几家在香港上市的企业________。
A. 第一家　　B. 第二家　　C. 第三家　　D. 第四家

27. “2319”指的是________。
A. 蒙牛公司　　B. 公司股份号
C. 蒙牛股票　　D. 蒙牛公司股份代号

28. 蒙牛公司上市共筹集资金________。
A. 9.8125亿港元　　B. 2.5亿港元　　C. 2319亿港元　　D. 3925港元

29. 国际化证券交易所是指________。
A. 蒙牛公司　　B. 内蒙古自治区
C. 香港联合交易所　　D. 蒙牛公司股票上市

四

去年年底，玛雅文化展就已经在古都西安的秦兵马俑馆拉开了在中国巡展的序幕。而这一次在广州他们带来了上百件的世界级珍贵文物，其中包括巨石雕像、陶瓷、绿玉、金器、雕刻等很多精美物品。

从这些最能代表玛雅文化的文物中，我们可以感受到的不仅仅是古代玛雅人高超的艺术技巧，更可以从中体会到他们在政治、经济、文化、宗教等方面渗透的理念。玛雅文明诞生于公元前1000年，在经历了2000多年的辉煌灿烂之后突然在公元9世纪的时候消失了。人们在惊叹于玛雅人创造的辉煌文化的时候，同时又对玛雅文化在一夜之间的消失表示出了极大的不理解。这一切在很长一段时间里始终是一个不解之迷，一直被称作是中美洲的“天外来客”。

代表了墨西哥古老文化的玛雅文明，这次在广州的展览地点，选择得也很有意思，设在了广州的西汉南越王墓博物馆。据说是因为两种文化有很多的相似之处，古广州人和古玛雅人都对蛇有特殊的感情，蛇作为重要的象征在艺术品中反复地出现。今年又是蛇年，也让这次展览有了几分特殊的魅力。

巡展	xúnzhǎn	itinerant exhibition 巡回展覧する 순회하며 열리는 전람회,전시회

30. 从石雕像等精美物品中我们可以体会到的不包括________。

A. 玛雅宗教特点　　B. 玛雅人的艺术技巧

C. 玛雅建筑特点　　D. 玛雅人的经济理念

31. 被称作中美洲的“天外来客”的是________。

A. 玛雅文明　　B. 玛雅人高超的艺术技巧

C. 玛雅文物　　D. 玛雅宗教

32. 玛雅文化在广州的展览地点为西汉南越王墓博物馆，是因为________。

A. 玛雅喜欢蛇　　B. 两种文化有相似之处

C. 在广州人爱蛇　　D. 今年是蛇年

33. 玛雅文明共经历了多少年的历史________。

A. 1000 年　　B. 9 世纪　　C. 2000 年　　D. 不到 1000 年

34. 古广州人和古玛雅人的相似之处有________。

A. 政治、经济方面存在相似之处　　B. 都会制造精美物品

C. 都有高超的艺术技巧　　D. 都对蛇有特殊的感情

35. 蛇在中国巡演中作为艺术品的象征出现了________。

A. 很多次　　B. 几次　　C. 十几次　　D. 没有出现

五

由清华大学材料系崔福斋教授领衔研制、北京益而康生物工程开发中心生产的纳米人工骨，日前获得国家食品药品监督管理局颁发的三类植入产品试生产注册证，成为我国首个可以在市场上销售和应用的纳米医药产品。

清华大学纳米人工骨研究是国家“863”、“973”支持的攻关项目。课题组对人骨骨痂和胚胎骨的分级结构和生物矿化过程进行了多年研究，发明了新型的骨材料。这种材料主要成分是Ⅰ型胶原蛋白和磷酸钙，化学性能和物理性能均符合人体内环境要求，有良好的生物相

容性，还具有纳米级别的天然骨分级结构和天然骨多孔结构。其与传统人工骨材料的最大区别在于修复后的骨头和人体骨一样，不会在体内留下植入物。

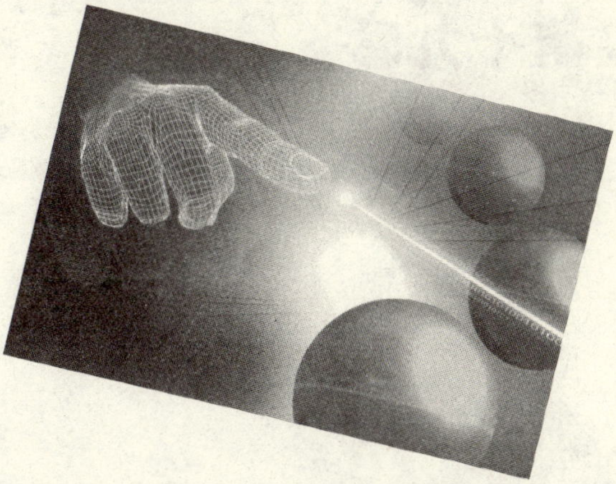

纳米骨可用于外伤造成的骨折、创伤感染造成的骨缺损、良性骨肿瘤引起的病变等，骨质疏松患者也可以植入纳米骨，以提高骨的硬度。纳米人工骨在全国十几家医院作了近300例临床人体试验，患者的满意度较高。

36. “纳米人工骨”是在_______生产的。

A. 清华大学材料系

B. 北京益而康生物工程开发中心

C. 清华大学材料系和北京益而康生物工程开发中心

D. 以上都不对

37. 纳米人工骨源于_______。

A. 对动物不研究

B. 在木材上取料

C. 钢铁中含有和人骨成分相近的东西

D. 对人骨骨痂和胚胎骨的分级结构和生物矿化过程研究

38. 纳米人工骨材料的主要成分是_______。

A. Ⅰ型胶原蛋白　　B. 磷酸钙

C. Ⅰ型胶原蛋白和磷酸钙　　D. 人工骨材料

39. 纳米人工骨和传统人工骨的最大区别在于_______。

A. 和人体骨一样　　B. 修复后的骨头和人体骨一样

C. 不会在体内留下植入物　　D. 有良好的主物相容性

40. 下列哪项不是纳米骨的主要作用_______。

A. 使人体骨骼再生　　B. 提高骨的硬度

C. 代替传统人工骨材料　　D. 治疗骨质疾病

第十九套

第一部分

一

据了解，包括杨利伟在内，我国首批航天员候选者共14人，全部都是万里挑一的空军精英，现役歼击机飞行员。在中国，每1000名军人中选一名空军；每100名空军中选一名战斗机飞行员；而第一批航天员候选者，也是在战斗机飞行员中千里挑一，才最终选中的。

在一般人的想像中，太空人应该是高大魁梧的，但据有关人士介绍，所有航天员候选者的身高都在1.7米左右，体重在65公斤上下。因为在有限的空间里，高个子不及矮个子操作灵活，体重超标者则可能使太空舱负载过重。而且他们的年龄都在30岁左右，有一流的身体素质，同时还要有吃苦耐劳、坚韧顽强、团结协作的心理素质。

由于航天员即将面临复杂、艰难的环境。因此无论是日常训练还是在太空中，对航天员的食品要求都非常严格，几乎到了苛刻的地步。首先，太空食品并非一般的蔬菜水果，而是特别加工过的“压缩砖”或“牙膏管”，对上一定比例的水后，能够恢复原形，味道也不错，这些食品应能吸食，进入肠胃后要很快被吸收，里面包含了所有人体需要的营养成分，使航天员能够在长期飞行条件下保持健康体魄和工作能力。

另外，首批航天员进行的是全封闭训练，他们每天的天然健康食品都经过科学的计算和设计，严格配套，以保证航天员保持均衡的营养和充沛的精力。太空营养学家最重视蛋白、脂肪和碳水化合物的作用。正确的饮食结构是呈金字塔型，即基础应由米粒和面粉制作的食品组成，随后是蔬菜和水果，再往上是奶制品以及鱼、肉、蛋等。航天医学工程研究所有关航天员食品的规定长达8页之多！其苛刻程度令人难以想像。

有关航天员食品遴选的基本原则如下：

1. 营养结构应适合于航天员的工作性质，营养要全面。
2. 食品质量标准高于国标，牛奶参照国标。在符合标准的情况下，关键是保证食品质量的一致性，以免航天员食用后出现问题。
3. 食品口味与常人相同。
4. 航天员食用的食品必须留样，并保存三天，以跟踪航天员食用后的反应。

所有的航天食品，都是按这一基本原则，经过精心挑选，最终确定的。像航天员每天饮用的牛奶，就经过多次物理、化学、微生物学的分析，以及航天员们的品尝选择，最后选择了蒙牛纯牛奶，蒙牛纯牛奶是中国航天员惟一选用的奶食品。中国航天员平时训练的伙食标准比接受国家训练的运动员还要高出一倍多。之所以这样，是为了让训练中的航天员通过合理的饮食，调整出最好的身体状态，完成艰巨复杂的太空任务。

精英	jīngyīng	elite ずばぬけた人財 뛰어난 인재
现役	xiànyì	active duty; active service げんえき 현역
负载	fùzǎi	load; shoulder 負担する (電)ふか 부하
金字塔型	Jīnzìtǎxíng	pyramidal (エジプトの)ピラミッド型 금자탑형

1. 我国首批航天员后选者共多少人？
2. 航天员候选者的身高和体重的标准是？
3. 航天员不仅要有一流的身体素质，同时还需具备什么样的心理素质？
4. 太空营养学家最重视什么的作用？
5. 什么牛奶是中国航天员惟一选用的奶食品？

二

很久很久以前，草原上有个放牛娃，名字叫苏和。一天，太阳下山了，天慢慢地黑下来了，苏和才赶着羊回家。走着，走着，忽然看见前面路边有个毛茸茸的东西，走近一看，啊，原来是一匹刚生下来的小白马，多可怜啊，苏和就把它抱回家去养着。日子一天天过去了，小白马一天天长大了，浑身雪白，又美丽又健壮，人人见了人人爱。苏和更是爱得不得了，每天骑着小白马去放羊，他们真像一对好朋友，一时一刻也分不开。

一年，草原上的王爷举行赛马会，四面八方的人都去参加。苏和对他心爱的小白马说：“小白马，小白马，人家都去参加赛马会，咱们也去，好吗？”小白马不会说话，一边点着头，一边咴咴地叫，好像在说：“咱们也去，咱们也去！”苏和别说有多高兴了，他带上干粮，骑着小白马也去参加了。赛马会开始了，好多身强力壮的小伙子，骑着棕色的、黑色的、黄色的马在草原上奔跑，可谁也没有苏和的小白马跑得快。小白马像一道闪电，一会儿就到了目的地。

王爷一看，得第一名的是个穷小子，心里很不高兴，他让人把苏和叫来，对他说：

"你是个穷小子,不配骑这样好的马。喏,我给你三个金元宝,把这匹小白马卖给我。你回去吧!"苏和怎么舍得他心爱的小白马啊,他对王爷说:"我是来赛马的,不是来卖马的!"说着牵了小白马就走。王爷把苏和抓了起来,毒打了一顿,又派人去拉小白马,可是小白马一动也不动,王爷生气了,就拿鞭子打它,这一打可不得了,小白马猛地一跳,把王爷摔了个四脚朝天,小白马撒开腿就跑,去找它的小主人苏和了。王爷接着喊:"别让它跑了。用箭射死它!"几十支箭,嗖嗖嗖嗖,向小白马射去。小白马让箭射中了,血不断地流出来。可是小白马很勇敢,它忍着痛,一个劲地向前跑,一直跑到小主人苏和家。

苏和给打得浑身上下都是伤,躺着一动也不动,心里正想着他的小白马,忽然听见一阵咴咴咴的叫声,啊,是小白马,是小白马,是小白马回来了。他忍住痛,一个翻身爬起来,打开门一看,真的是小白马回来了,可是小白马呀,雪白的毛都让血染红了,它亲了亲小主人苏和的脸,倒在地上就死了。

小白马死了,苏和几夜都睡不着觉,心里不停地说着:"小白马回来吧!小白马回来吧!"一天晚上,苏和刚一睡着,看见小白马回来了。苏和搂着小白马的脖子,亲了又亲,说:"小白马,我真想你啊!"小白马轻轻地说:"我的小主人,我也真想你啊!你拿我身上的东西做一把琴吧!这样,我们就永远在一起了。"苏和睁开眼睛一看,小白马不见了,原来刚才是在做梦呢。他含着眼泪拿小白马的骨头做了一把琴,拿它的筋做弦,拿它的尾巴骨做弓,琴杆顶上雕刻了个马头。这就是马头琴的来历。从此,苏和天天拉琴,拉了许多好听的曲子,远远听起来,就像小白马在唱歌。其他的牧民听到这优美的曲子,都学着苏和的琴的样子,用木头做了许多马头琴,他们一边放牧一边拉着马头琴。就这样马头琴传遍了整个草原。

6. 苏和在路边看到的那个毛茸茸的东西是什么?
7. 赛马会上,谁的马跑得最快?
8. 小白马从王爷家跑回来时是否活了?
9. 苏和拿什么做了一把琴?
10. 苏和用琴干了什么?

三

韩国有句谚语:“十年江山变”。回顾中韩建交10年来所发生的变化,大使李滨感慨万千。他说,1992年8月,中韩两国领导人高瞻远瞩,决策建交,揭开了中韩关系的新篇章,两国关系从此进入了迅速和健康发展的轨道。近10年来,两国领导人频繁互访、会晤,不断为双边关系的发展注入新的活力。1998年,江泽民主席和金大中总统共同宣布建立面向21世纪的中韩合作伙伴关系。2000年两国领导人又一致同意将这一关系推向全面发展的新阶段。今年,双方已达成协议将启动中韩外交安全磋商机制,以保持和加强两国的协调和沟通。中韩建交虽仅10年,但两国合作伙伴关系已得到全面发展。这在国际关系史上是不多见的。

中韩建交虽仅10年,但两国关系长足发展,经贸合作硕果累累。如今双方已互为重要经贸伙伴,10年间两国贸易额增长了7倍,中国已成为韩国第二大出口国,第二大投资对象国,第三大贸易伙伴。韩国是中国的第四大贸易伙伴。今年上半年,两国贸易额达191亿美元,比去年同期增长10.3%,全年贸易额有望达到或者突破400亿美元。10年里,韩国企业实际对华投资已累计达138亿美元。在去年韩国的对外投资中,中国已上升至第一位。目前两国经济保持着快速、健康的发展势头,双方合作领域不断扩大,并从双边扩展到了地区和多边领域。

中国加入世界贸易组织后,韩国认为,这对韩国既是机遇,又是挑战。在这种背景之下,如何更好地加强两国的经贸合作?对此,李滨说:“中韩两国经济互补性强,可以扬长避短,

实现双赢。中国加入世界贸易组织后,经济将更加发展,投资环境将更加宽松,也会为韩国创造更多的机遇,提供更广阔的外部发展空间。韩国在进入中国市场方面应该更有作为。去年下半年以来,在世界经济不景气的情况下,韩国经济从中国经济增长中受益明显。韩国企业界充分认识到这一点,纷纷加大力度开拓中国市场。只要韩国以积极和现实的态度看待中国的发展,并抓住机遇加强合作,将更有利于韩国的经济发展,也会实现中韩两国经济的共同繁荣。"

中韩两国在科技、教育、文化、军事等方面的交流与合作成效也十分显著。李滨说,两国民间往来更是蓬勃开展,中韩友好深入人心。目前,双方已建立了63对友好省、道和友好城市关系。去年,两国人员交流达200万人次。值得一提的是,两国在教育领域的交流十分活跃。去年韩国在华留学生已达2.2万多人,居各国之首。中国在韩留学生也达到了3200余人,留学的层次也不断提高。据不完全统计,双方各有130多所院校建立了友好关系。

高瞻远瞩	gāozhān yuǎnzhǔ	look far ahead and aim high; be farsighted 大所高所からものを見る、目先(めさき)がきくこと 멀리 앞을 바라보다
会晤	huìwù	meet; contact 面会する 회견하다
协调	xiétiáo	coordinate 歩調があう　つり合いがとれる 협조하다

11. 建立面向21世纪的中韩合作伙伴关系是何时宣布的?
12. 韩国是中国的第几大贸易伙伴?
13. 去年韩国在华留学生人数达到多少人?

14. 双方各有多少所院校建立了友好关系？
15. 中韩建交有多少年的历史？

第二部分

一

最近关于曙光 4000A 因为进入全球 TOP 第十的各种新闻不绝于耳。10 万亿次意味着什么？TOP500 到底是怎么回事？超级计算机到底是怎样的庞然大物？2004 年 6 月 25 日我们应邀来到了曙光 4000A 出生地：国家智能计算机研发中心。首先 TOP500 是一个世界范围的高性能计算机非营利性组织。它提供了对计算机计算性能进行评估的一种标准方法。

此次曙光 4000A 经过 TOP500 的严格测试，获得了世界排名第十的优秀成绩。而且每颗 CPU 的在测试过程中利用效率最高达到了 71.56%，是目前 AMD 此类 CPU 类似应用的最高水平。另一方面 TOP500 的测试形式实际上是一种理想化的应用（计算一个 72 万阶线性方程的解）。在实际的应用中，是很难遇到的。所以，一味地追 TOP500 的排名则本末倒置。今后三四年，超级计算机的主要竞争方向不是简单的计算速度的提升，而是对用户各种不同应用的支持和优化。

庞然大物	pángrán dàwù	buster; mammoth 途方もなく　巨大なもの 겉보기에 대단히 거대한 물건
本末倒置	běnmòdàozhì	put the cart before the horse 本末を転倒する 본말전도, 앞뒤가 바뀌다, 주객이 전도되다

16. 促使人们要了解曙光4000A最主要的原因是？________
A. 进入全球TOP第十名　　B. 媒体
C. 新研发的国家级智能机器　　D. 以上都不是

17. TOP500是________。
A. 一种超级计算机
B. 一种高性能的智能计算机
C. 一个世界范围高性能计算机非营利性组织
D. 一种对计算机性能进行评估的标准方法

18. 在未来的几年中,超级计算机的主要竞争方向是________。
A. 计算速度的提升　　B. 对用户各种不同应用的支持和优化
C. 体积的小型化　　D. CPU的利用效率

19. 文章中所说的本末倒置是指________。
A. 一种理想化的应用
B. 计算一个72万阶线性方程的解
C. 单纯追求超级计算机的排名而不考虑实际应用
D. 追求对用户各种不同应有的支持和优化

20. 下列于原文不符的一项是________。
A. TOP500提供了对计算机计算性能进行评估的一种标准方法
B. 曙光4000A进入全球TOP排名第十
C. TOP500的测试形式实际上是一种非理想化的应用
D. 一味地追求TOP500的排名则本末倒置

二

一项新的研究显示,苏打饮料,特别是含轻度色素的饮料,以及罐装茶品都会严重破坏牙齿的珐琅层。马利兰大学牙医学院的研究人员说,实验证明,人们经常喝以上所提的这些饮料,会侵蚀牙齿的珐琅层,不但如此,这些饮料不管是低卡或一般的,对牙齿珐琅层所造成的影响都相同。

在这项实验中，研究人员检查了不同的碳酸饮料对珐琅层所造成的影响,而这些饮料包含了低卡及一般性饮料。研究人员将20颗

健康牙齿(由矫正治疗及牙周病治疗时取得),浸泡在不同的汽水及罐装冰茶的饮料中，持续14天。结果发现:汽水类饮料对牙齿珐琅质的伤害特别大;其他的饮品如自来水、酿制过的红茶及纯咖啡,则对牙齿珐琅质的影响最轻微。

尤其特别注意的是，非可乐苏打饮料所造成的伤害程度是深色饮料(如可乐)的2至5倍;罐装冰茶对珐琅质的伤害是酿造茶或咖啡的30倍;非可乐苏打饮料对珐琅质的伤害是水的180倍。与一般可乐相比，非可乐苏打饮料所含有的香料添加剂对于牙齿的腐蚀性更强烈。

研究人员建议,保护牙齿不受腐蚀的方法就是少喝汽水。同时,喝汽水的间隔要长一点,喝完后要用水漱口或刷牙。

苏打饮料	sūdá yǐnliào	**soda drink** ソーダ水 소다수
珐琅层	fàlángcéng	**enamel layer** ほうろうしつ 법랑층
漱口	shù kǒu	**rinse the mouth** 口をすすぐ 양치질 하다, 입을 헹구다

21. 研发人员使用20颗牙齿是为了________。

A. 检查牙病　　B. 研究牙齿结构

C. 品尝苏打饮料　　D. 实验

22. 对牙齿的珐琅层产生严重破坏的是________。

A. 碳酸饮料　B. 自来水　C. 酿制过的红茶　D. 纯咖啡

23. 对牙齿的珐琅制影响最小的是________。

A. 非可乐苏打饮料　B. 水

C. 罐装冰茶　D. 深色饮料

24. 从实验中可以得知，________对牙齿的伤害程度最深。

A. 深色饮料(如可乐)

B. 非可乐苏打饮料

C. 非碳酸型饮料

D. 含有香料添加剂的非可乐苏打饮料

25. 下列不属于研究人员给出的建议是________。

A. 少喝汽水　B. 喝汽水的间隔要长一些

C. 喝完后要用水漱口或刷牙　D. 多饮用深色饮料(如可乐)

三

“五四”运动时期，提倡科学和民主，反对旧道德、旧文化，成为新文化运动中振聋发聩的响亮口号。鲁迅以第一篇白话小说《狂人日记》，郭沫若以第一部白话诗集《女神》，教育了千百万青年。郭沫若本来旧诗根底很好，少年时代留存在作业本上的诗歌六十余首，其中虽有少年诗人极幼稚的自我陶醉，但洋溢着深厚的民富国强的真诚祈愿和强烈的反帝爱国激情。“耽耽群虎犹环视，岌岌醒狮尚倒悬”，这些诗句显示出郭沫若少年时代敏锐的政治眼光和忧国忧民的广阔胸怀。郭沫若的新诗集《女神》，在思想上反映了新时代的新精神，艺术上也是不拘一格，大胆创造，完全打破了旧诗格律的桎梏，实现了诗体的大解放。自《女神》问世，诗坛上才算出现了真正意义的新诗。《女神》气势磅礴，豪情激荡，洋溢着渴望自由、追求光明的爱国热情和革命理想，强烈地表现出“五四”时代那种彻底的、不妥协的革命精神。郭沫若热烈地希望灾难深重的祖国在烈火中得到新生。《女神》是我国新文化史上第一部影响最大、成就最高的新诗集。它的问世，开创了一代诗风。郭沫若是我国新诗运动的奠基人 。

1926年夏，郭沫若投笔从戎，参加了北伐战争。从广州到武汉，到南昌，踏遍关山险阻，经受了战争的考验。就在安庆"三二三"惨案之后，郭沫若在朱德的家里，满怀无产阶级革命义愤，奋笔疾书《请看今日之蒋介石》。随后参加了八一南昌起义，南下途中加入了中国共产党，由于蒋介石通令缉捕郭沫若，在党组织的安排下，郭沫若于1928年2月东渡日本，开始了十年的政治流亡生活。

振聋发聩	zhènlóng fākuì	awaken the deaf; enlighten the benighted 言葉や文章が力強くて、愚かなものまで目をさまされること 말이나 글로 어리석은 사람을 크게 각성시키다
自我陶醉	zìwǒ táozuì	narcissi; self-complacence うぬぼれる 자아도취
桎梏	zhìgù	shackle しつこく　足かせと手かせ　束縛 질곡, 수갑
奠基人	diànjīrén	founder 基礎を築いた人 창시자

26. 《女神》是一本________。
A. 白话小说　B. 旧诗　C. 新诗集　D. 散文

27. 《请看今日之蒋介石》是在________写的。
A. "五四"运动时期　B. 北伐战争后
C. 南昌起义时期　D. 安庆惨案后

28. "五四"运动时期，新文化运动中的响亮口号是________。
A. 提倡科学与民主　B. 反对旧道德、旧文化
C. 百花齐放，百家争鸣　D. A+B

29. 下列哪一项不属于是对郭沫若的新诗集《女神》的评价_______。

A. 在思想上反映了新时代的新精神，艺术上不拘一格，大胆创造，完全打破了旧诗格律的桎梏，实现诗体的大解放

B. 自《女神》的问世，诗坛上出现了真正意义的新诗

C.《女神》气势磅礴，豪情激荡，洋溢着渴望自由，追求光明的爱国热情和革命理想，强烈地表现出"五四"时代那种彻底的，不妥协的精神

D. 郭沫若是我国诗歌运动的奠基人

30. "耽耽群虎犹环视，岌岌醒狮尚倒悬"是郭沫若_______时期的诗句。

A. 少年　　B. 青年　　C. 中年　　D. 老年

四

黑头主要是由皮脂、细胞屑和细菌组成的一种"栓"样物，阻塞在毛囊开口处而形成的。加上空气中的尘埃、污垢和氧化作用，使其接触空气的一头逐渐变黑，所以得了这么一个不太雅致的称号——黑头。

居家护理程序

1. 用洗面奶清洁面部；
2. 用深层去死皮膏去除角质；
3. 将植物黑头软化乳敷于黑头处，10~15 分钟后洗净(一般每周 2~3 次，严重者天天使用)；
4. 植物黑头溶化水对溶解油脂阻塞极为有效。将此溶化水倒在棉片上，贴在鼻子或下巴处 10—15 分钟后用水洗净（严重者每周 3 次，轻者 1 次，必须多用水洗净)；
5. 收缩毛孔调节水适合油性、混合性肌肤，洁肤后再使用；
6. 植物黑头阻塞精华能化解黑头，在使用调节水后取适量擦在有黑头的地方。

尘埃	chén'āi	atomy; dust じんあい　ほこり 먼지
污垢	wūgòu	smudgily; dirt あか 몸, 물건의 때
角质	jiǎozhì	keratin ; cutin かくしつ 각질
油脂	yóuzhī	lipid; grease ゆし　油と脂肪 지방
黑头	hēitóu	comedo; blackhead 京劇などで黒のくま取りをして歌を専門にやる役柄 경극에서 얼굴을 검게 칠한 사람 (성격이 호탕하고 위엄이 있는 인물)

31. 黑头是在______作用下接触空气而形成的。
A. 皮脂　B. 细胞屑　C. 氧化　D. A+B

32. 植物黑头溶化水的作用是______。
A. 软化黑头　B. 溶解油脂阻塞　C. 收缩毛孔　D. 化解黑头

33. 整个居家护理程序需要用______种清洁用品。
A. 4　B. 5　C. 6　D. 7

34. 使用黑头溶化水是在______程序之前。
A. 深层去死皮膏去除角质　B. 用植物黑头软化乳软化黑头
C. 用洗面奶清洁面部　D. 用收缩毛孔调节水

35. 下列与原文不符的一项是______。
A. 黑头主要是一种"栓"样物阻塞毛囊开口处而形成的
B. 深层去死皮膏去除角质
C. 收缩毛孔调节水适合干性、混合性肌肤,洁肤后再使用
D. 植物黑头阻塞精华能化解黑头

五

孟子约在公元前371年出生在疆上很小的邹国，即现在的中国山东省。他出生的年代恰逢周王朝的最后阶段，人称“战国时期”，因为当时的中国在政治上四分五裂。孟子虽然在孔子传统的熏陶下长大成人，并一直是孔子学说和理想的强大支持者，他作为一名卓有建树的学者和哲学家而赢得了尊敬。

加冠后孟子花了大量的时间周游列国，为许多统治者献之良策，其中有不少为之洗耳恭听。一段时期他曾为齐国的客卿，但是大体上他没有任过固定哪个国家的政治幕僚。公元前312年他在59岁时返回家乡邹国，尽其天年。他的卒年不详，可能是公元前289年。

孟子在自己的有生之年培养了一些弟子，但是他对中国的影响主要来自《孟子》一书，该书阐明了他的主要学说。虽然他的弟子对此书做了某些修改，但是它基本上代表了孟子自己的思想，这一点看来是毋庸置疑的。

《孟子》的基调是理想主义和乐观主义，它反映了孟子的关于人性基本是善良的坚定信念。他的政治思想在很多方面与孔子非常相似，特别是孟子坚决主张君主应主要靠道德规范而不是武力来统治。但是比起孔子来说，孟子则更加堪称为是一位贵民之人。“天是通过人民的眼睛来看，天是通过人民的耳朵来听”。这是他的最著名的论断之一。

四分五裂	sìfēn wǔliè	Disintegrate; fall apart しぶんごれつ　支離 滅裂 사분오열되다
熏陶	xūntáo	edify くんとうを受ける　(思想や行いが)良い 영향을 오랫동안 주다

卓有建树	zhuōyǒujiànshù	outstanding achievement/ contribution 影響を受ける成績や効果が著しい 비교적 성적이 좋은
洗耳恭听	xǐěrgōngtīng	listen with respectful attention 耳を傾いて謹聴する 경청하다
幕僚	mùliáo	aides and staff ばくりょう 참모
卒年	zúnián	pass a year 死んだ年月 사망년도
毋庸置疑	wúyōng zhìyí	beyond all doubt; undoubtedly 疑うべくもない 의심할 여지가 없다

36. 孟子出生在______时期。

A. 邹国　　B. 山东省　　C. 疆上　　D. 战国

37. 孟子"周游列国"是指______。

A. 他去了很多国家　　B. 他只去了一个国家"列国"

C. 他到处去玩　　D. 为统治者献良策

38. 下列哪一项与文章内容不附合______。

A. 孟子出生在邹国，今中国山东省境内

B. 孟子曾做过齐国的客卿

C. 公元前 321 年他 59 岁返回家乡，尽其天年

D.《孟子》一书基本代表了孟子自己的思想

39. "天是通过人民的眼睛来看，天是通过人民的耳朵来听"是谁最著名的论断之一______。

A. 孔子　　B. 孟子　　C. 老子　　D. 韩非子

40.《孟子》中______的观点是最基本的。

A. 乐观主义　　B. 人性本善　　C. 道德规范　　D. 政治思想

第二十套

第一部分

一

在古代埃及，流传着一个动人的神话：很久很久以前，有一位本事很大的法老，名叫奥西里斯。他教会了人们种地、做面包、酿酒、开矿，因此人们都很崇敬他。但是，他的弟弟塞特存心不良，阴谋杀死了哥哥，夺取王位。

奥西里斯被害以后，他的妻子到处寻找，终于找回了尸体。这件事让塞特知道了，他半夜里偷走尸体，把它剖成十四块，扔在各个地方。奥西里斯的妻子又从各处找到了丈夫尸体的碎块，就地埋葬了。奥西里斯的儿子从小就很勇敢。他长大以后，打败了塞特，为父亲报了仇。又把父亲尸体的碎块从各地挖出来，拼凑在一起，做成了干尸“木乃伊”。后来在神的帮助下，父亲复活了。不过不是复活在人间，而是复活在阴间，做了阴间的法老，专门审判死人，保护人间的法老。

这个神话早先在民间流传。后来埃及法老听到了，便利用它来欺骗人民，说是法老有神的帮助，因此活着是统治者，死后还是统治者。从此，每一个埃及法老死后，都要把奥西里斯的神话表演一次。首先是举行寻尸仪式。第二步是举行洁身仪式，即解剖尸体，把内脏和脑髓取出，制成干尸“木乃伊”。最后是安葬仪式，把“木乃伊”装入石棺，送进他的“永久住处”——坟墓里去。

在埃及，最早的墓葬形式是在地上挖一个坑，

再堆成一个沙堆。以后墓穴越挖越深，成为地下室，在地面沙堆周围砌成石墙。这种坟墓叫做“马斯塔巴”(意为石凳)。到了公元前二十七世纪的埃及第三王朝，法老杰赛尔认为这种“石凳”不能作为法老的永久住所。于是，他就找建筑师修建了一座巨大的石砌的“马斯塔巴”。但法老嫌它还不够雄伟，又在上面加了五个一层比一层小的“马斯塔巴”，使它高六十一米。它的下面，有一个很深的竖坑，可以通往地下的走廊和房间；周围还模仿王城，筑起一道围墙，墙内建筑了祭祀用的殿堂。这就是埃及的第一座塔形的陵墓。因为它的外形很像汉字的“金”字，所以我们中国人称它为“金字塔”。

以后，历代的法老像着了魔似的想给自己筑金字塔，并越建越宏伟。第四王朝的法老胡夫即位后，给自己造了一座埃及最大的金字塔。

酿酒	niàng jiǔ	**make wine** じょうしゅ、酒を醸造する 술을 빚다
法老	fǎlǎo	**pharaoh** Pharao 파라오
脑髓	nǎosuǐ	**encephalon** のうずい、脳 뇌수
木乃伊	mùnǎiyī	**mummy** ミイラ 미이라
陵墓	língmù	**mausoleum; tomb** りょうぼ、みささぎ、帝主の墓 왕릉

1. 是谁存心不良阴谋杀死了哥哥奥西里斯，夺取王位

2. 奥西里斯复活以后做了什么?
3. 在埃及,最早的坟墓叫什么?
4. 埃及的第一座塔形陵墓是谁建造的?
5. 哪位法老给自己建了一座埃及最大的金字塔?

三

冰箱,给人们的家居生活带来很大的方便,它可以为人们提供相对新鲜的蔬菜,可以较长时间地保存多余的食物等。然而,冰箱也往往是家庭卫生的死角,成为人们健康的隐患。常见的使用冰箱的误区有以下几种:

首先是食物混放。很多家庭主妇认为冰箱里温度较低,保存食物很方便,无论生、熟食物或是蔬菜水果只管一味地放进去。这样会使食物之间互相污染。若是熟食,取出后直接食用,就会造成一些肠道疾病。

其次,冰箱并非“一片净土”。许多人以为冰箱里温度很低,细菌等不宜生存,是绝对干净、卫生的。而事实上,冰箱里湿度较大,而且空气不流通,是一些耐低温细菌的很好的生存环境。若放一些蛋糕、点心等食物,正好是细菌很好的培养基。因此,冰箱也要定期清洗、消毒。

另外,有些人对冷冻和冷藏的概念并不十分清楚。冷藏室内的温度是4℃左右,而冷冻室则是在0℃以下,可根据需要进行调解。若把需要冷冻的食品放入冷藏室,则起不到保鲜的效果;反之,又常常会使食物腐败,因此,要根据需要而选择不同的存放食物的地方。

另外,有些人还把丝袜、化妆品甚至钞票都放在冰箱里,这是很不卫生的。不利于人体的健康。要做到防止病从口入,我们应首先从讲究冰箱的卫生做起：

一是要把食品分类存入。蔬菜、瓜果买回后，要洗净，存入冷藏室；肉类、鱼类也应洗净后放入冷冻室；点心、饭菜一类要和蔬菜等生食品分开，这样，减少了食物相互污染的机会。

二是要定期清洗、消毒冰箱。一般情况下，可把冰箱断电后，取出内存的食物，用清水先擦洗后，再用日常的洗洁精或是稀释后的消毒液擦洗，最后再用清水把洗涤剂冲净后，打开冰箱门、抽屉，要充分晾干，再使用。

三是对于存放时间长，霉变的食物一定要弃之不食。剩饭、剩菜在冰箱里时间过长，由于冰箱里空气不对流，湿度较大，常常会发生霉变。这些霉变的食品，轻则引起腹痛、腹泻、恶心、呕吐等症状，重则会引起其他疾病。现在已证实，霉变食物里的黄曲霉菌对人体有一定的致癌作用；肉类腐败后，细菌分解产生的肉毒素毒性极大，哪怕只有千分之一克进入血液，就会引起菌血症和神经症状。

最后，要注意的是冰箱的功用专一化。如果为了存放其他物品，可多买台冰箱，以分门别类地存放，以保证食物的清洁。

死角	sǐjiǎo	dead or blind angle; spot or corner as yet unaffected by a movement, current of thought しかく　盲点 사각, 보이지 않은 부분
健康隐患	jiànkāng yǐnhuàn	hidden health trouble まだ表面に現れない病気 잠재되어 있는 병환
肠道疾病	chángdào jíbìng	enteropathy ちょうのしっぺい 장의 질병
病从口入	bìngcóngkǒurù	get ill by the mouth 病(やまい)は口より入(い)る 모든 병은 먹는것으 로부터 시작된다

6. 冰箱内的熟食，若取出后直接食用会造成什么样的后果？
7. 冰箱是什么细菌的很好的生存环境？
8. 冷藏室内的温度一般为多少度？
9. 霉变食物对人体有哪些不利影响？
10. 最后，我们需要注意的是什么问题？

三

汉末，爆发了声势浩大的黄巾农民起义，不久，起义被统治阶级的联合军事力量所扑灭，而在镇压起义过程中出现了许多军阀豪强，彼此间又重新混战，为的是争夺地盘。不久，汉灵帝死去，少帝刘辨继位，外戚何进掌权，被挤出权力中枢的宦官不甘失败，设法杀死何进，袁绍起兵诛杀了宦官，又被董卓赶走，董卓废刘辨而立献帝刘协。

其时，司徒王允忧国心切，想出了一个“连环计”，用绝色女子貂蝉离间董卓与其义子吕布的关系，然后与各路豪强联络，设计杀死董卓。董卓部将拥兵自重，又大杀王允及其同僚。随之，以袁绍为首的十七镇诸侯以讨伐董卓为名，先后割据混战。

在连年混战过程中，曹操、刘备、孙坚渐次崛起。先是曹操以“勤王”名义救援了溃败中的汉献帝，并强迫献帝迁都许昌，从此他就“挟天子以令诸侯”。经过十一年的长期争战，他先后歼灭了袁绍、袁术等军阀，统一了黄河流域，占据了中原地带。

孙坚早在十七镇共讨董卓之时，便乘机移军长江中下游，攻取了江东六郡八十一州的地盘。孙坚死后，其弟孙权接管一切，实力日益增强。

刘备则先因兵败依附曹操，后又辗转依附荆州刺史刘表。

在此期间,他三顾茅庐,礼请诸葛亮出山辅佐,得到了一条有力的臂膀。其后,连续击败曹操部将的进攻,军事上有了起色,但局处一隅,没有可靠的根据地,整个形势还是不妙。

不久曹操挟战胜袁绍的余威,亲率大军南下,想要一举消灭刘表、刘备、孙权等人,进而一统天下。恰逢刘表病死,其子刘琮献荆州降操,战局急转直下,大大有利于曹操。曹操在这种形势面前,滋生了骄傲轻敌情绪。经过诸葛亮的反复游说,孙权、刘备决定联合,双方共同发动了一场奠定三国鼎立局面的关键性的大战役——赤壁之战。赤壁一战,曹军几乎全军覆没,曹操只得统兵北还。大战过后,刘备又统兵攻占四川全境,取得了比较广阔的根据地。曹、刘、孙三足鼎立的局面从此形成。

军阀豪强	jūnfá háoqiáng	warlord and despot 軍閥、権勢をたてに横異にふるまう人 호걸강자
争夺地盘	zhēngduó dìpán	fight for turf; compete for spheres of influence じばんを奪い取る 영역을 다투다
宦官	huànguān	eunuch かんがん、昔後宮に仕える去勢された男の官史 환관
连环计	liánhuánjì	set of interlocking stratagems; series of stratagems 一連の計略 한가지 책략뒤에 또 다른 책략이 계속되다,연환계
外戚	wàiqī	relative of a king or emperor on his mother's or wife's side 皇帝の母または妻の親戚を指す 외척

诸侯	zhūhóu	enfeoffed dukes or princes しょこう(商、周から漢の初めまで帝王の下に統轄される列国の君主) (봉건시대) 제후
溃败	kuìbài	Be defeated; be routed (軍隊が)かいはいする、崩れる 크게 패하다
辗转	zhǎnzhuǎn	flounder; foss 寝返りをうつ 몸을 뒤척이다
游说	yóushuì	canvass for 遊説 적을 경시하다
轻敌	qīngdí	underestimate the enemy 敵を軽んずる 유세하다
三国鼎立	sānguó dǐnglì	Three kingdoms exist in tripartite confrontation 三つの国がていりつする 삼국(위,촉,오)의 형세처럼 실력이서로비등하거나 대립되는 상황을 가리킴

11. 董卓废掉谁而立献帝刘协?
12. 司徒王允用谁离间董卓与吕布的关系?
13. 曹操以什么名义救援了溃败中的汉献帝?
14. 谁统一了黄河流域,占据了中原地带?
15. 刘备三顾茅庐,请谁出山辅佐?

第二部分

一

不管您再好的手机，用久了表面氧化变色，边缘磨损脱漆，黯然失色；再说总是面对一种颜色，让人毫无新鲜感。现在好了，我们研制开发的专用烤瓷喷漆上光固化设备，运用紫外线 UV 光处理技术，对手机进行漆面修复、改色、上光随意处理，让您的手机立即脱胎换骨光彩照人，又是一部崭新的手机。

将手机按照自己的意愿进行装扮，将各种图案现场制作成一层薄薄的热收缩膜，按照手机各种曲面随意处理，与手机浑然一体，图案流畅清晰精美，感觉就是特别定作的手机壳，瞬间完成。全新理念、全新感受、全新个性，巨大的市场。

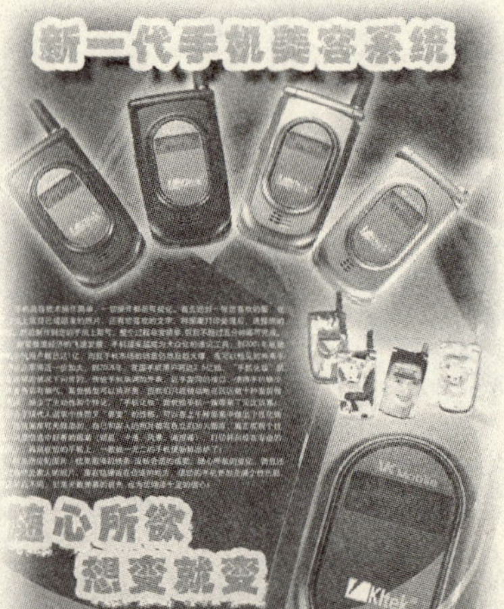

"新创意手机美容院"创造性的对手机按照用户的要求从内到外全方位进行美容，真正的手机美容专家，欢迎您的加盟！在我们的合作中您将得到一流的技术和满意的服务。同时您还可免费获得手机维修技术，得到全方位的电脑技术培训，数码影像系统。让您充分利用现有资源，可同时经营手机美容、手机维修、手机配饰、数码影像、打字复印、图文平面设计等，拓展您的创业途径，让您轻松开店，轻松赚钱。

氧化变色	yǎnghuà biànsè	Oxidate and turn colors 酸化してへんしょくする 산화되어 변색되다

黯然失色	ànrán shīsè	be overshadowed (他と比べに)非常に見劣りするひどくそんしょくがある 희미해지다, 빛을 잃다
烤瓷	kǎocí	bake porcelain やきつけ工ナメルをぬる 틀니
脱胎换骨	tuōtāi huàngǔ	thoroughly remold oneself 心を入れかえて真人間に生まれ変わる 환골탈퇴
加盟	jiāméng	join 同盟にかにゅうする 가맹하다, 가맹점
数码	shùmǎ	digital 数字、数、高 디지털

16. 手机表面变色是因为________。
A. 氧化变色　　B. 磨损掉漆
C. 时间用久了没有新鲜感　　D. A+B

17. 专用烤瓷喷漆上光固化设备,运用的是________技术。
A. 紫外线　　B. 红外线
C. 紫外线 UV 光处理　　D. 红外线 UV 光处理

18. 对手机美容的前景描述,下列哪一项完全正确________。
A. 全新理念
B. 全新感受
C. 全新个性
D. 巨大的市场,全新理念,全新感受,全新个性

19. 文中提到了________创业途径。
A. 5 种　　B. 6 种　　C. 7 种　　D. 8 种

二

春秋时期,晋公子重耳为逃避迫害而流亡国外,流亡途中,在一处渺无人烟的地方,又累又饿,再也无力站起来。随臣找了半天也找不到一点吃的,正在大家万分焦急时,随臣介子推走到僻静处,从自己的大腿上割下了一块肉,煮了一碗肉汤使其渐渐恢复了精神,当重耳发现肉是介子推从自己腿上割下的时候,流下了眼泪。十九年后,重耳作了国君,也就是历史上的晋文公。即位后文公重重赏了当初伴随他流亡的功臣,惟独忘了介子推。很多人为介子推鸣不平,劝他面君讨赏,然而介子推最鄙视那些争功讨赏的人。他打好行装,同母亲悄悄地到绵山隐居去了。

晋文公听说后,羞愧莫及,亲自带人去请介子推 ,然而介子推已离家去了绵山。绵山山高路险,树木茂密,找寻两个人谈何容易,有人献计,从三面火烧绵山,逼出介子推。大火烧遍绵山,却没见介子推的身影,火熄后,人们才发现背老母亲的介子推已坐在一棵老柳树下死了。晋文公见状,恸哭不已。装殓时,从树洞里发现一血书,上写道:“割肉奉君尽丹心,但愿主公常清明。”为纪念介子推,晋文公下令将这一天定为寒食节。

第二年晋文公率众臣登山祭奠,发现老柳树死而复活。便赐老柳树为“清明柳”,并晓谕天下,把寒食节的后一天定为清明节。

流亡国外	liúwáng guówài	go into exile abroad 海外に亡命する 외국으로 떠돌아 다니다
鸣不平	míngbùpíng	repine 不平を鳴らす 불공평에 대해 불만을 표시하다

面君讨赏	miàn jūn tǎo shǎng	present oneself before a monarch and ask for largesse 君主にまみえてほうびを求女る 다른사람에게 상받기를 원하다
装殓	zhuānglián	encoffin 死者に衣裳を着せて納棺(のうかん)すること 시체를 관에 넣다, 염하다
晓谕天下	xiǎoyù tiānxià	give explicit instructions to the whole world 天下にきょうゆする、言いきかす 세상에 널리 알리다

20. “渺无人烟”是指________。
    A. 没有人住的地方　　B. 看不到人的地方
    C. 人很少的地方　　D. 以上都不是
21. 那碗肉汤是________大腿上的肉。
    A. 重耳　　B. 众随臣　　C. 随臣介子推　　D. 俘虏
22. 十九年前晋文公重耳在流亡时是一位________。
    A. 随臣　　B. 国君　　C. 公子　　D. B+C
23. 寒食节为________天。
    A. 清明节的后一天　　B. 清明节的前一天
    C. 寒食节的后一天　　D. 寒食节的前一天
24. 介子推死于________之下。
    A. 老松树　　B. 老柳树　　C. 老杨树　　D. 老槐树

三

中国国家环境保护总局副局长潘岳20日在通报淮河流域污染调查结果时说，经过十年治理，淮河干流水质虽有明显改善，但支流污染依然严重，治污速度赶不上污染速度。

5月28日至6月11日，环保总局派出督察组暗查了沿淮四省的165家重点工业污染源、30座城市污水处理厂、65条河流（湖、排污沟）和155个河流断面。调查结果显示：淮河主要支流水质污染严重，流域有近一半的断面水质尚未达到“十五”（2001~2005年）控制目标；排污总量仍然居高不下；污染反弹问题严重，165家重点工业污染源中的31.5%违法超标排污；30座污水处理厂中56.7%不能正常运行。

潘岳说，造成污染反弹的主要原因首先是地方保护。流域内各级政府不按照环境容量组织当地经济社会活动，浪费资源、污染环境的传统生产方式仍然盛行。二是资金短缺造成的治污工程建设滞后。迄今为止，淮河“十五”（2001~2005年）计划投资完成率仅占33%。全流域尚有85个城市污水处理项目未动工，大部分污水处理厂没有实行市场化运作，多元化投资机制尚未形成。三是结构性污染依然突出，造纸、酿造、化工、制革和印染等高污染行业仍是流域的主要行业。四是非工业污染日益突出。70%的化肥、农药施用量流失或残存在土壤和农产品中，并最终进入水体。

暗查	ànchá	gather information/ investigate in secret ひそかに調べる 몰래 조사하다

25. 淮河________污染严重，断面水质没有达到控制目标。

A. 沿淮四省　B. 污水处理厂　C. 主要河流　D. 主要支流

26. 沿淮四省排污量________。

A. 没有统计　B. 正常　C. 不太高　D. 很高

27. 造成污染反弹的主要原因是________。

A. 地方保护

B. 资金短缺造成的治污工程建设滞后

C. 结构性污染依然突出和非工业污染日益突出

D. A+B+C

28. 下列哪一项不属于流域的高污染行业________。

A. 造纸　　B. 建筑　　C. 化工　　D. 印染

29. 治污工程建设滞后的原因是________。

A. 资金短缺　　B. 技术水平不够

C. 地方保护　　D. 传统生产方式仍然盛行

四

中国科研人员经过两年多时间潜心研制的"超越二号"燃料电池轿车,日前通过科技部专家组评审验收。与"超越一号"燃料电池轿车不同的是,它的所有关键零部件都由中国自主开发。由国家 863 项目首席科学家、同济大学万钢教授等科研人员研制的"超越二号"燃料电池轿车,采用桑塔纳 3000 为原型车装配而成,突出清洁、环保汽车的理念。"超越二号"在节能上有着出色表现。它的每百公里氢消耗量从"超越一号"的 1.39 千克下降到 1.03 千克。与"超越一号"相比,"超越二号"起跑"爆发力"大有提高,从起步加速到 100 公里只需 26.7 秒,比"超越一号"整整缩短了约 20 秒,最高时速 118 公里,续驶里程达到 197 公里。

驱动电机是燃料电池汽车的重要部件。"超越二号"采用了完全由中国自主开发的电动机,替代了"超越一号"的进口电机。"超越二号"在整车重量上减轻 150 公斤,燃料电池发动机功率提高 6 千瓦,且可靠性和稳定性都超过了进口发动机。

据悉,"超越二号"将代表中国参加 10 月在上海嘉定举行的"比登清洁汽车挑战赛"。届时,它将与世界各类技术先进、形状各异的环保汽车一比高下。

一比高下	yì bǐ gāoxià	have a competition to decide who is the superior one 優劣をつけられる 에 대한 좋고 나쁨을 평가하다

30. “超越二号”的关键零部件是由______开发的。

A. 中国人　　　　　B. 中国自主

C. 中国科研人员　　D. 万钢教授

31. “超越二号”与“超越一号”相比在______方面有出色表现。

A. 清洁　　B. 环保　　C. 节能　　D. A+B

32. “超越一号”从起步加速到 100 公里需要______秒。

A. 26.7　　B. 20　　C. 46.7　　D. 以上都部队

33. 下列各项中不符合原文的一项是______。

A. “超越一号”采用的是进口电机

B. “超越二号”的最高时速为 118 公里

C. “超越二号”在整车重量上是 150 公斤

D. “超越二号”将代表中国参加 10 月在上海嘉定举行的“比登清洁汽车挑战赛”。

五

民族主义思潮是有两重性的;如果把某一个民族的利益、意志和价值尺度强加到其他民族头上,对其他民族进行侵略和压迫,或者挑起不同民族之间的种族成见和仇杀,不管打着什么旗号,它都是反动的或者具有很大的破坏性;相反,如果是激励被压迫民族奋起反抗外来侵略,爱国救亡,对其他民族采取平等和尊重的态度,而不是去侵略和压迫别人,它就是正义的,进步的。

中国近代民族主义的主流属于哪一种?民主革命先行者孙中山历来主张民族平等。他认为世界各民族应当是平等的,国内各民族也应当是平等的。中国共产党人从来就明确宣言:自己不仅是国际主义者，而且是坚定的爱国主义者。对国内的民族政策，实行各民族一律平等；反对大民族主义和狭隘民族主义，禁止民族间的歧视、压迫和分裂各民族团结的行为；各少数民族聚居的地区，实行民族区域自治。新中国成立后，在对外关系上奉行独立自主的和平外交政策，并提出和平共处五项原则。从某种意义上说，这也是新中国对处理国际范围内各民族之间相互关系的重要准则。这一切，都是为了维护民族平等的原则。

种族成见	zhǒngzú chéngjiàn	**racialism** 人種に対する先入観 인종에 대한 선입견
民族歧视	mínzú qíshì	**racialism** 民族差別 민족에 대한 편견

34. 新中国成立后，在对外关系上奉行______政策。
A. 国际主义　B. 自力更生　C. 民族平等　D. 独立自主的和平

35. 民主革命先行者孙中山历来主张______。
A. 民族平等　B. 自己是国际主义者
C. 自己是坚定的爱国主义者　D. 民族主义思潮的两重性

36. 下列与原文不符的一项是______。
A. 我国实行各民族一律平等的政策
B. 共产党是国际主义者，也是坚定的爱国主义者
C. 各少数民族聚居的地区，实行民族区域自救
D. 中国奉行独立自主的和平外交政策

六

沪上一些美容机构将光子嫩肤与激光美容混为一体。沪上一整形专家向记者透露,光子嫩肤和激光美容不是一回事,它们各有针对性,肤色较黑者做光子美容可能会灼伤皮肤。

激光主要治疗一些色素性损容性皮肤病,如太田痣、咖啡样斑、纹眉后色素的洗净等。光子嫩肤用得最多的是治疗随年龄增长和紫外线照射所引起的皮肤瑕疵及老化等。

专家指出,光子嫩肤不是适合所有人,更不是“返老还童”的灵丹妙药,必须要在医生指导下进行。一般肤色较黑、色素容易沉着的人最好不要做光子嫩肤。因为这类人必须加大刺激程度,增加光子照射的强度才能达到效果,一旦超出安全范围,会更加刺激色素生成,导致皮肤被灼伤等。另外,一些皮肤问题如雀斑等,与遗传和基因有关,即使当时解决了,不久容易复发。对于光过敏、局部和全身有炎症、免疫系统缺陷、疤痕体质、近期内使用过光过敏药物、孕妇、血凝不正常和正在使用阿司匹林或抗氧化剂的人,也不适合做光子嫩肤。同时,进口设备与国产设备的差异也很大,应用的仪器质量不高,极易造成皮肤灼伤或留下疤痕。因此,做光子嫩肤时一定要选择正规机构。

灼伤皮肤	zhuóshāng pífū	**burn the skin** ひふがやけどする 화상입은 피부
疤痕	bāhén	**scar** きずあと 상처

37. 阅读文章可以推断出________。

A. 光子美容是新研发的产品

B. 激光美容是新研发的产品

C. 光子美容和激光美容是一样的

D. 做光子美容可以去美容院做

38. 光子嫩肤主要治疗的是________。

A. 色素性损容性皮肤病

B. 太田痣

C. 咖啡斑

D. 随年龄增长和紫外线照射所引起的皮肤瑕疵及老化等

39. 不适合做光子嫩肤的人是________。

A. 肤色较黑,色素容易沉着的人

B. 对于光过敏,局部和全身有炎症,免疫系统缺陷,疤痕体质近期内使用过光过敏药物,孕妇,血凝不正常的人

C. 正在使用阿司匹林或抗氧化剂的人

D. A+B+C

40. 光子美容很容易造成________。

A. 皮肤瑕疵　B. 肤色较黑　C. 色素生成　D. 皮肤灼伤

答案

第一套

第一部分

一、1. 1/4　2. 血吸虫病　3. 钉螺　4. 血吸虫病慢性患者之火车直排粪便

二、5. 每年 8%　6. 柴油发电机　7. 寻求能源进口

8. 发展一个保障能源安全的综合体系或者(大力投资开发核能、限制汽车工业的发展、改革天然气部门)

三、9. 6 亿多美元　10.《泰坦尼克号》　11. 美国广播公司(ABC)

12. 奥斯卡节目/受电视广告商欢迎的节目　13. 四方面　14. 4

15. 哈里·贝瑞

第二部分

一、16. C　17. B　18. B　19. C　20. C　21. C

二、22. B　23. C　24. C

三、25. C　26. A　27. B　28. A　29. B　30. A

四、31. C　32. C　33. A　34. C　35. D

五、36. C　37. D　38. B　39. D　40. D

第二套

第一部分

一、1. “圣童”奶粉　2. 一提到“圣童”奶粉，脸色都变了

3. 河南孟州　4. 位于距嵊州 400 公里左右的浙闽交界山区

5. 淀粉

二、6. 民间人士　7. 经济合作以及如何建立有效、固定的机制深化亚洲一体化

8. 五种以上的形式　9. 共赢　10. 机会、市场、合作和收益

三、11. 上海　12. 前后共分三批　13. 美国　14. 李恩富

15. 剪辫、换装、叛逃、异国婚恋

第二部分

一、16. A　17. D　18. C　19. C　20. C

二、21. C　22. B　23. D　24. C　25. C
三、26. A　27. B　28. A　29. C　30. C
四、31. D　32. A　33. B　34. D　35. C
五、36. C　37. C
六、38. A　39. B　40. D

第三套

第一部分

一、1. 京皖两地　2. 有黄痰，肺部有音
3. (1) 手续必须齐全　(2) 进入实验室必须经过管理人员批准
4. 虽然有规范，但是医务人员不遵守
二、5. 重大的政治事件或经济事件　6. 当汇价回到他的成本区域的时候
7. 一定的风险承受能力，良好的心态，科学理性的分析方法
三、8. 棒球，橄榄球　9. 1.83 米　10. 在兰尼中学的第二年
11. 他一人包揽了兰尼中学最后的 15 分　12. 弹跳力和控球能力
四、13. 邢　14. 侄女　15. 金锁

第二部分

一、16. A　17. A　18. C
二、19. D　20. A　21. A　22. A
三、23. B　24. D　25. C　26. B
四、27. D　28. A　29. C　30. B
五、31. C　32. C　33. A　34. C　35. C　36. D
六、37. C　38. B　39. C　40. C

第四套

第一部分

一、1. 一般人（不患有日光性皮炎的人）　2. 初夏时节　3. 既可防晒又可防暑
4. 撑太阳伞，再涂上 SPF15~SPF25 的防晒霜
5. 用冰凉的化妆棉敷上十几分钟
二、6. 被抬出来的或爬出来的
7. 萍春中医医院和县人民医院两所大医院　8. 湘西/湖南省凤凰县
三、9. 凯城高清、中百信、中视传播、苏宁电器　10. HVD 芯片由晶晨自主开发

11. 改为生产设备与 DVD 基本相同,生产工艺也并不比它复杂。

四、12. 由一些已经爆炸的恒星残骸汇集而成的

13. 是在上一代死亡恒星的周围凝结形成的

14. 是在恒星的热核反应炉里产生的

15. 原始的硅酸盐颗粒很难被发现

第二部分

一、16. D　17. D　18. D

二、19. A　20. D　21. D　22. D

三、23. A　24. C　25. D　26. A

四、27. A　28. B　29. D　30. D　31. B

五、32. C　33. C　34. D　35. C　36. D　37. A

六、38. C　39. B　40. A

第五套

第一部分

一、1. 自然因素和人类活动

2. 指使壁画保持完整不变

3. 当洞窟中的相对湿度在 70%以上时

4. 对壁画的颜料层造成破坏,引起壁画变色

5. 当游人呼出的二氧化碳等达到一定浓度时

二、6. 未经母乳喂养的婴儿　7. 痢疾和肺炎等　8. 婴儿出生后的头一、二年

三、9. 美国、英国、日本、德国、法国　10. 3 个

11. 没有区别,同样对待/不管是公费生还是自费生,国家都同样对待

12. 33.3%

四、13. 细石器工艺发生和发展

14. 用细石叶制的精美箭头、石钻和石刃

15. 居住遗迹、用火遗迹和灰坑

第二部分

一、16. D　17. D　18. D　19. D　20. C

二、21. C　22. B　23. C　24. D　25. C　26. C

三、27. D　28. B　29. D　30. D　31. B

四、32. C　33. B　34. B　35. D　36. D

五、37. C　38. D　39. D　40. C

第六套

第一部分

一、1. 鄯善县洋海墓地

2. 有独特的气候和特有的沙质土壤

3. 葡萄果穗,枝条,种子,葡萄干以及任命管理浇葡萄地官吏的文书

二、4. 6项

5. 粉状　6. 溶胶状态　7. 加速破坏维生素C

8. 阻碍奶品中的钙离子在胃肠的吸收　9. 喝奶前先吃点东西或边吃食物边饮用

三、10. 残月　11. 完全不同　12. 千方百计地保留历史残缺

13. 精心地保存历史残缺,让子孙后代不忘德国发动二战的罪恶

14. 不忘国耻,奋发图强

15. ①目前我国还有几千万人口生活在贫困水平线上②不能淡化昔日之国耻

第二部分

一、16. C　17. A　18. C　19. A　20. C

二、21. A　22. C　23. D　24. B　25. C

三、26. C　27. A　28. D　29. A　30. C

四、31. A　32. D　33. D　34. D　35. D

五、36. A　37. D　38. B　39. C　40. C

第七套

第一部分

一、1. 新疆尼勒克县吉林台水库　2. 一只/枚金戒指

3. 六部分　4. 地表封堆

二、5. 心脏病或高血压患者,在服用维生素E时还服用使血液黏稠度降低的药物

6. 维生素K与降血脂药同时服用

7. 维生素B_3　8. 会形成肾结石

9. 铁在人体内遇到氧时变成的一种自由基

三、10. 印度文/语

11. 5分钟左右　　12. 清粥、馒头、咸菜、米饭、青菜和辣椒
13. 照看各殿堂,读书,打坐和练功　　14. 80多名　　15. 方丈永信

第二部分

一、16. C　17. C　18. B　19. D　20. B
二、21. D　22. C　23. C　24. D
三、25. A　26. C　27. A　28. D　29. B
四、30. D　31. D　32. B　33. D　34. C
五、35. C　36. D　37. B　38. A　39. D　40. A

第八套

第一部分

一、1. 山顶洞人　2. 一万多年前新人的类型　3. 9个
4. 鹿类化石　5. 猕猴、猪獾、原麝等
二、6. 运输营养物质,排除毒素,抵抗衰老　7. 1.5升
8. 食用植物油的脂肪　9. 保证良好的水分补充及延缓皮肤衰老
10. 西红柿
三、11. 一万三千五百斤　12. 弼马温　13. 巨灵神和哪吒(二将)
14. 太上老君用暗器击中它　15. 孙悟空、猪八戒、沙和尚

第二部分

一、16. C　17. B　18. D　19. D　20. D
二、21. D　22. B　23. C　24. A　25. B
三、26. B　27. D　28. B　29. C　30. C
四、31. B　32. D　33. C　34. C　35. C
五、36. B　37. A　38. B　39. C　40. D

第九套

第一部分

一、1. 13个史前石器地点被发现　2. 靠近水源,视野开阔,交通方便等
3. 细石器　4. 在世界上首屈一指
二、5. "我"要吃饭了　6. 享受贵宾卡的优惠待遇　7. 没有
8. 六道菜　9. 不能　10. 油爆虾

三、11. 3% 12. 会 13. 机动车第三者强制责任险
14. 营运车辆和高风险车辆 15. 会/有可能

第二部分

一、16. A 17. C 18. D 19. C 20. C 21. D
二、22. A 23. B 24. C
三、25. C 26. D 27. B 28. C 29. D 30. B
四、31. C 32. C 33. C 34. A 35. A
五、36. D 37. B 38. B 39. D 40. D

第十套

第一部分

一、1. 现代伊拉克版图 2. 美索不达米亚文明 3. 罗马
4. 至少 17 万件文物 5. 由于连年战乱和经济制裁 6. 图书和照片
二、7. 25 亿美元 8. 2 倍 9. 戴尔 10. 2000 个
11. 指挥
三、12.《天堂Ⅱ》 13. 七万五千名
14. 网络游戏 15. 玩家每月 25 美元的会费

第二部分

一、16. C 17. B 18. C 19. C 20. A
二、21. C 22. C 23. C 24. B 25. D 26. B 27. C
三、28. A 29. B 30. C
四、31. D 32. B 33. C 34. C 35. D 36. D 37. A
五、38. D 39. A 40. B

第十一套

第一部分

一、1. 4 次
2. 坚持不裁员,不减薪;“血洗空降兵” 3. 广州
4. 无线互联和在线娱乐 5. 要做收费在线游戏
二、6. 没有 7. 双双超过 30%

8. 投资、出口拉动和工业拉动　9. 14.9%,13.7%,16.9%　10. 下半年
三、11. "衣冠王国"　12. 原始的抽象,唐宋的规范,明清的写实
13.黎民百姓　14. 近代　15. 赵飞燕　杨玉环

第二部分

一、16. C　17. D　18. D
二、19. C　20. C　21. A　22. A
三、23. B　24. C　25. D　26. D　27. A　28. C　29. B
四、30. A　31. D　32. D　33. B
五、34. D　35. A　36. C
六、37. A　38. C　39. C　40. A

第十二套

第一部分

一、1. 货车和低档车　2. 入世五年后　3. 轿车
4. 10 万元以下的轿车以国产为主
二、5. 粮票 布票 油票 豆腐票　6. 对拐,打山救火　7. 五个　8. 课桌上
9. 九位
三、10. 二十三家　11. 长江电力本身的盈利情况　12. 比较合理
四、13. 西方的印象画　14. "浮情"　15. 她的奇思妙想

第二部分

一、16. C　17. B　18. D　19. D　20. D　21. C　22. B
二、23. D　24. C　25. C
三、26. A　27. D　28. C　29. A
四、30. B　31. C　32. A　33. C
五、34. A　35. C　36. D　37. B　38. D　39. D　40. B

第十三套

第一部分

一、1. 晋升官阶　2. 顺从　3. 中国的专制传统　4. 责任心淡漠
二、5. 十家　6. 零售"大鳄"们和港人　7. 四家
8. 人民币存款,兑换,汇款,信用卡四个范畴　9. 3 亿元

三、10. 双唇　　11. 采摘鲜叶的早晚　　12. “旗枪”
四、13. 流浪乞讨人员收容遣送站　　14. 四个　　15. 流浪乞讨人员救助站

第二部分

一、16. B　17. C
二、18. B　19. D　20. B　21. B　22. D　23. C
三、24. D　25. D　26. C　27. D　28. D
四、29. D　30. B　31. A　32. C　33. B　34. C
五、35. C　36. A　37. B
六、38. C　39. B　40. C

第十四套

第一部分

一、1. 一国军事力量　　2. 物流的功能　　3. 亚历山大
4. 供应线越长，断裂的机会越大　　5. 战争的历史论
二、6. 纯生啤酒　　7. 干啤酒　　8. 不主张饮酒
9. 1%以下　　10. 运动啤酒
三、11. 作者的妈妈　　12. 喜欢　　13. 没结过婚的女人且上了年纪
14. 黑板　　15. 人仰马翻者为败

第二部分

一、16. B　17. A　18. C　19. B
二、20. A　21. A　22. D　23. B　24. D　25. D
三、26. C　27. C　28. C
四、29. D　30. C　31. C　32. B　33. C　34. D　35. D
五、36. D　37. B　38. A　39. C　40. D

第十五套

第一部分

一、1. 王红梅月收入，丈夫的月薪，快餐店的纯收入　　2. 3000 元
3. 银行推出了一种专门针对美元的委托理财产品　　4. 100 美元
5. 手中有一些闲置外汇的家庭

二、6. 回中国的留日学子　7. 60.2%　8. 19.5万　9. 60%
10. 人体，生命科学专业
三、11. 三种　12. 激情
13. 不单纯指百万富翁，也包括那些完美地完成一件工作，进而完成每件工作的人
14. 机会就会很多　15. 能否进行英语交流

第二部分

一、16. D　17. C　18. C
二、19. B　20. A　21. B　22. D　23. D
三、24. C　25. B　26. C　27. B　28. B
四、29. D　30. B　31. C　32. D　33. D
五、34. B　35. C　36. D　37. D　38. C　39. B　40. B

第十六套

第一部分

一、1. 爱情　2. 和平，真诚和爱的可贵
3. 道德的沦丧，心灵的荒芜和精神的异化　4. 对人性和对爱情的信心
5. 不停止对绝望的爱情的求索
二、6. 橙的香味　7. 石竹香　8. 儿童和孕妇　9. 橙和薰衣草的香味
三、10. 乾隆六下江南，开支浩繁　11. "眺览山川之佳秀，民物之丰美"
12. 搞清自己出身真相　13. 社会政治、经济之大端
14. 三种　15. 其目的可能不会是单一的

第二部分

一、16. D　17. D　18. B　19. C
二、20. A　21. D　22. C　23. C　24. B
三、25. C　26. B　27. A　28. A　29. D　30. A
四、31. A　32. C　33. C　34. D　35. B　36. D
五、37. D　38. D　39. D　40. C

第十七套

第一部分

一、1. “双子星号”载人宇宙飞船　2. 两个　3. 脸型像人，上部宽，下部窄
4. 潜水服　5. 一位猎人

二、6. 红色食品　7. 花青素　8. 钙、磷
9. 绿色蔬果　10. 白色食品

三、11. 一种古老的丧葬形式　12. 武夷山九曲溪两岸的峭壁上
13. 对高山的崇仰　14. 两种　15. 有

第二部分

一、16. B　17. D　18. B　19. C　20. B

二、21. C　22. D　23. A　24. D　25. C

三、26. D　27. C　28. C　29. A　30. D　31. B

四、32. B　33. D　34. A　35. B

五、36. D　37. D　38. C　39. A　40. B

第十八套

第一部分

一、1. 北京　2. 善于隐藏自己　3. 犹如蛇斗乌龟
4. 湖南人　5. 商业气氛和商人的性格

二、6. 注重带有人文情调的遗址　7. 几十个
8. “君本位”思想　9. 城市的整体规划　10. 周庄

三、11. 吃太多动物性食物和加工食品　12. 胃液　13. 高纤维食物
14. 素食　15. 维生素

第二部分

一、16. D　17. B　18. D　19. B　20. A

二、21. A　22. D　23. B　24. A　25. C

三、26. A　27. D　28. A　29. C

四、30. C　31. A　32. B　33. C　34. D　35. A

五、36. B　37. D　38. C　39. C　40. A

第十九套

第一部分

一、1. 14人　2. 身高1.70米左右，体重65公斤上下
3. 吃苦耐劳，坚韧顽强，团结协作　4. 蛋白，脂肪和碳水化合物　5. 蒙牛纯牛奶

二、6. 一匹刚生下来的小白马　7. 苏和的小白马　8. 没有，它倒在地上死了
9. 拿小白马的骨头　10. 拉了许多好听的曲子

三、11. 1998年　12. 第四大　13. 2.2万多人
14. 130多所　15. 10年

第二部分

一、16. A　17. C　18. B　19. C　20. C
二、21. D　22. A　23. B　24. D　25. D
三、26. C　27. D　28. D　29. D　30. A
四、31. C　32. B　33. C　34. D　35. C
五、36. D　37. A　38. C　39. B　40. B

第二十套

第一部分

一、1. 塞特　2. 阴间的法老　3. "马斯塔巴"
4. 法老杰赛尔　5. 第四王朝的法老胡夫

二、6. 肠道疾病　7. 耐低温细菌　8. 4℃左右
9. 轻则腹泻、恶心、呕吐，重则致癌　10. 冰箱的功用专一化

三、11. 废刘辨　12. 貂禅　13. "勤王"名义
14. 曹操　15. 诸葛亮

第二部分

一、16. D　17. C　18. D　19. B
二、20. A　21. C　22. C　23. B　24. B
三、25. D　26. D　27. D　28. B　29. A
四、30. B　31. C　32. C　33. C
五、34. D　35. A　36. C
六、37. A　38. D　39. D　40. D

北京大学出版社最新图书推荐(阴影为近年新书)

基础教材	书号	定价
博雅汉语-初级起步篇(I)(附赠 3CD)	07529-4	65.00
博雅汉语-高级飞翔篇(I)	07532-4	55.00
新概念汉语(初级本 I)(英文注释本)	06449-7	37.00
新概念汉语(初级本 II)(英文注释本)	06532-9	35.00
新概念汉语复练课本(初级本 I)07539-1 (英文注释本)(附赠 2CD)		40.00
新概念汉语(初级本 I)(日韩文注释本)	07533-2	37.00
新概念汉语(初级本 II)(日韩文注释本)	06534-0	35.00
新概念汉语(初级本 I)(德文注释本)	07535-9	37.00
新概念汉语(初级本 II)(德文注释本)	06536-7	35.00
汉语易读(1)(附练习手册)(日文注释本)	07412-3	45.00
汉语易读(1)教师手册	07413-1	12.00
说字解词(初级汉语教材)	05637-0	70.00
初级汉语阅读教程(1)	06531-0	35.00
初级汉语阅读教程(2)	05692-3	36.00
中级汉语阅读教程(1)	04013-X	40.00
中级汉语阅读教程(2)	04014-8	40.00
中高级汉语泛读(上)	07738-6	40.00
汉语新视野-标语标牌阅读	07566-9	36.00
基础实用商务汉语(修订版)	04678-2	45.00
公司汉语	05734-2	35.00
国际商务汉语教程	04661-8	33.00

短期汉语教材	书号	定价
速成汉语(1)(2)(3)(修订版)	06890-5/06891-3/06892-1	14.00/16.00/17.00
魔力汉语(上)(下)(英日韩文注释本)	05993-0/05994-9	33.00/33.00
汉语快易通-初级口语听力(英日韩文注释本)	05691-5	36.00
汉语快易通-中级口语听力(英日韩文注释本)	06001-7	36.00
快乐学汉语(韩文注释本)	05104-2	22.00
快乐学汉语(英日文注释本)	05400-9	23.00

口语听力教材	书号	定价
汉语发音与纠音	01260-8	10.00
初级汉语口语(1)(2)(提高篇)	06628-7/06629-5/06630-9	70.00/70.00/70.00
中级汉语口语(1)(2)(提高篇)	06631-7/06632-5/06633-3	42.00/39.00/36.00

准高级汉语口语(上)	07698-3	42.00
高级汉语口语(1)(2)(提高篇)	06634-1/06635-X/06646-5	32.00/34.00/34.00
汉语初级听力教程(上)(下)	04253-1/04664-2	32.00/45.00
汉语中级听力教程(上)(下)	02128-3/02287-5	28.00/38.00
汉语高级听力教程	04092-x	30.00
汉语中级听力(上)(修订版)(附赠 7CD)	07697-5	70.00
新汉语中级听力(上册)	06527-2	54.00
外国人实用生活汉语(上)(下)	05995-7/05996-5	43.00/45.00

实用汉语系列	书号	定价
易捷汉语-实用会话(配 4VCD)(英文注释本)	06636-8	书 28.00/书+4VCD120.00

文化、报刊教材及读物	书号	定价
中国概况(修订版)	02479-7	30.00
中国传统文化与现代生活-留学生中级文化读本(I)	06002-5	38.00
中国传统文化与现代生活-留学生高级文化读本	04450-X	34.00
文化中国-中国文化阅读教程 1	05810-1	38.00
解读中国-中国文化阅读教程 2	05811-X	42.00
报纸上的中国-中文报刊阅读教程(上)	06893-X	50.00
报纸上的天下-中文报刊阅读教程(下)	06894-8	50.00

写作、语法及预科汉语教材	书号	定价
应用汉语读写教程	05562-5	25.00
留学生汉语写作进阶	06447-0	31.00
实用汉语语法(修订本)附习题解答	05096-8	75.00
简明汉语语法学习手册	05749-0	22.00
预科专业汉语教程(综合简本)	07586-3	55.00

HSK 应试辅导书教材及习题	书号	定价
HSK 汉语水平考试模拟习题集(初、中等)	04518-2	40.00
HSK 汉语水平考试模拟习题集(高等)	04666-9	50.00
HSK 汉语水平考试词汇自测手册	05072-0	45.00
HSK 汉语水平考试(初、中等) 全真模拟活页题集(模拟完整题)	05080-1	37.00
HSK 汉语水平考试(初、中等) 全真模拟活页题集(听力理解)	05310-X	34.00
HSK 汉语水平考试(初、中等) 全真模拟活页题集(语法 综合填空 阅读理解)	05311-8	50.00